普通高等教育“十二五”规划教材

山东省精品课程

山东省优秀教材

工程图学基础教程习题集

（附习题解答和立体图）

第3版

主　编　邱龙辉

副主编　李　旭　叶　琳

参　编　高晓芳　程建文　宋晓梅　张慧英
　　　　骆华锋　陈　东　刘俐华　卜秋祥

主　审　王兰美

机械工业出版社

本习题集配有全部习题解答和立体图，与叶琳等主编的《工程图学基础教程》(第3版）配套使用，也可作为各类大专院校“机械制图”、“工程制图”、“工程图学”等相关课程的课后练习。因配有解答和立体图，更是学生和自学读者的得力助手。

本习题集是山东省精品课程建设成果，习题集的第2版获山东省优秀教材奖，配套课件获教育部多媒体课件大赛优秀奖。第3版在编写全部习题解答的基础上，应读者要求提供全部解答的立体图；根据配套教材的内容修订，调整和补充了习题类型并采用最新国家标准。

与本套教材配套的计算机绘图教材《AutoCAD 工程制图》第2版（邱龙辉等主编），也由机械工业出版社出版。

本习题集的二维和三维图全部采用计算机绘制，以保证图形清晰。

与该套教材配套的多媒体课件见机械工业出版社教育服务网（www.cmpedu.com），如有其他需求，请联系 rodq@sina.com。

图书在版编目（CIP）数据

工程图学基础教程习题集 / 邱龙辉主编；李旭等编. —3版. —北京：机械工业出版社，2013.4（2017.6重印）

普通高等教育“十二五”规划教材　山东省精品课程　山东省优秀教材

ISBN 978-7-111-41931-0

Ⅰ.①工…　Ⅱ.①邱…　②李…　Ⅲ.①工程制图-高等学校-习题集　Ⅳ.①TB23-44

中国版本图书馆CIP数据核字（2013）第058762号

机械工业出版社（北京市百万庄大街22号　邮政编码100037）
策划编辑：舒　恬　责任编辑：舒　恬　韩旭东　邓海平
版式设计：霍永明　责任校对：常天培
封面设计：张　静　责任印制：李　洋
北京振兴源印务有限公司印刷
2017年6月第3版·第6次印刷
260mm×184mm·14.75印张·360千字
标准书号：ISBN 978-7-111-41931-0
定价：33.00元

凡购本书，如有缺页、倒页、脱页，由本社发行部调换

电话服务
服务咨询热线：（010）88379833
读者购书热线：（010）88379649

网络服务
机 工 官 网：www.cmpbook.com
机 工 官 博：weibo.com/cmp1952
教育服务网：www.cmpedu.com
金　书　网：www.golden-book.com

前　言

本习题集与叶琳等主编的《工程图学基础教程》（第 3 版）配套使用，也可作为各类大专院校“机械制图”、“工程制图”、“工程图学”等相关课程的课后练习。因配有解答和立体图，更适宜自学读者使用。

本习题集是山东省精品课程建设成果和青岛科技大学教材建设项目。习题集的第 2 版获山东省优秀教材奖，配套课件获教育部多媒体课件大赛优秀奖。

本习题集是在2004 年第2 版的基础上修订而成的。在修订过程中，除了保留第2 版的特点外，主要作了以下几个方面的变化：

（1）牵涉到国家标准的内容，按新的国家标准作了修订和更新。

（2）根据《工程图学基础教程》（第 3 版）所修改和删减的内容，调整了相应的习题。

（3）应使用院校的要求，本版习题集在提供全部习题解答的同时还提供了全部立体图。

（4）考虑到不同专业、不同学时的需要，在保证教学基本要求的提前下，增加了难度稍大的习题（在题目前用“*”表示）。

本教材由邱龙辉任主编，完成统稿和定稿工作；李旭、叶琳任副主编，参与统稿工作。

本习题集的计算机后期处理工作由邱龙辉、叶琳完成。

与本套教材配套的计算机绘图教材《AutoCAD 工程制图》（第 2 版，邱龙辉等主编），也由机械工业出版社出版。

参加本次修订和编写工作的还有：高晓芳、程建文、宋晓梅、张慧英、骆华锋、陈东、刘俐华、卜秋祥等。本教材由国家精品课程负责人王兰美教授担任主审。

与该套教材配套的多媒体课件见机械工业出版社教材服务网（www. cmpedu. com），如有其他需求，请联系 rodq@ sina. com。

编　者

目　　录

1-1　字体练习（用削尖的 HB 或 H 铅笔书写）

画法几何与机械制图国家标准制图的基本要求工程图

学校姓名班级校核图样技术要求计算机绘图取代图板

ABCDEFGH　　abcdefgh

0123456789012345678901234

1-2　在指定位置处，参照样例画出各图线或图形

(1)

(2)

班级　　　　姓名　　　　学号

1-3　在尺寸线两端画出箭头并标注尺寸数值（数值从图中 1:1 量取整数）

1-4　在下图中画出箭头并标注尺寸数值（数值从图中 1:1量取整数）

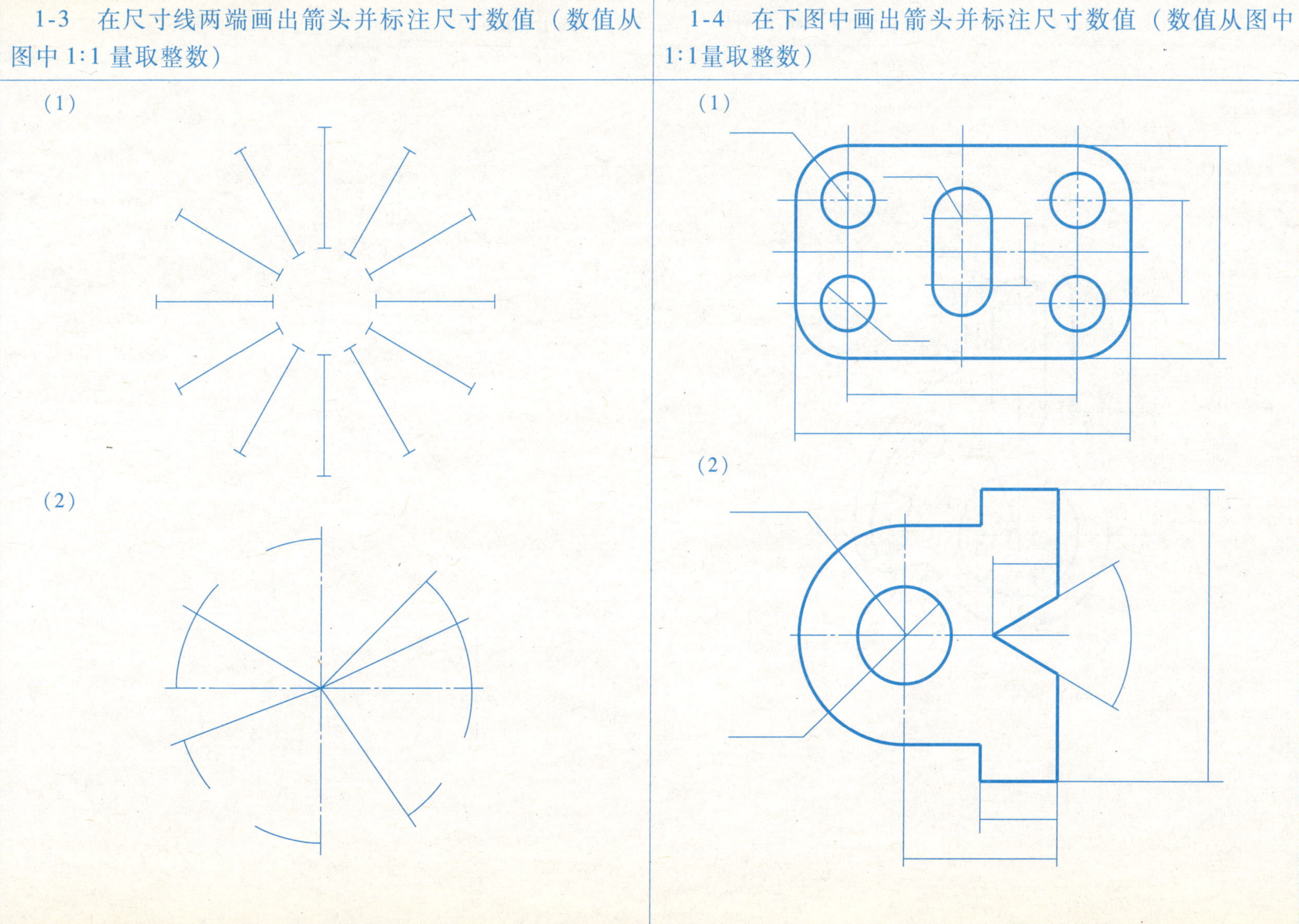

1-5 参照所示图形，在指定位置处按 2:1 画出图形（准确找出圆心和切点），不标注尺寸

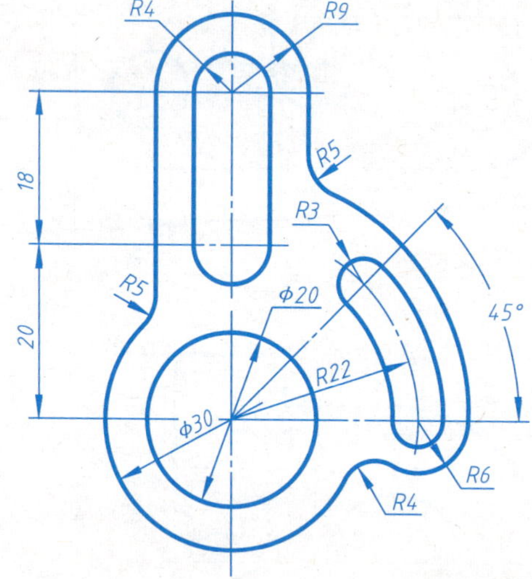

1-6　使用绘图仪器和工具，在同一张 A3 图纸上画出下列图形，图名：基本练习

（1）图线练习（上图图线间隔为 6mm）：绘图比例 1:1，不注尺寸

（2）吊钩：绘图比例 1:1，并标注尺寸

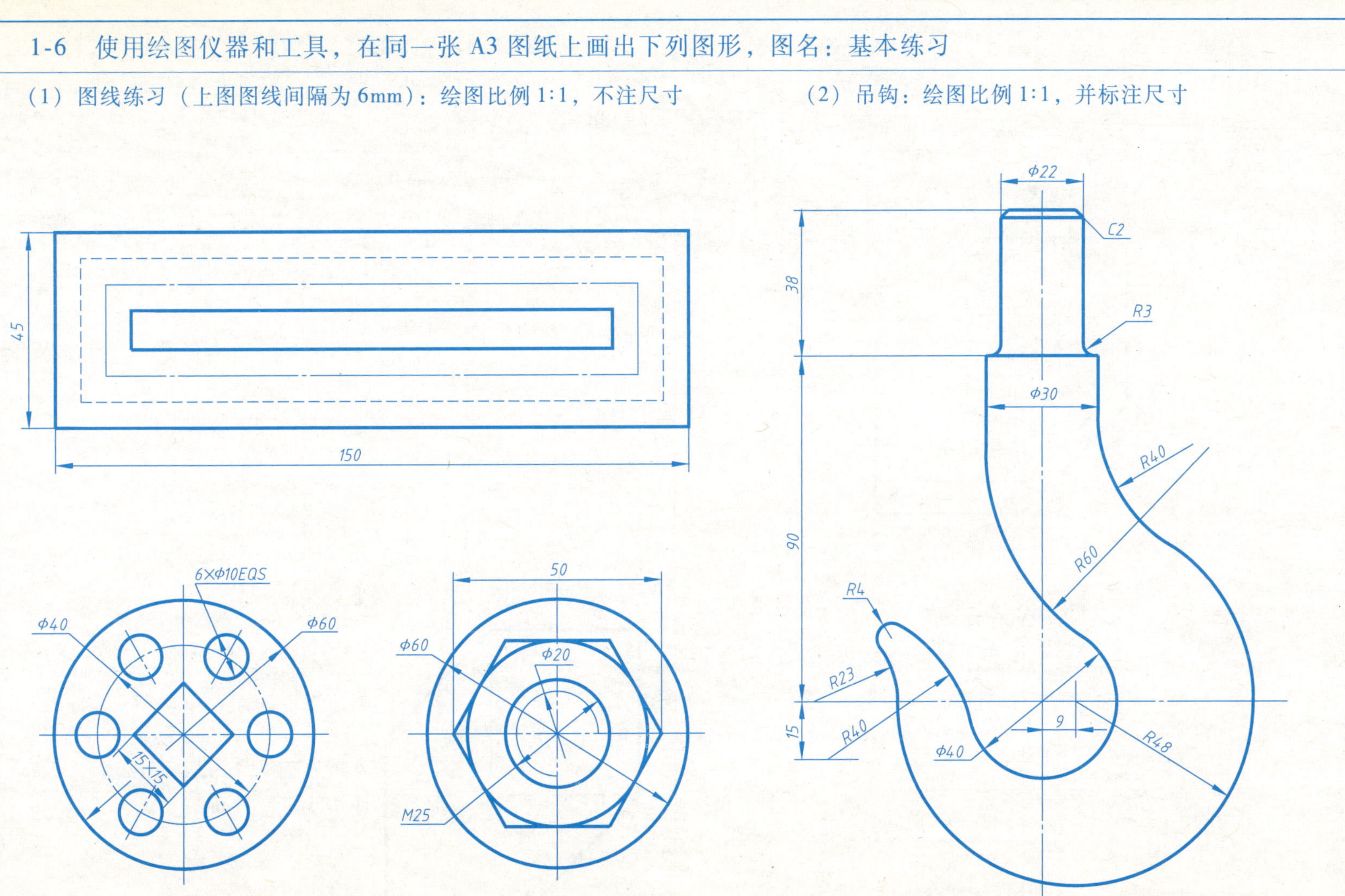

2-1　已知 A、B、C 三点在立体图中的位置，作出它们的三面投影

2-2　已知 A(10，18，15)、B(18，12，0)、C(0，0，20）三点，作出各点的三面投影，画出立体图，填写点 A 到三投影面的距离

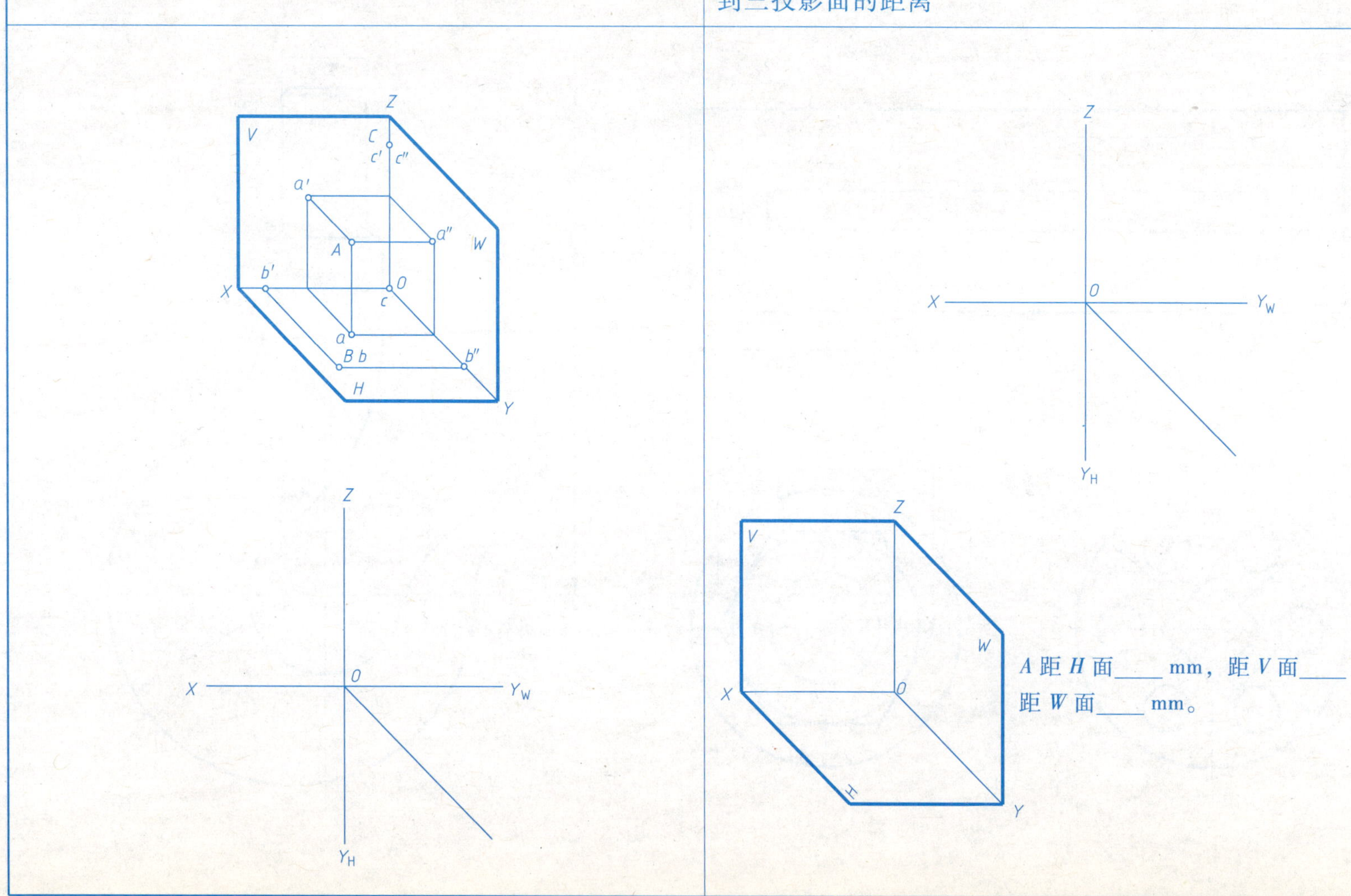

A 距 H 面____mm，距 V 面____mm，距 W 面____mm。

2-3　已知 *A*、*B*、*C* 三点到各投影面的距离（见表），画出三点的三面投影

	距 H 面	距 V 面	距 W 面
A	23	0	17
B	15	12	10
C	0	20	0

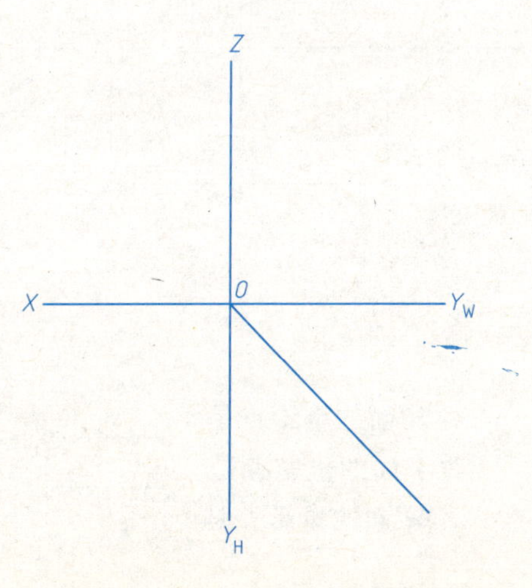

2-4　已知 *A*、*B*、*C* 三点的两面投影，画出它们的第三投影

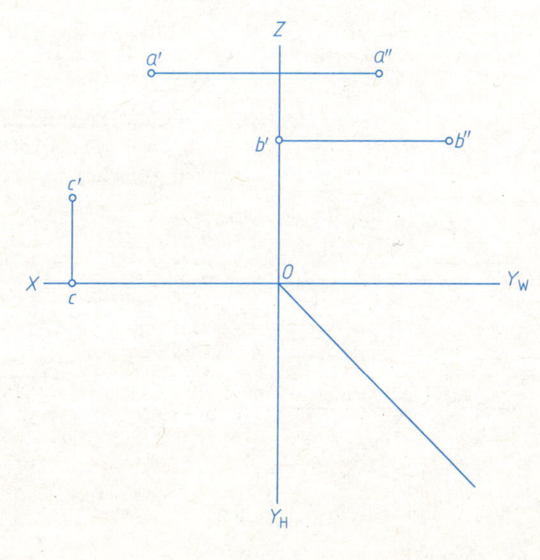

2-5　已知空间点 A、B，试作出它们的三面投影图，并写出点 A 和点 B 的相对位置

点 A 在点 B 之______ mm，之______ mm，之______ mm。

2-6　已知点 B 在点 A 正下方 16mm，点 C 在点 B 正左方 12mm，点 D 在点 C 正前方 10mm，作出 B、C、D 的三面投影，指出其对三投影面的重影点（填空），并判断可见性

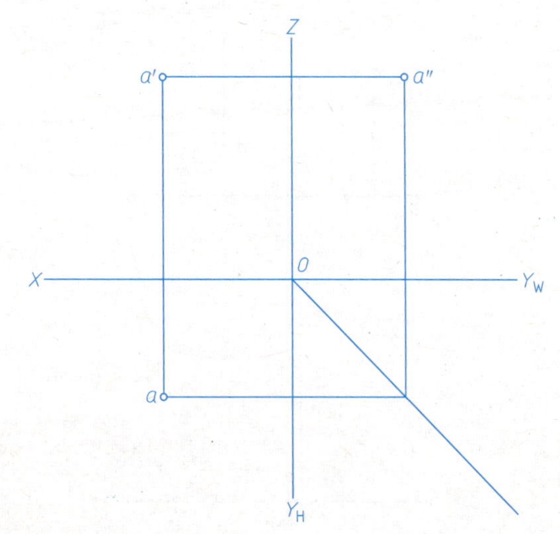

对 H 面的重影点是____、____；
对 V 面的重影点是____、____；
对 W 面的重影点是____、____。

2-7　作出直线的三面投影：

（1）已知端点 $A(19, 8, 5)$、$B(5, 21, 20)$

（2）已知 CD 的两投影

（1）

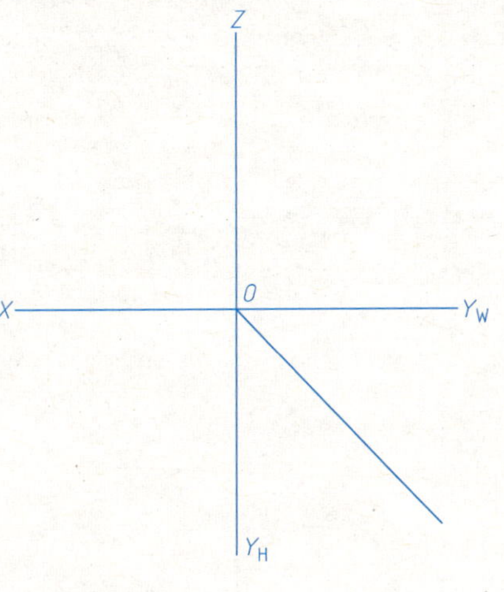

（2）

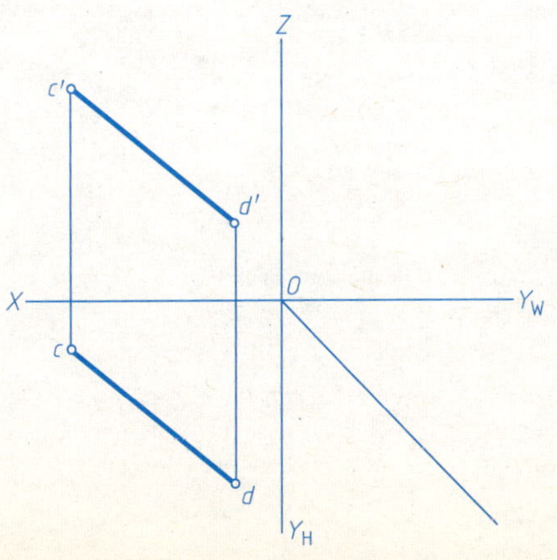

2-8　作出直线的三面投影：

（1）已知点 F 距 H 面为 23mm

（2）已知点 G 距离 V 面为 5mm

（1）

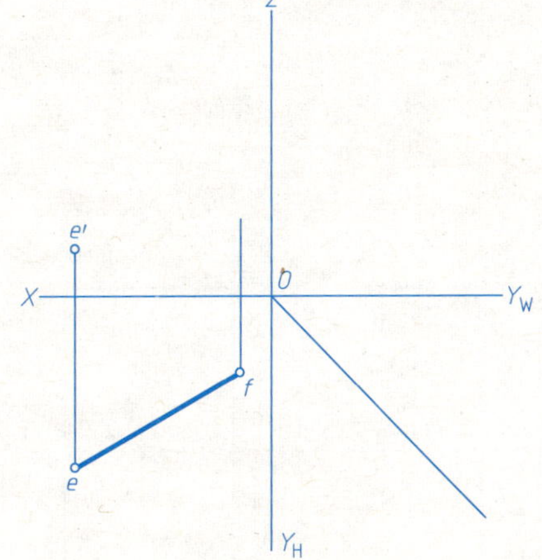

（2）

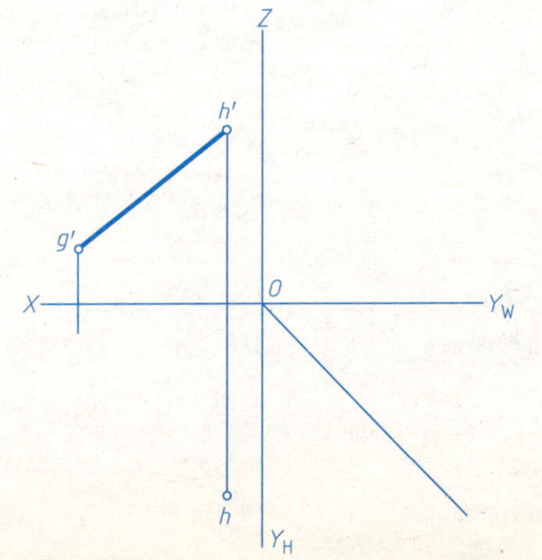

2-9　填写下列直线的分类名称

AB 是__________，CD 是__________，

EF 是__________，MN 是__________。

2-10　作直线的三面投影：

（1）过 A 点的两面投影 a' 和 a，作水平线 AB，B 点在 A 点之右之前，长 25mm，$\beta=30°$；

（2）过 C 点的两面投影 c' 和 c''，作铅垂线 CD，D 点在 C 点下方，长 20mm

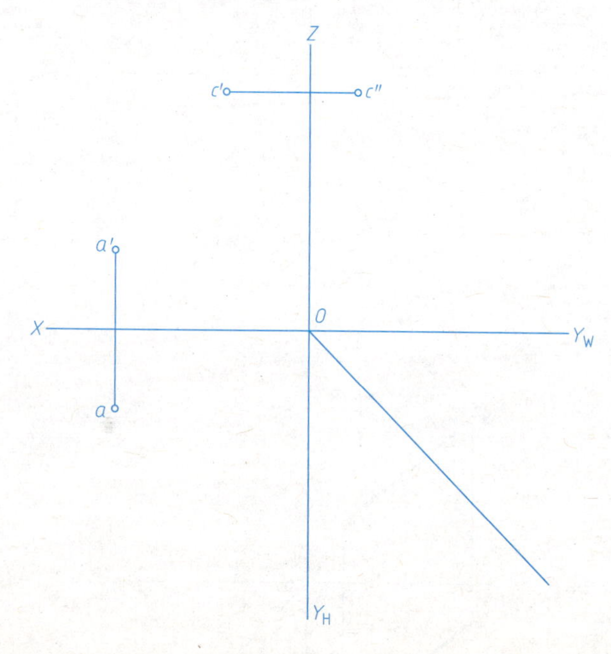

2-11　点 K 在直线 AB 上，已知 k，求 k'和 k''	2-12　在 AB 上求一点 N，使 $AN:NB=2:3$	2-13　已知点 K 位于直线 CD 上，已知点 K 的正面投影 k'，作出它的水平投影 k
Z, b', b'', a', a'', X, O, Y_W, b, k, a, Y_H	a', b', X, O, b, a	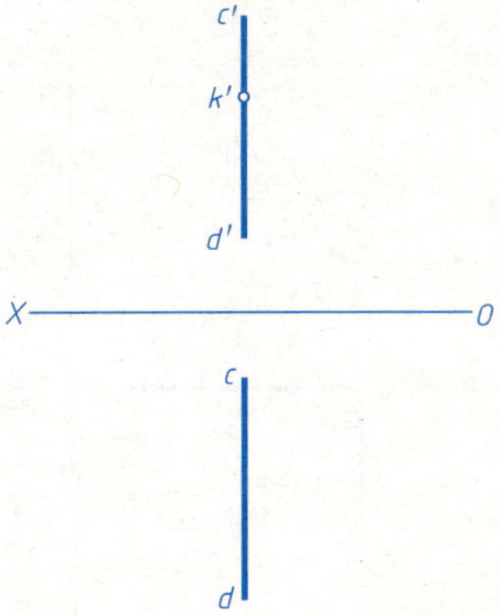 c', k', d', X, O, c, d

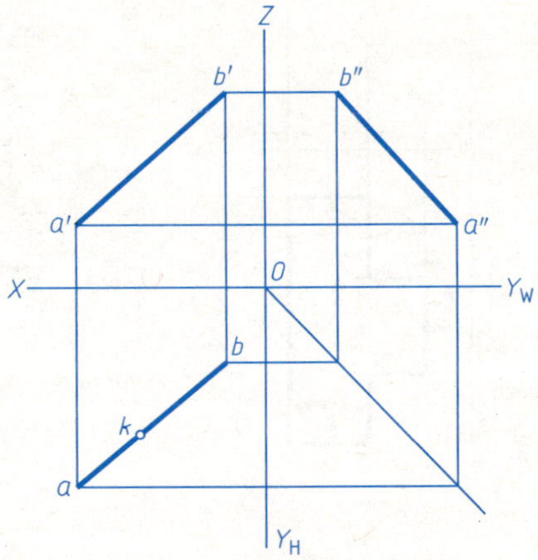

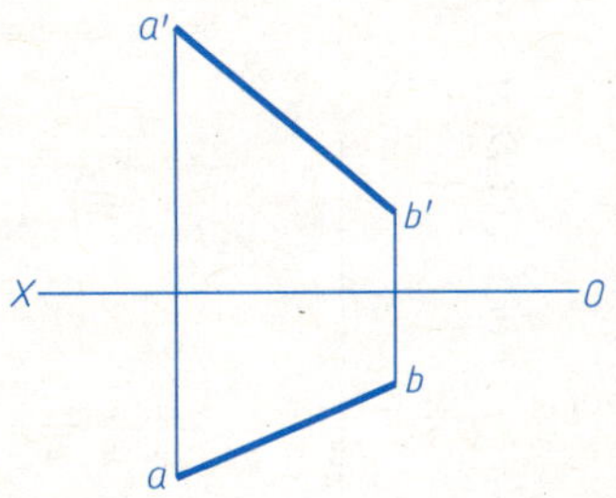

2-14　判断 AB 和 CD 两直线的相对位置，并填空（平行、相交、交叉）

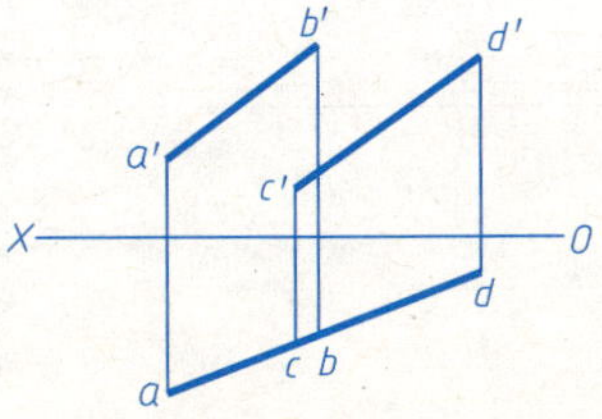

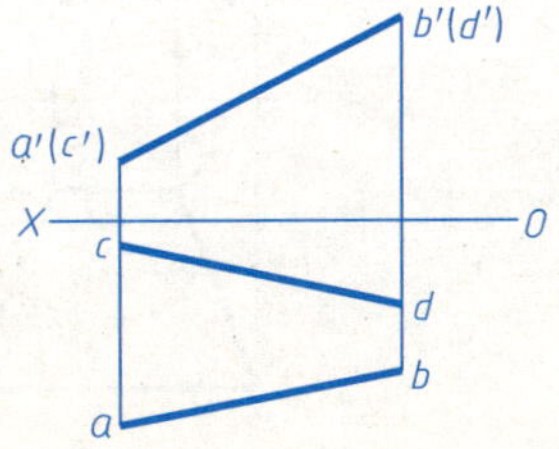

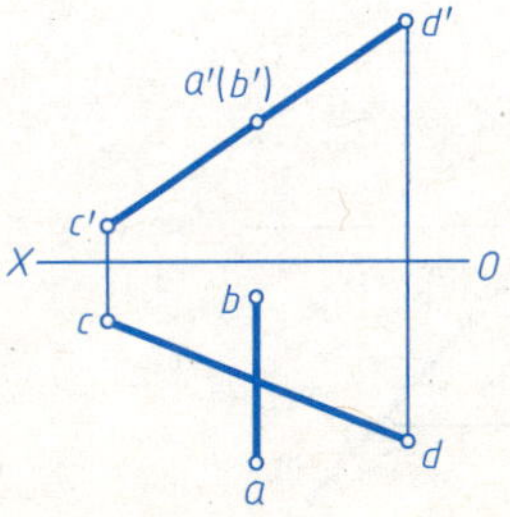

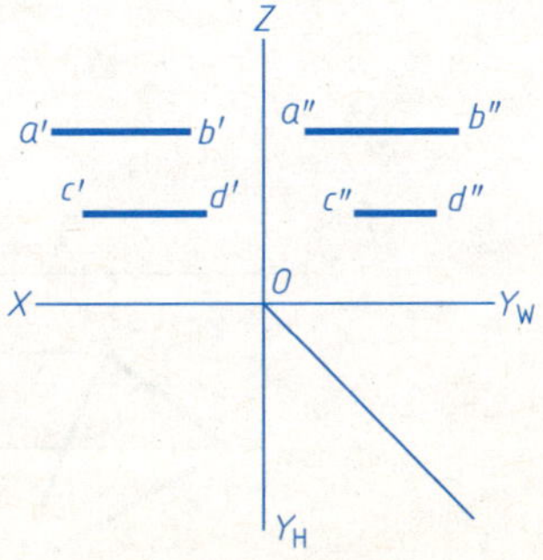

（　）　　（　）　　（　）　　该题需作图判断（　）

2-15　由平面图形的两投影，求作第三投影，并填写平面的分类名称

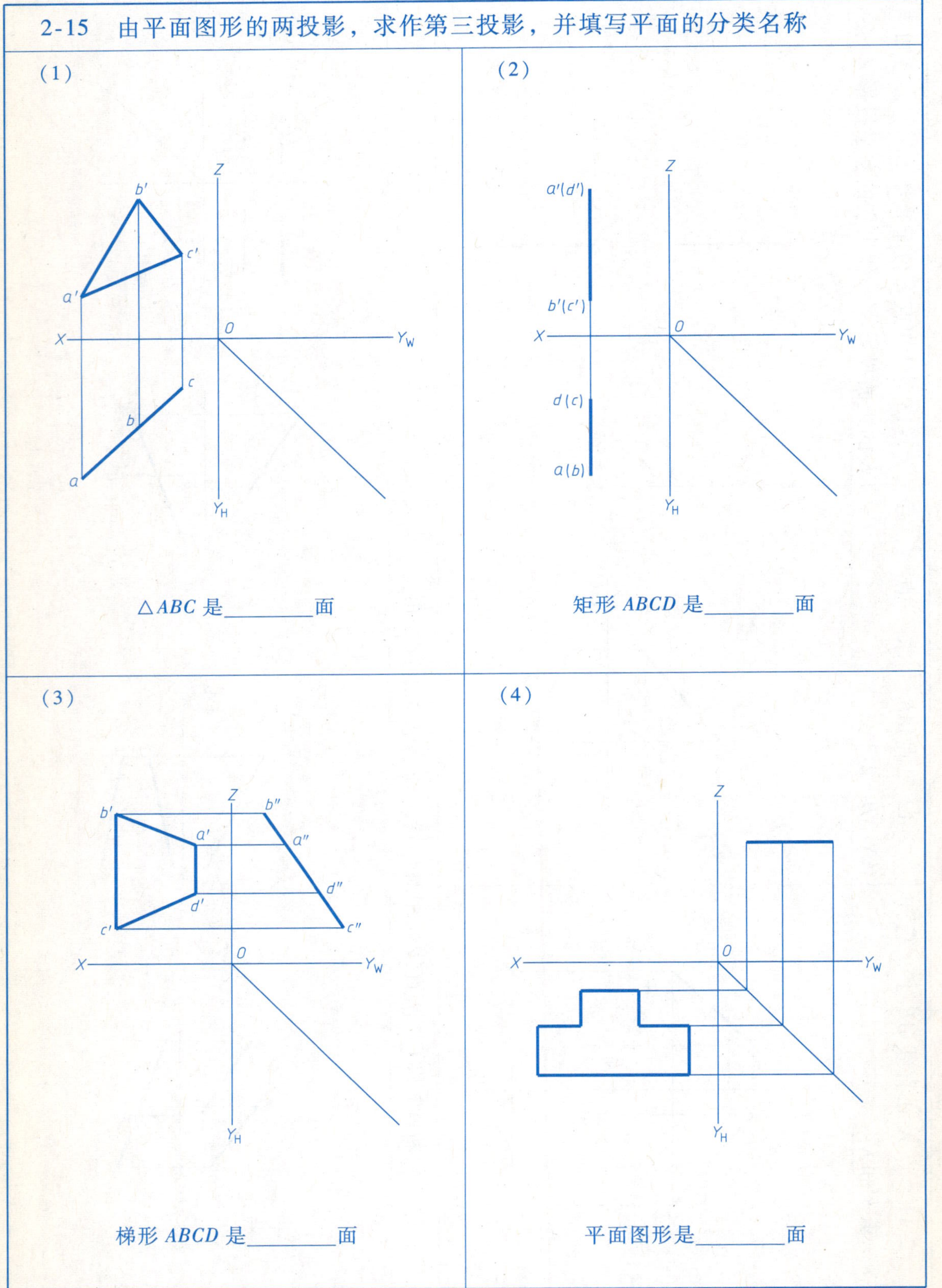

(1) △*ABC* 是________面

(2) 矩形 *ABCD* 是________面

(3) 梯形 *ABCD* 是________面

(4) 平面图形是________面

2-16　作图判断点或直线是否在下列平面上，填写“在”或“不在”

2-17　作出平行四边形 *ABCD* 上△*EFG* 的正面投影

2-18　完成五边形 *ABCDE* 的水平投影

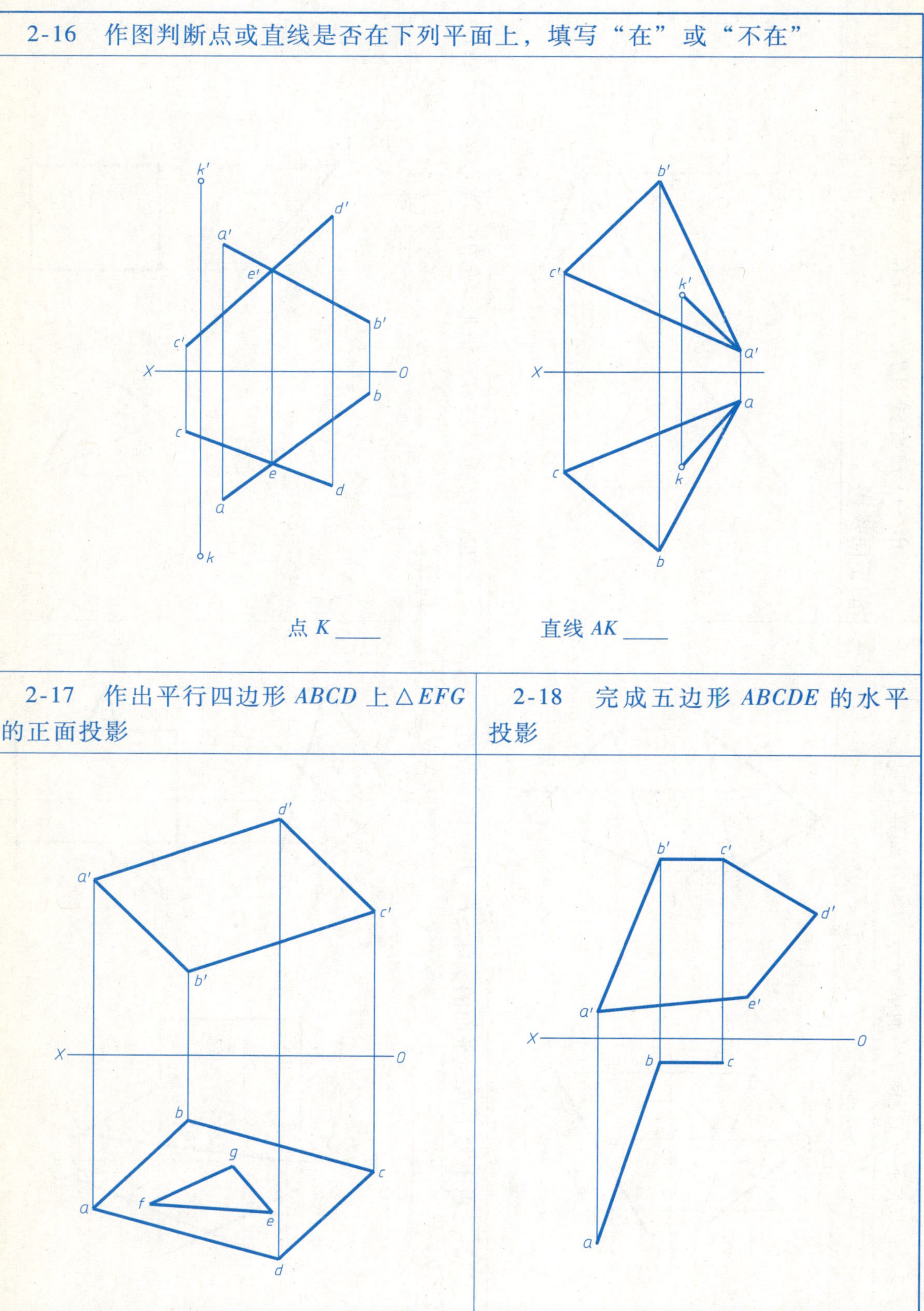

2-19　求下列直线与平面的交点 M，并判别可见性

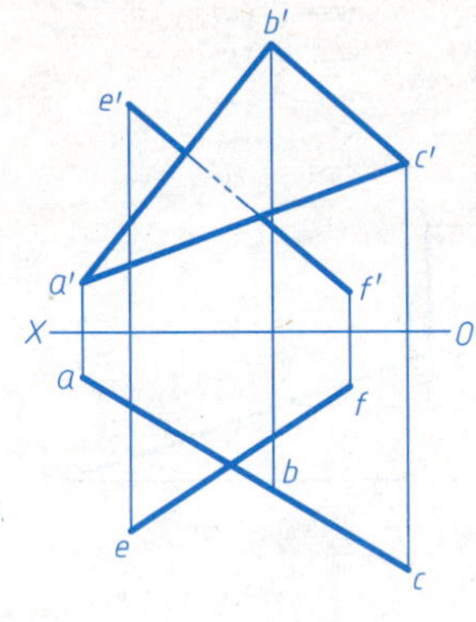

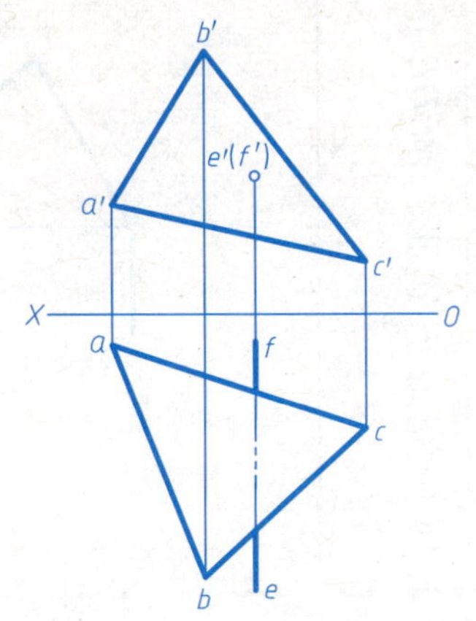

2-20　已知直线 AB // △EFG，完成正垂面△EFG 的正面投影

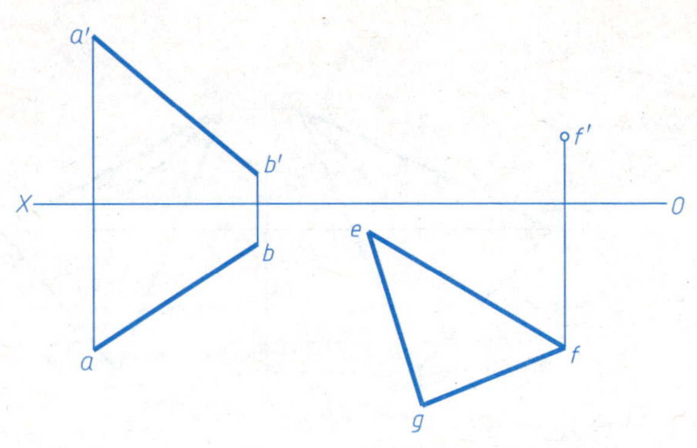

2-21　求下列平面与平面的交线 ST，并判断可见性

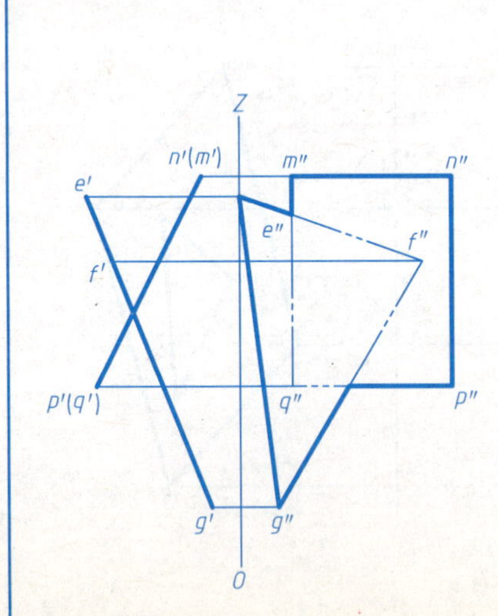

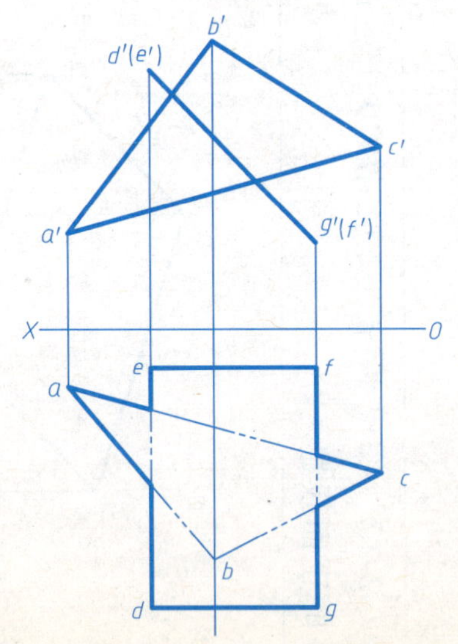

2-22　已知△EFG // 矩形 $ABCD$，完成△EFG 的正面投影

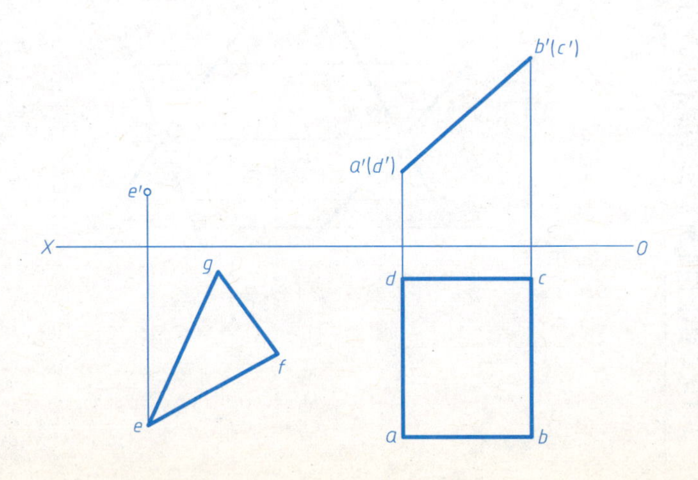

3-1　观察立体的三视图，在轴测图中找出对应的立体，并在括号内填写对应的序号

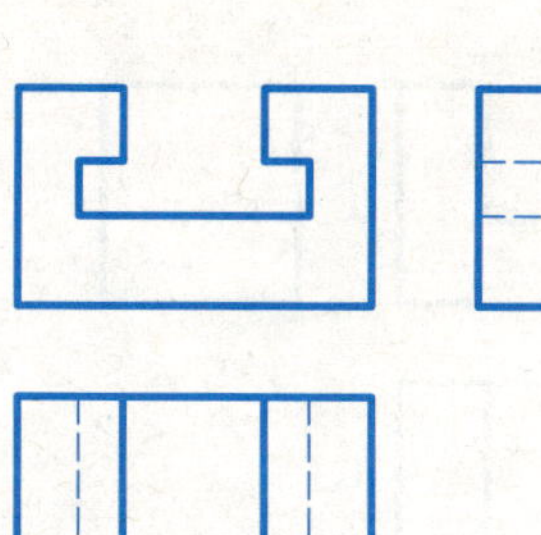
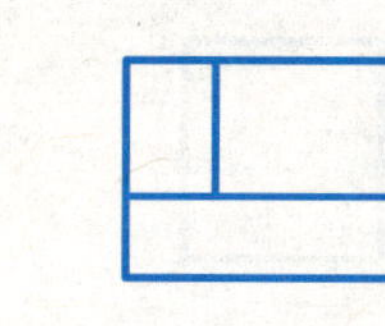

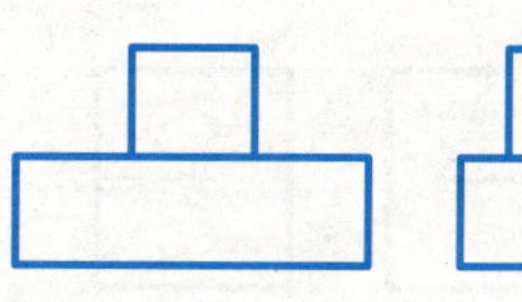

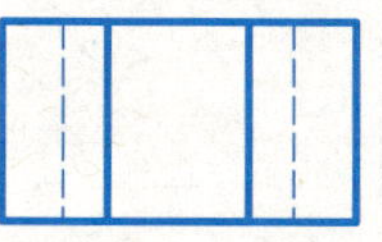

(　　)　　(　　)　　(　　)

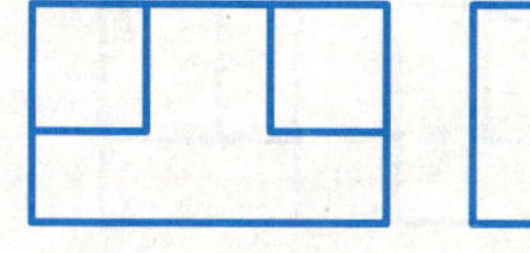

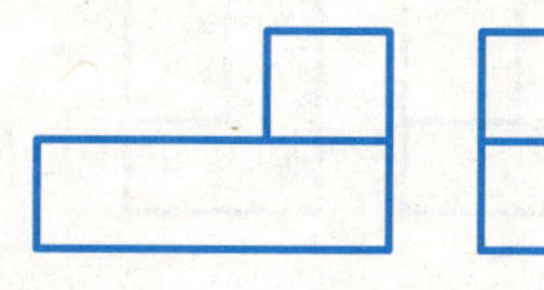
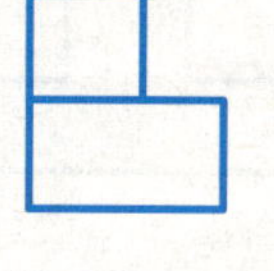
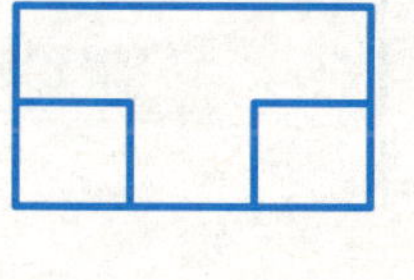

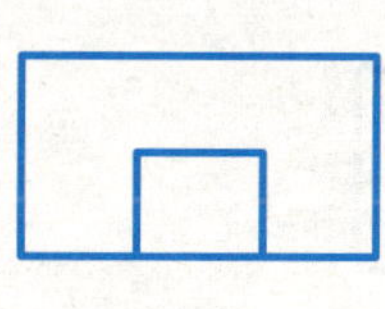

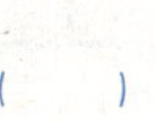

(　　)　　(　　)　　(　　)

(1)

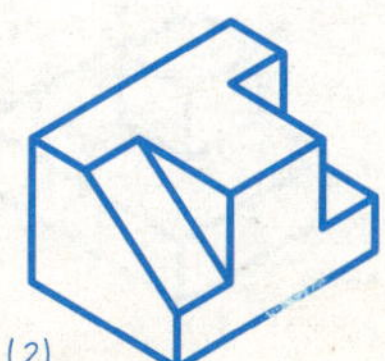
(2)

(3)

(4)

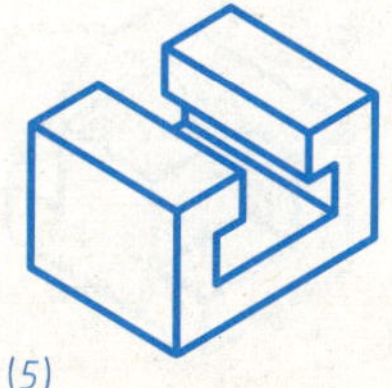
(5)

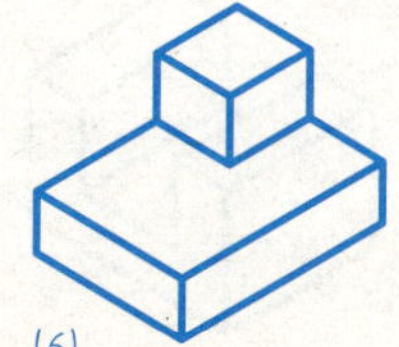
(6)

（续）3-1　观察立体的三视图，在轴测图中找出对应的立体，并在括号内填写对应的序号

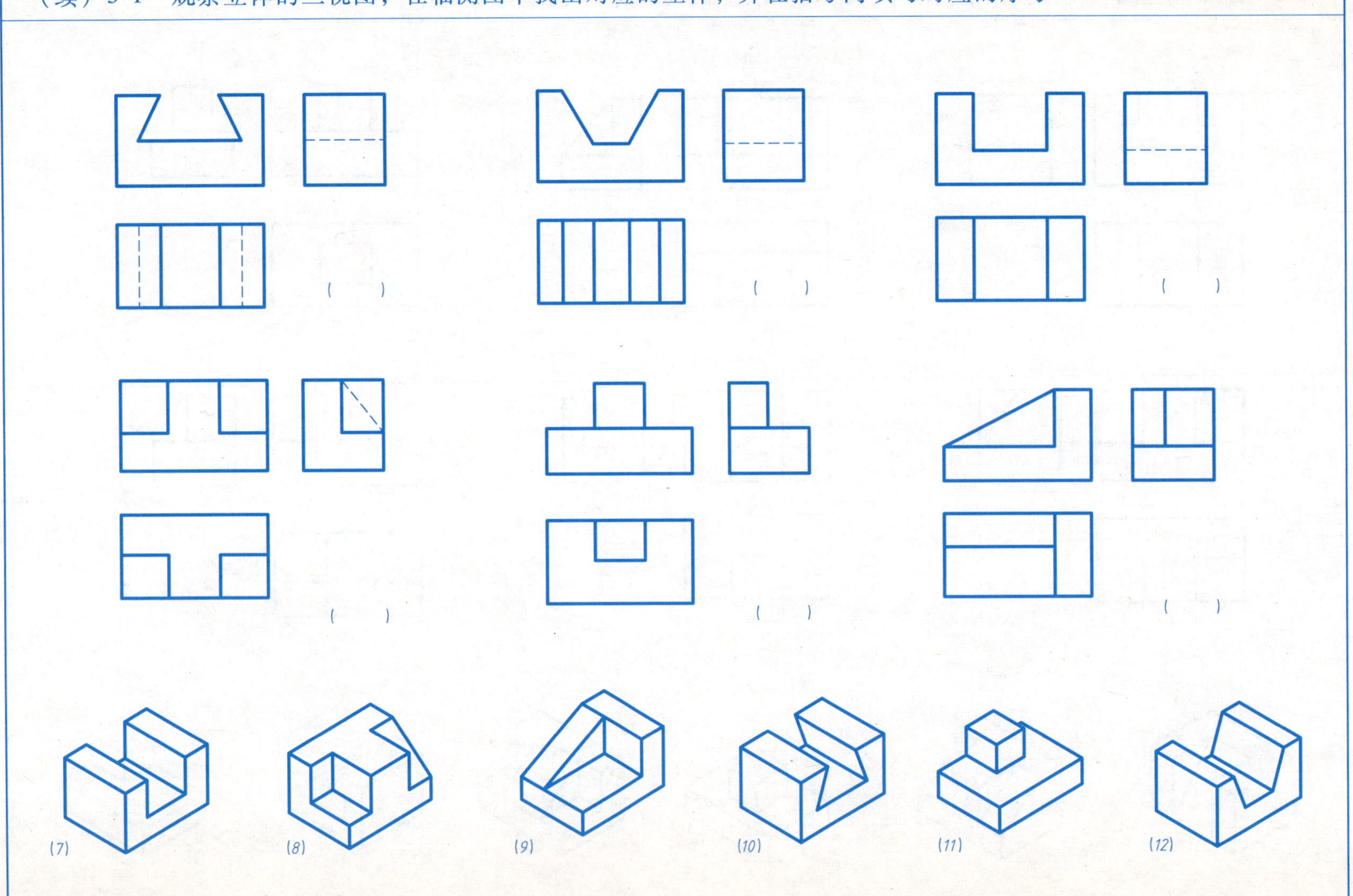

3-2　根据轴测图（立体图）画三视图，尺寸从图上按 1:1 量取

(1)

(2)

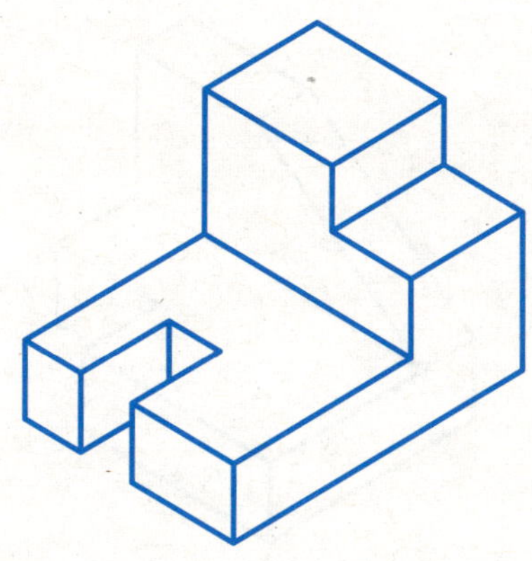

（续）3-2　根据轴测图（立体图）画三视图，尺寸从图上按 1:1 量取

（3）

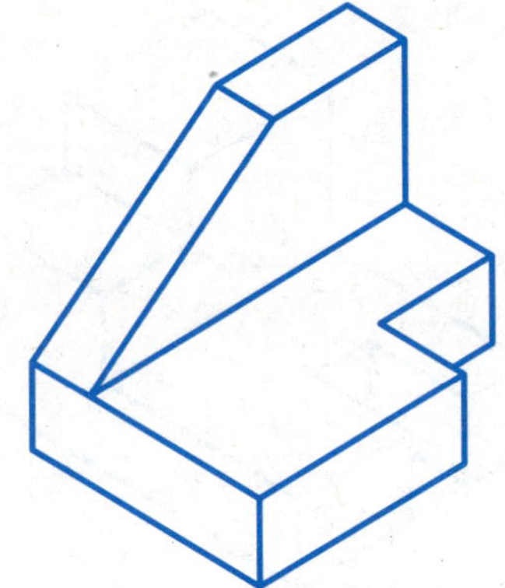

（4）

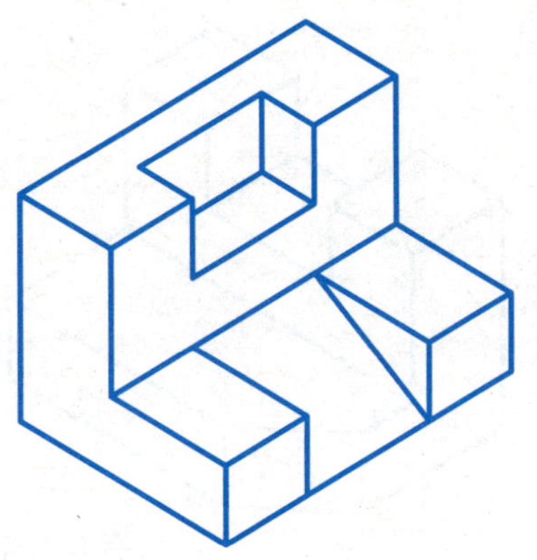

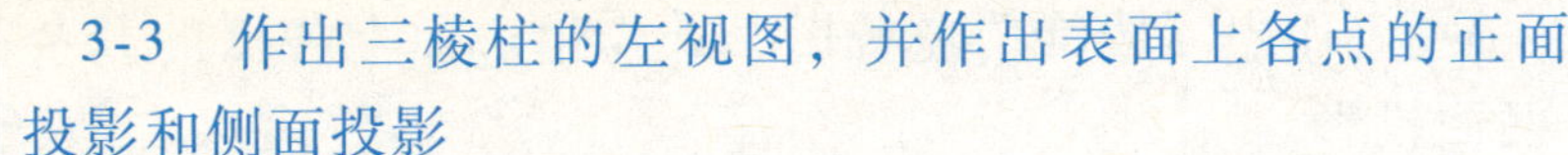

3-3　作出三棱柱的左视图，并作出表面上各点的正面投影和侧面投影

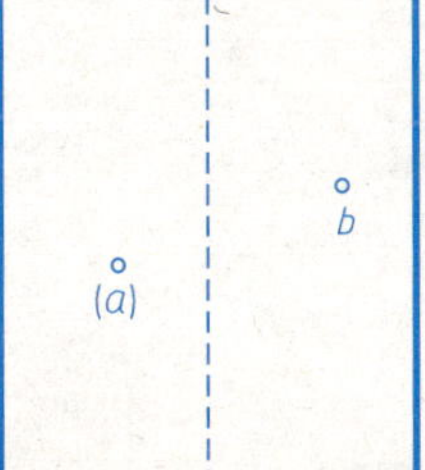

3-4　作出六棱柱的主视图，并作出表面上各点的正面投影和水平投影

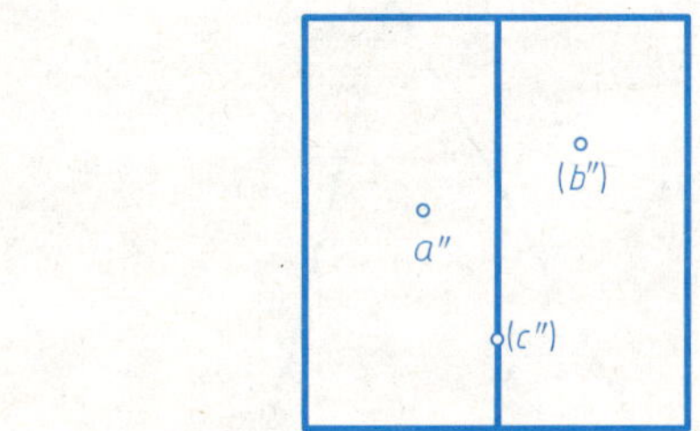

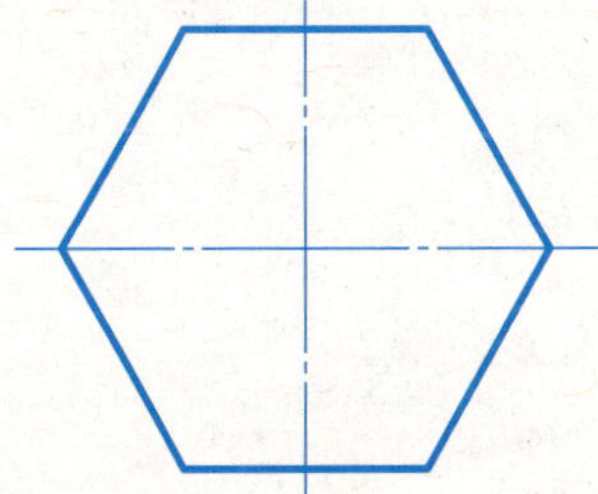

3-5　作出三棱锥的左视图，并作出表面上各点的其余两面投影

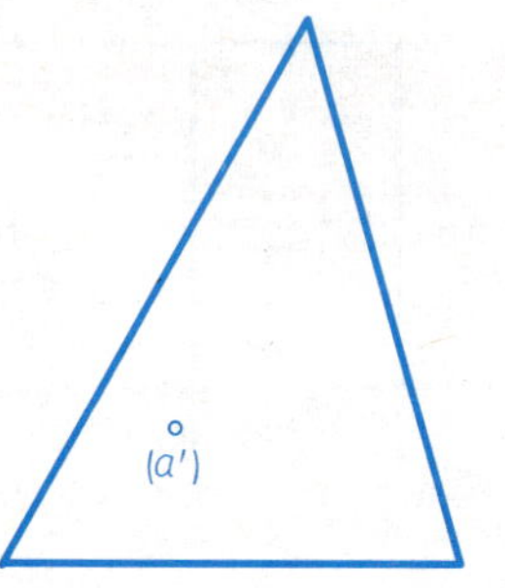

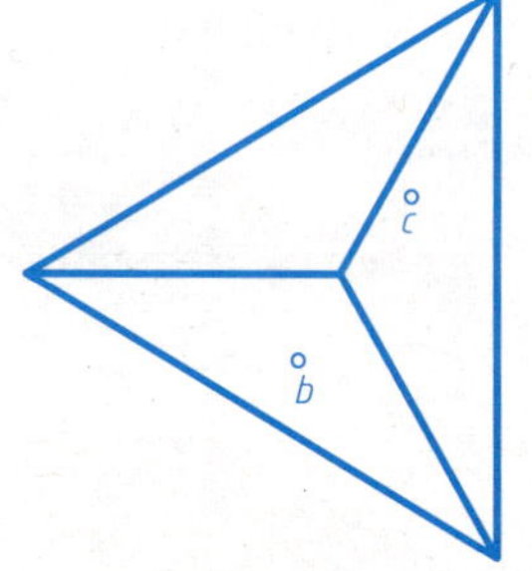

3-6　作出三棱锥的左视图，并作出表面上各点的其余两面投影

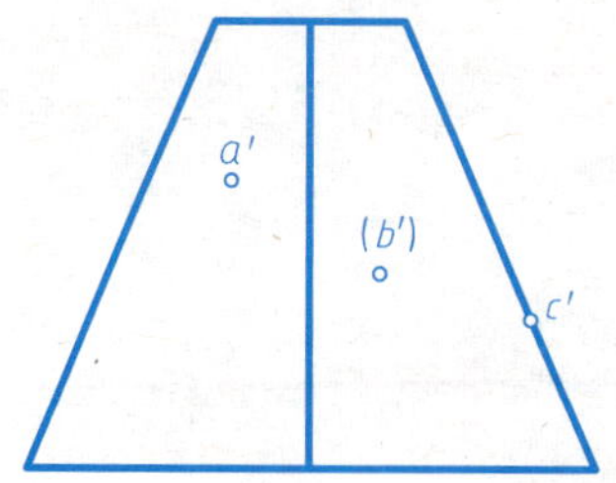

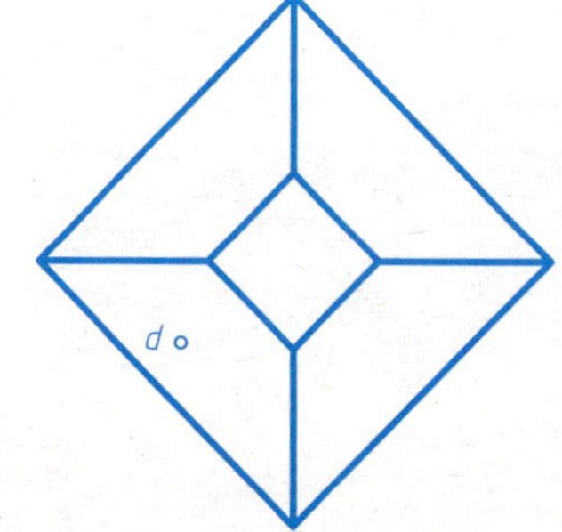

3-7　作出半圆柱体的俯视图，并作出表面上各点的其余两面投影

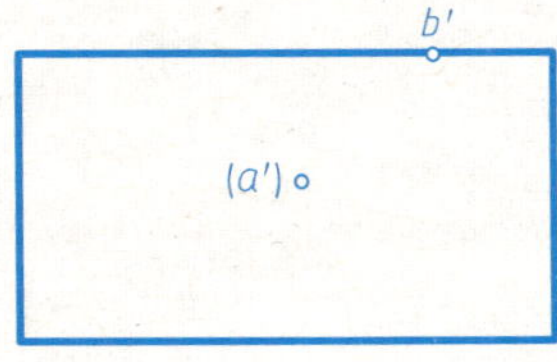

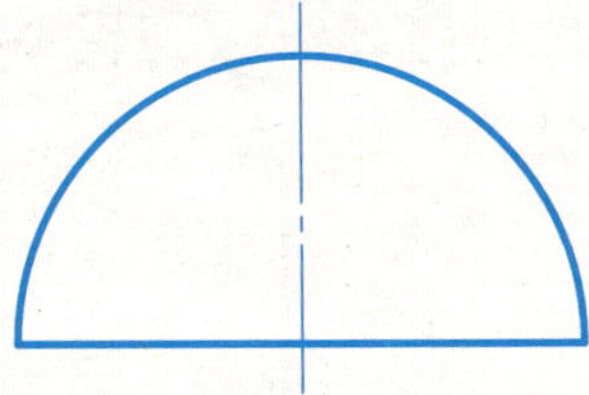

3-8　画出圆锥体的俯视图，并作出表面上各点的其余两面投影。

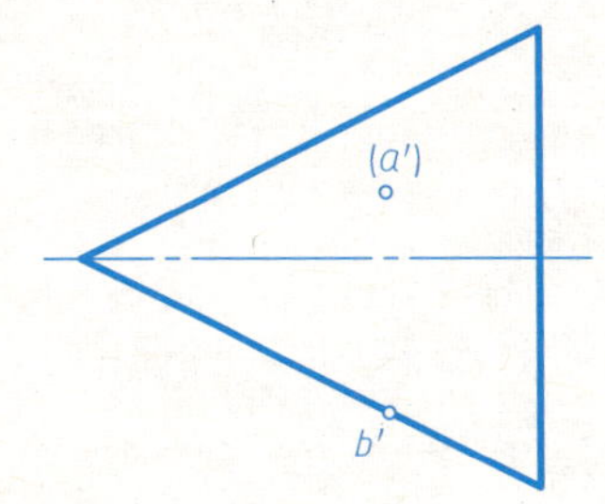

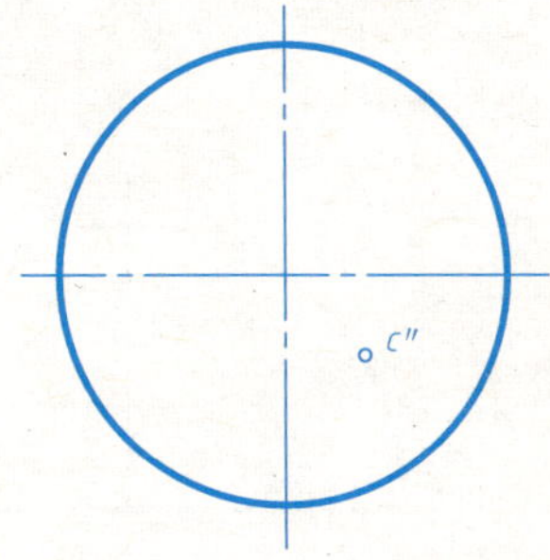

3-9　作出半球的左视图，并作出表面上各点的其余两面投影

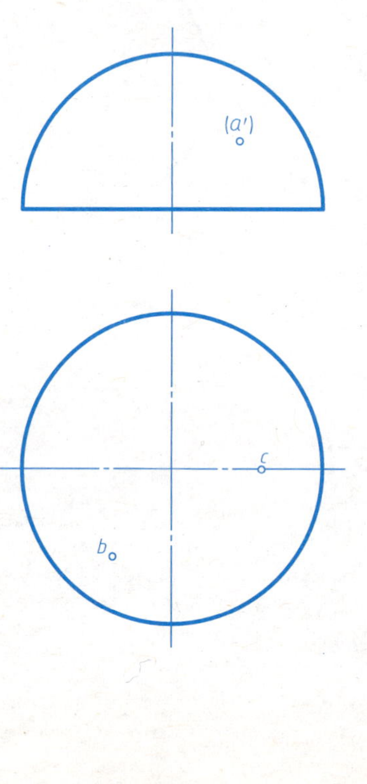

3-10　完成同轴回转体的主视图和俯视图，并补画左视图

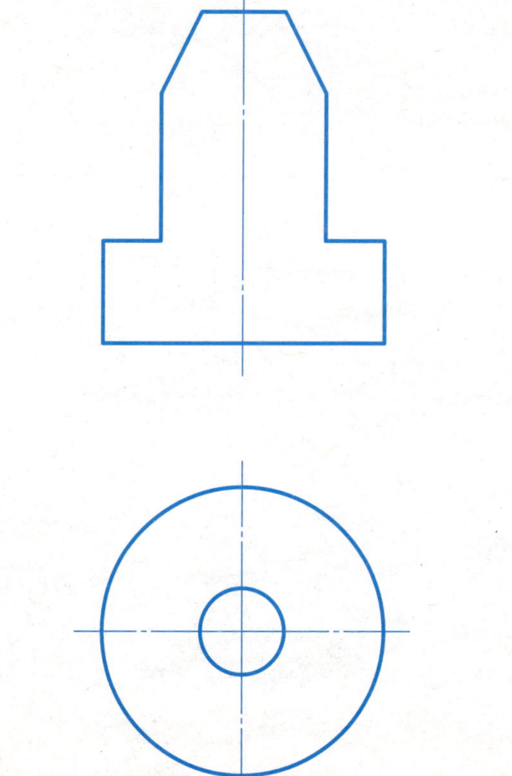

3-11　完成正四棱柱被切割后的左视图

3-12　完成穿孔正六棱柱被切割后的左视图

3-13　完成正三棱锥被切割后的俯视图，并补画左视图

3-14　补画四棱柱被切割后的俯视图

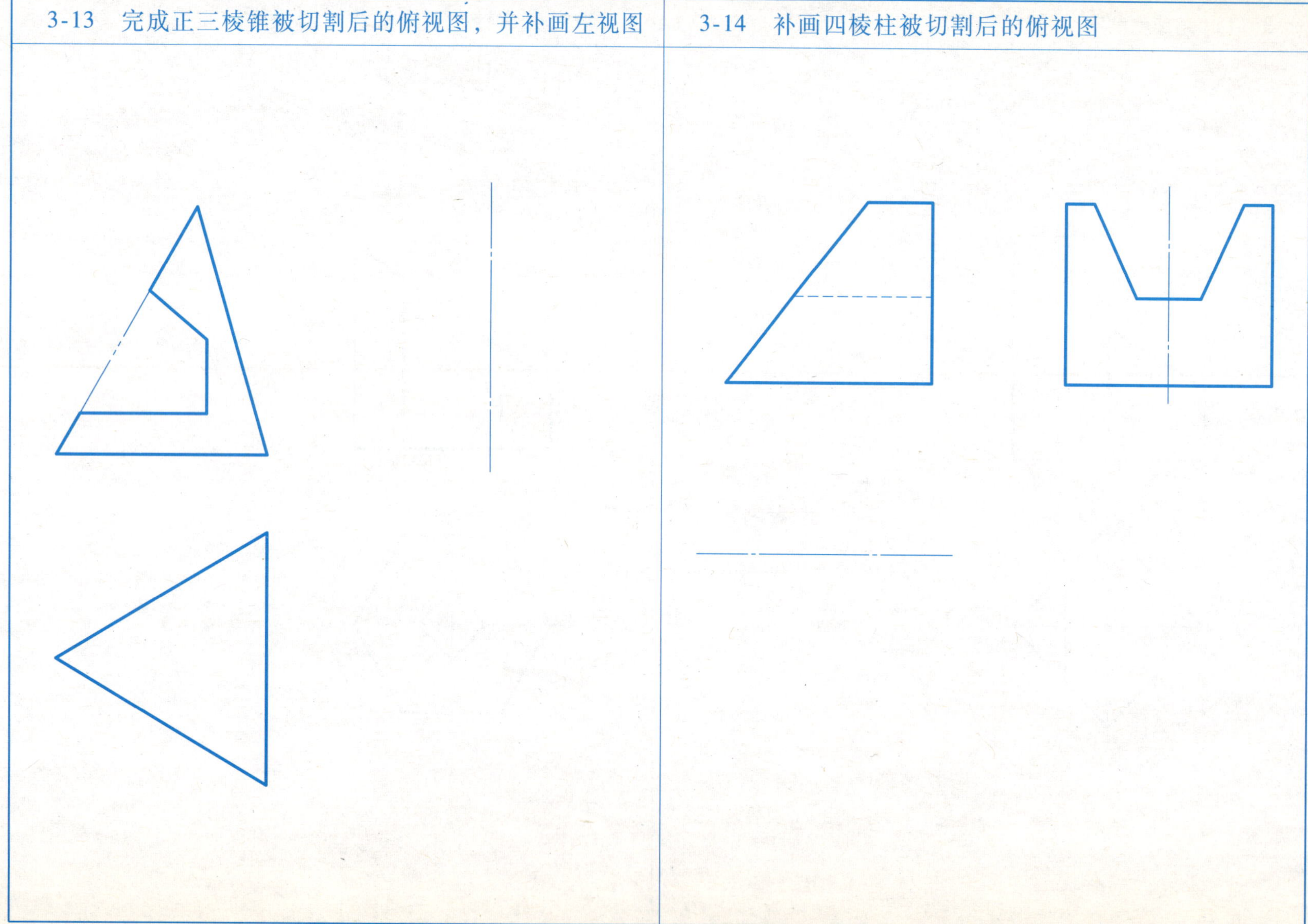

3-15　完成圆柱体被切割后的左视图

*3-16　完成圆管被切割后的左视图

3-17　完成圆柱体被切割后的俯视图

3-18　完成圆柱体被切割后的左视图

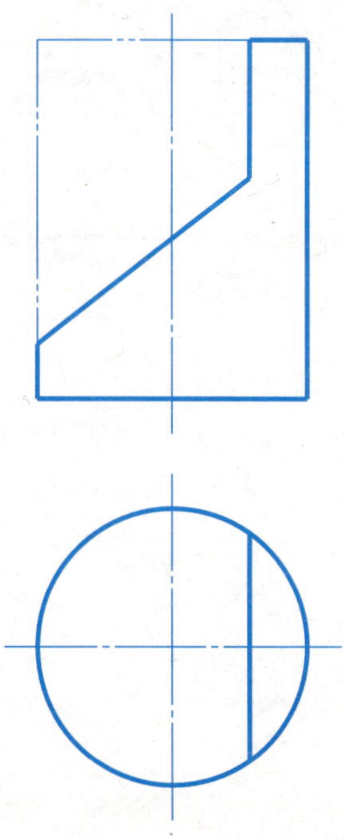

3-19　完成圆锥体被切割后的俯视图和左视图	3-20　完成圆锥体被切割后的左视图

3-21　完成圆锥体被切割后的俯视图和左视图	3-22　完成半球被切割后的主视图和俯视图

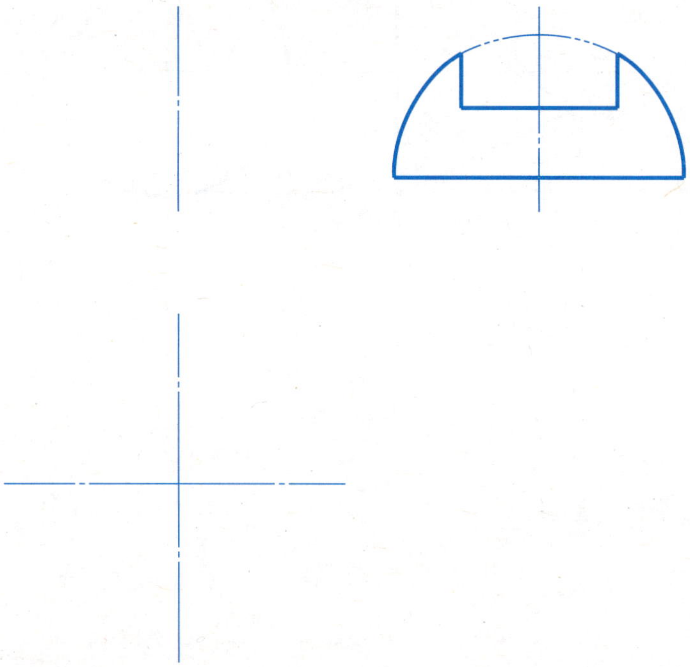

3-23 完成球被切割后的三视图

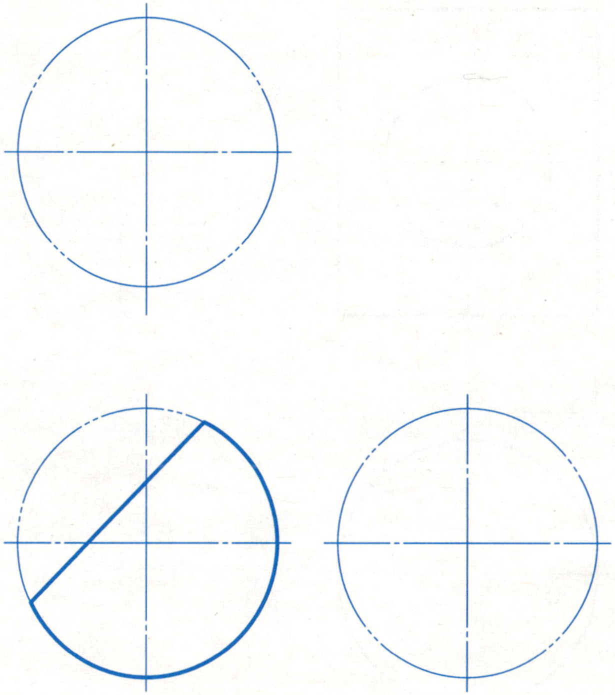

*3-24 完成同轴回转体被切割后的俯视图

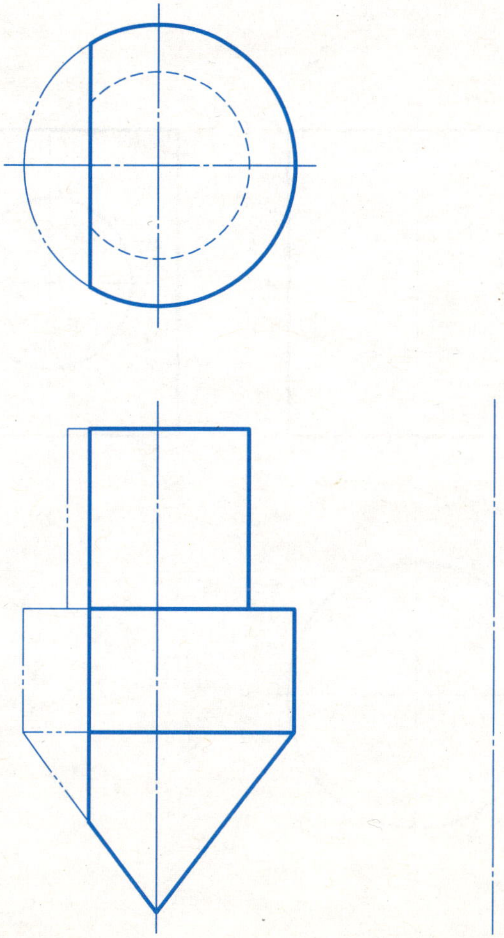

3-25　完成两圆柱相贯的三视图

(1)　　(2)

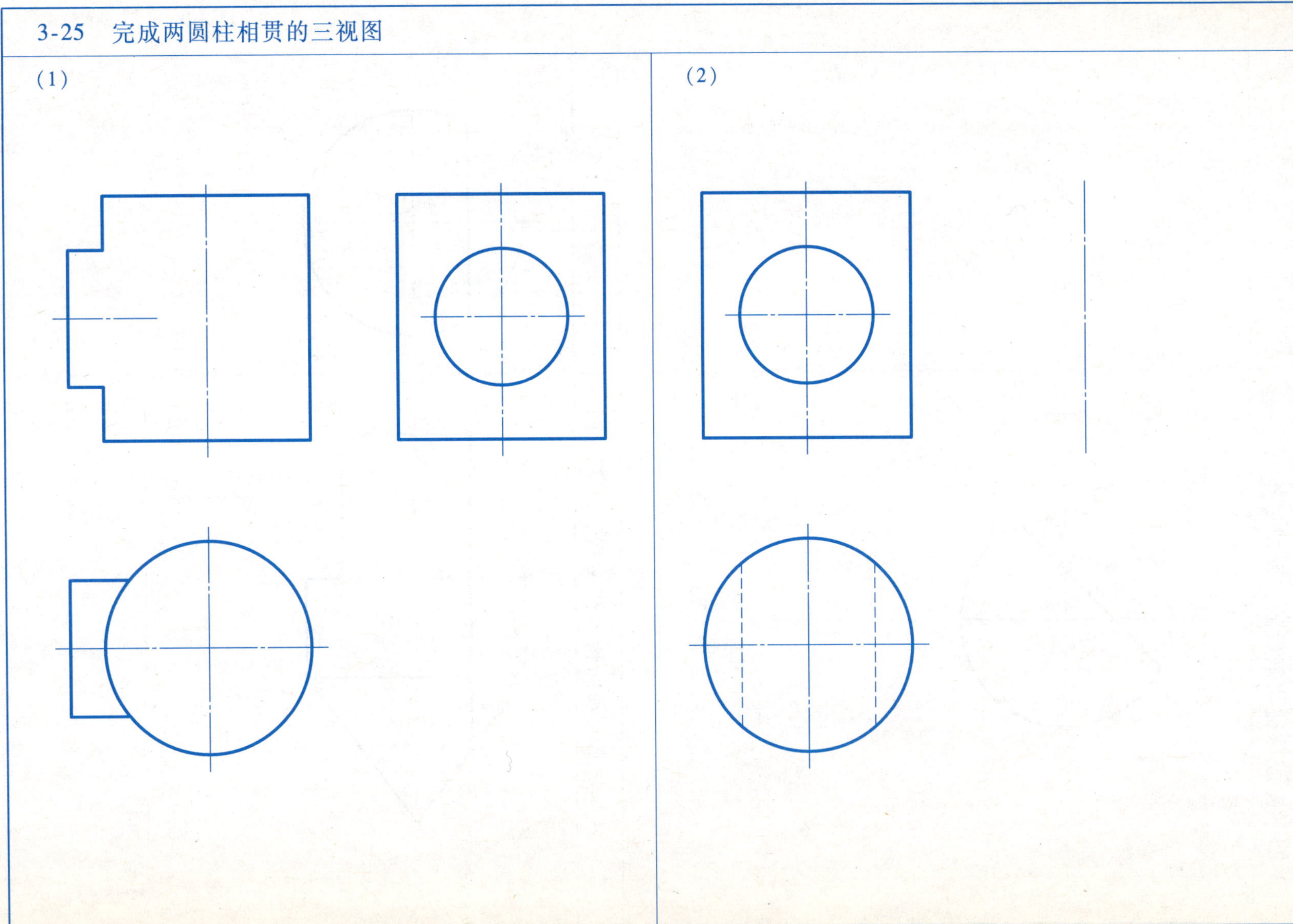

3-26　完成立体的主视图

(1)

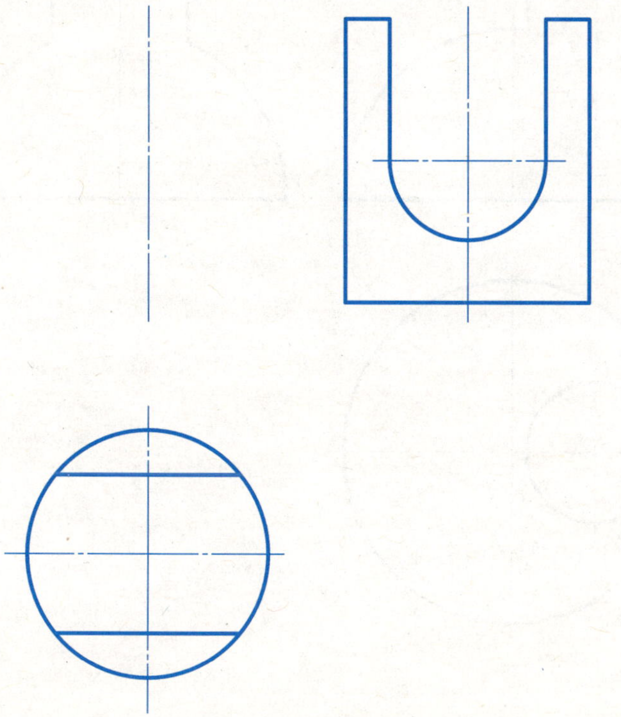

(2)

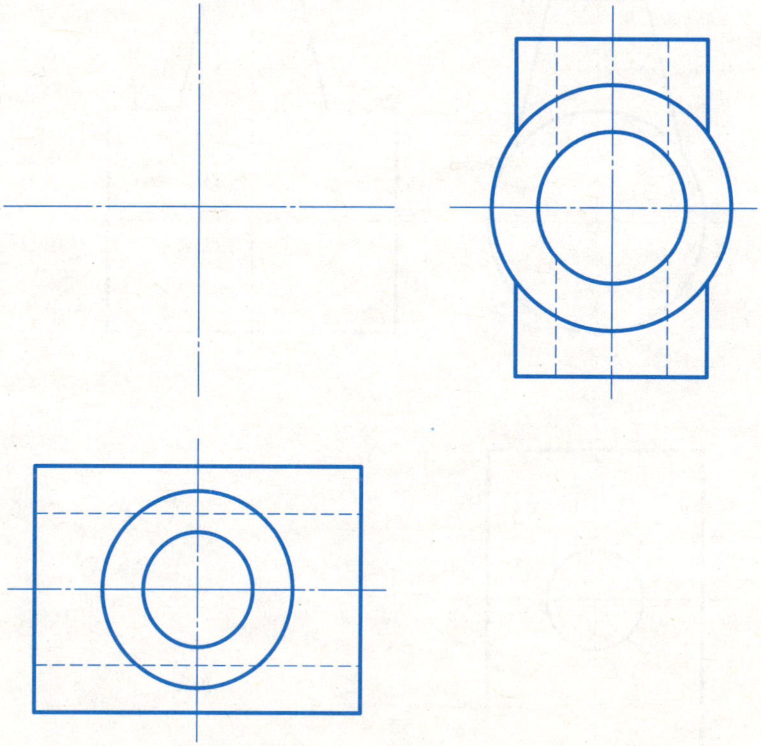

3-27　完成圆柱与圆台相贯的俯视图和左视图

3-28　完成立体的主视图和左视图

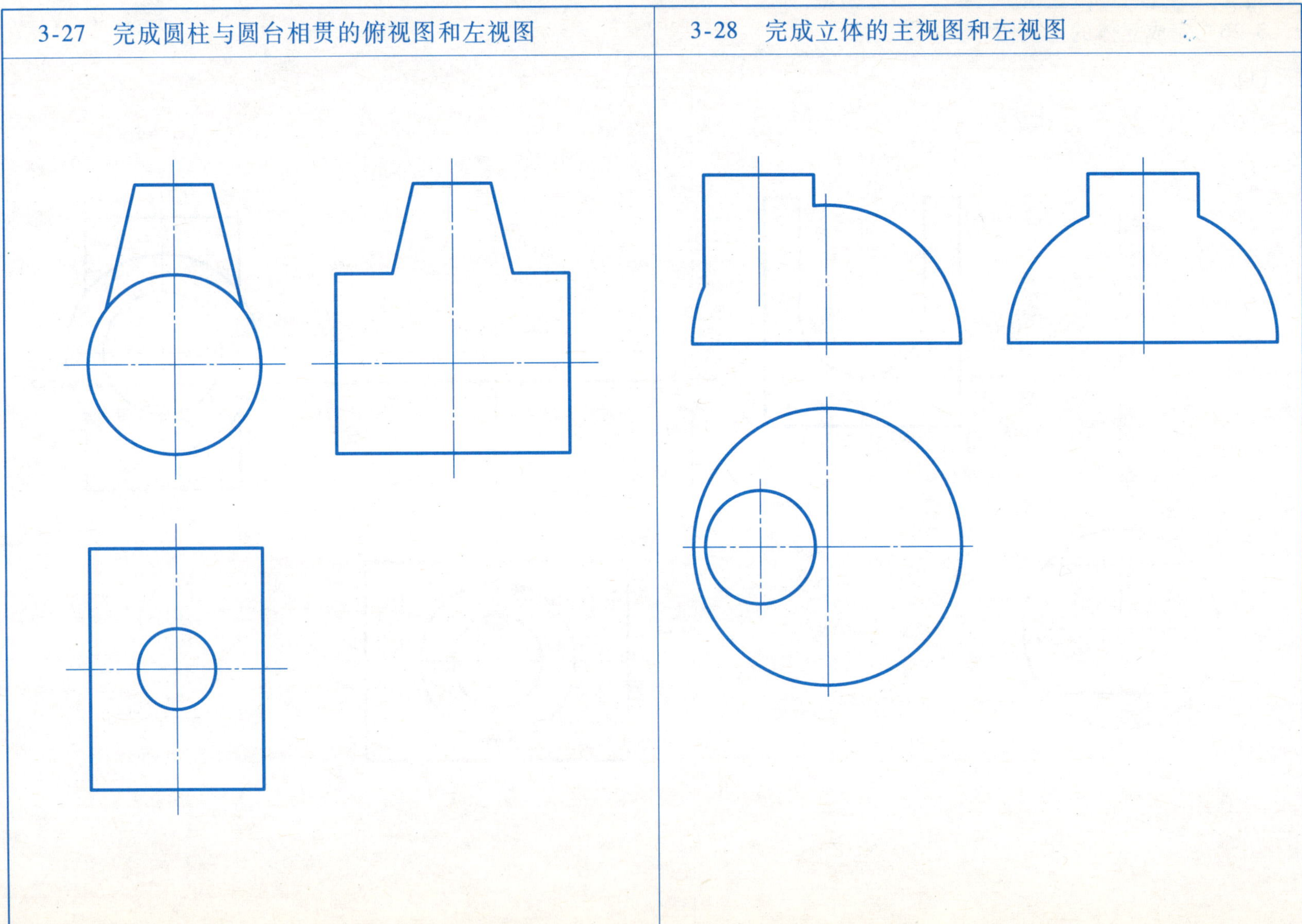

3-29　完成圆球穿孔后的三视图

3-30　补画立体的主视图

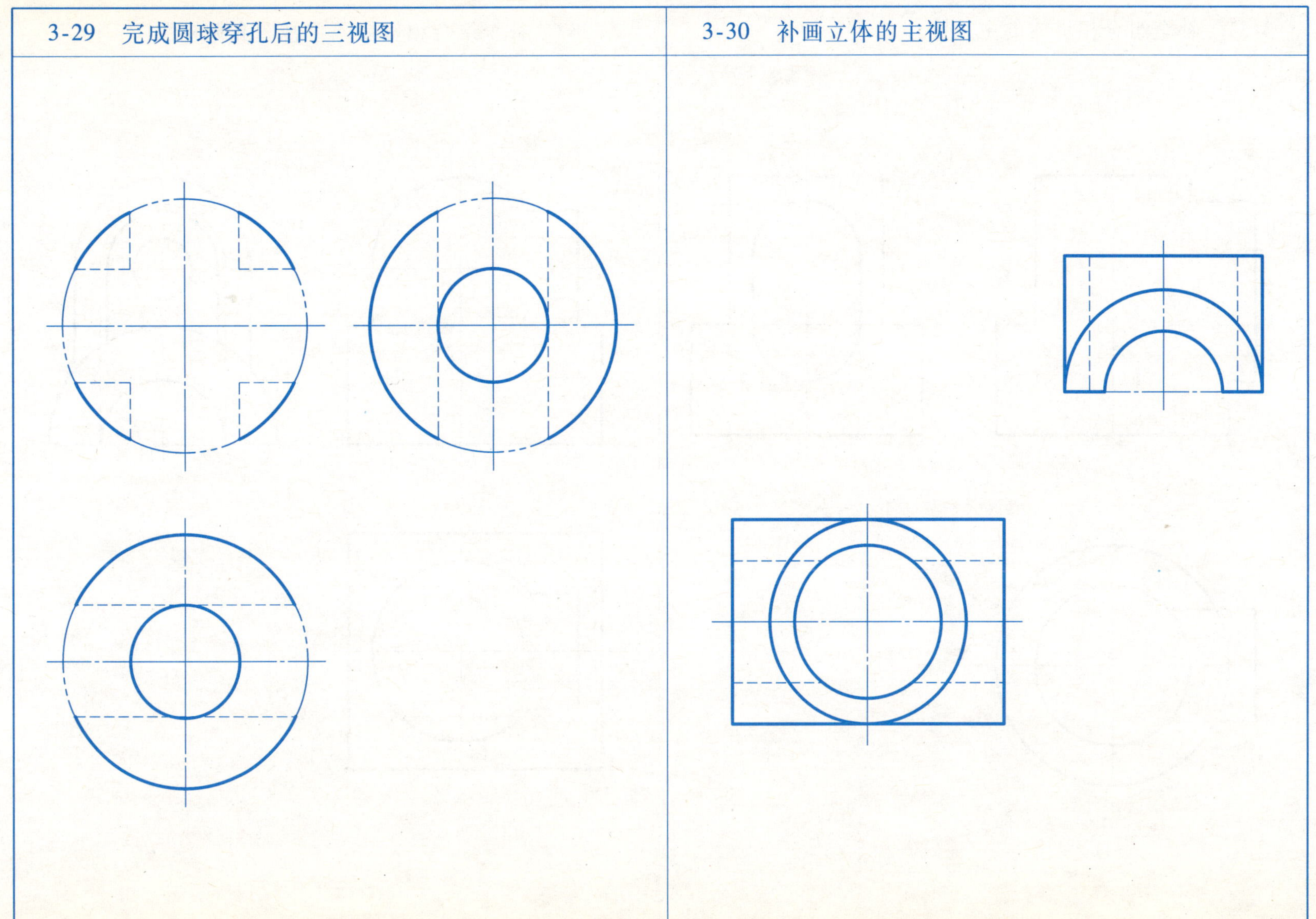

3-31　补全组合相贯体的主视图	*3-32　补全组合相贯体的主视图和俯视图

班级　　　　姓名　　　　学号

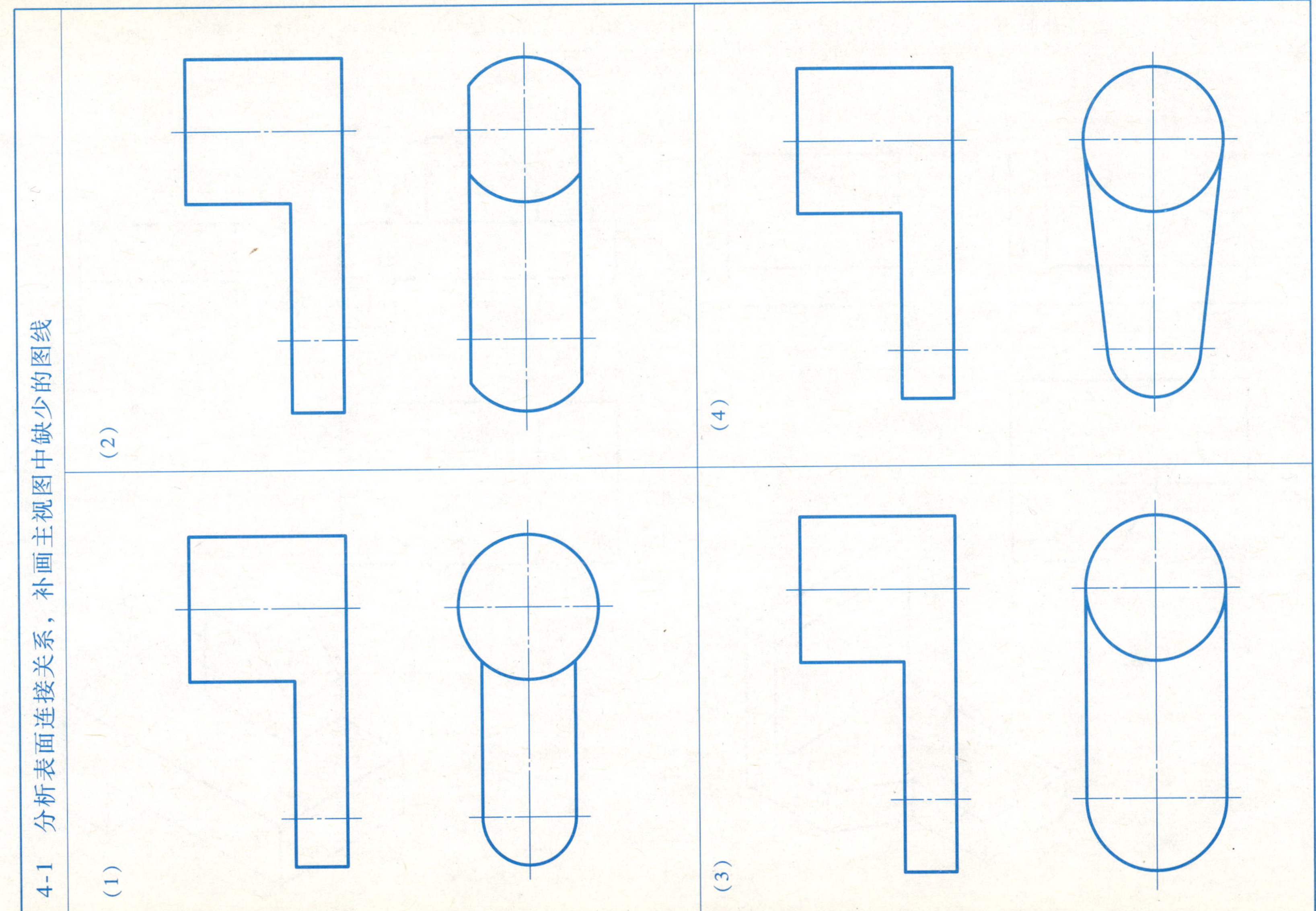

班级　　　　姓名　　　　学号

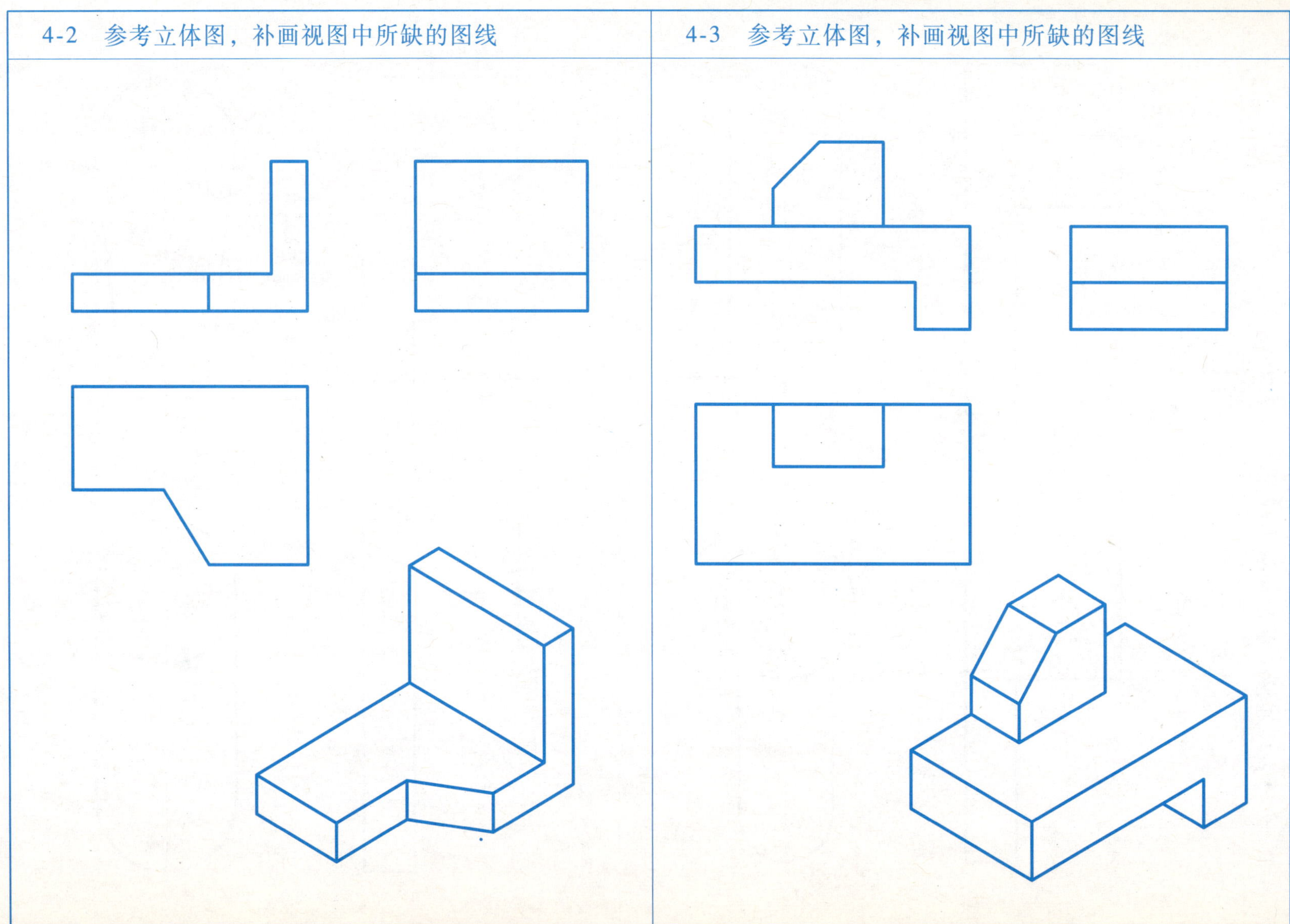

4-4　参考立体图，补画视图中所缺的图线

4-5　参考立体图，补画视图中所缺的图线

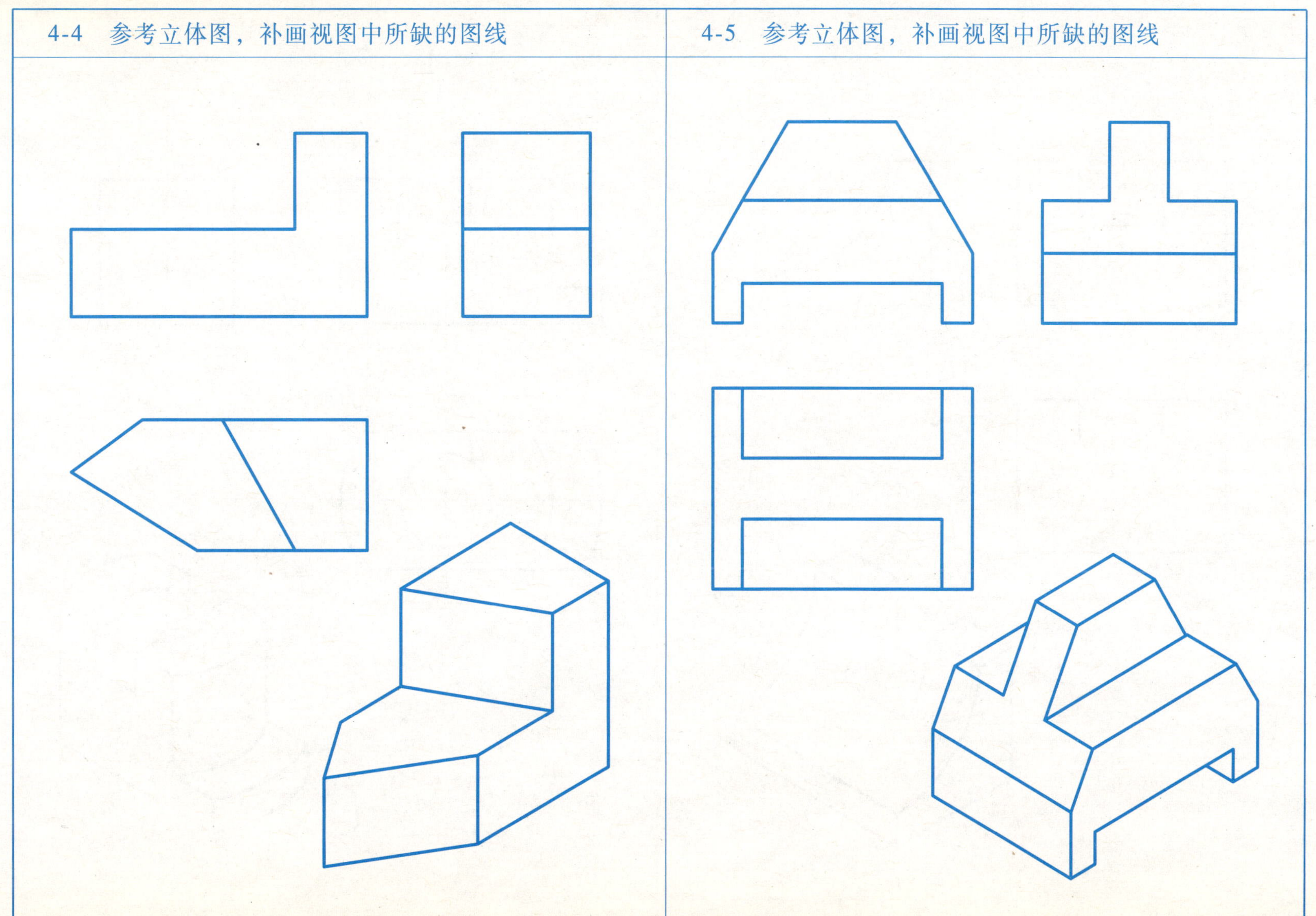

4-6　参考立体图，补画视图中所缺的图线

4-7　参考立体图，补画视图中所缺的图线

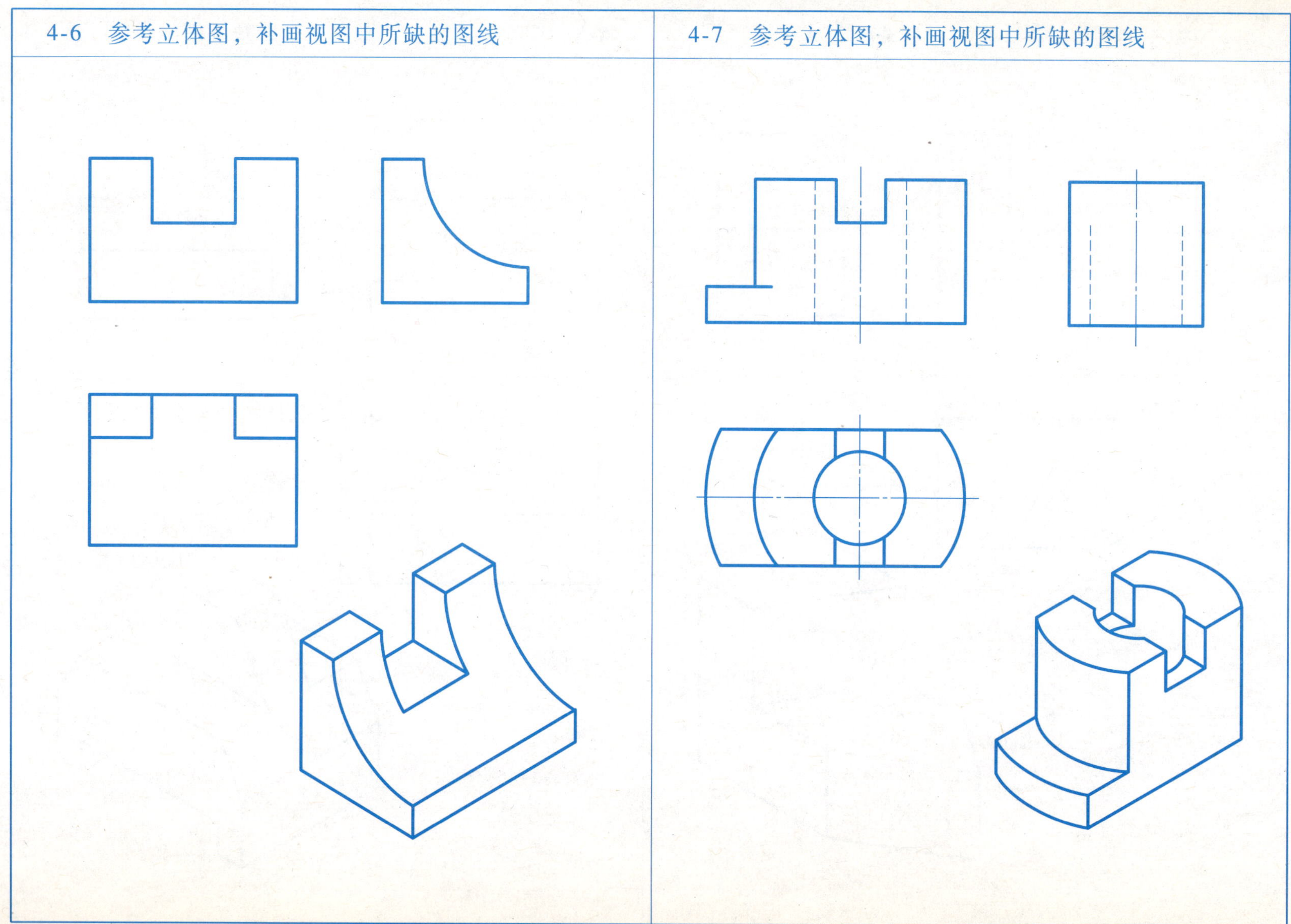

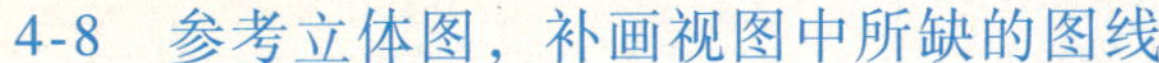

4-8　参考立体图，补画视图中所缺的图线

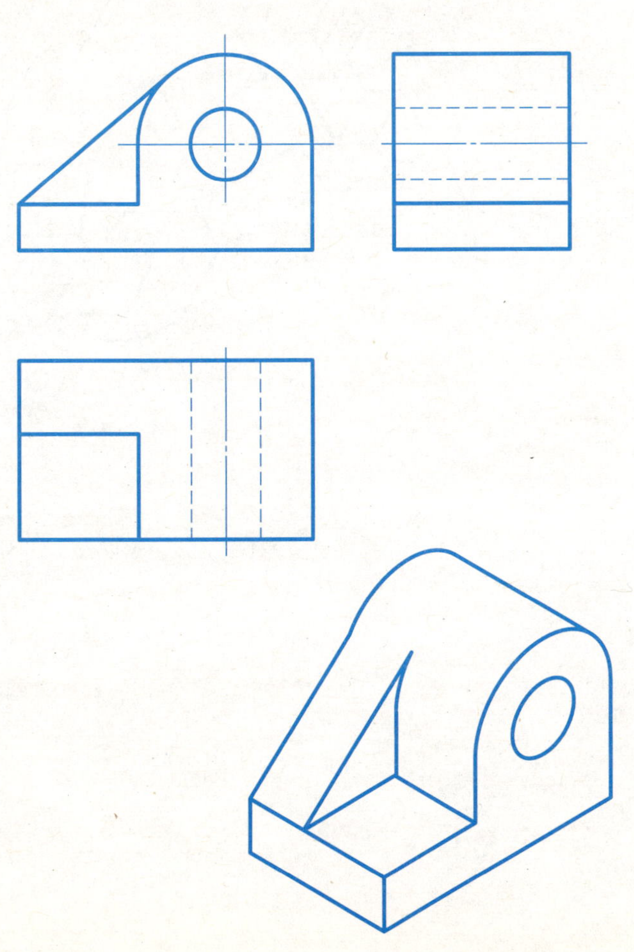

4-9　参考立体图，补画视图中所缺的图线（主视图中圆柱与圆柱的相贯线用简化画法画出）

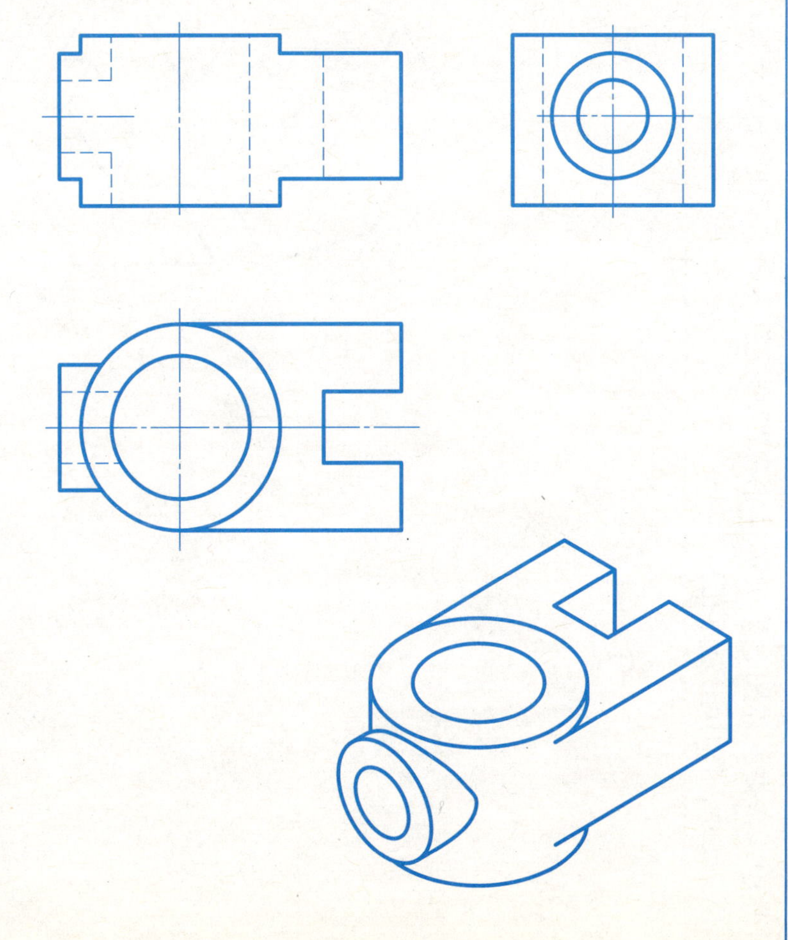

4-10　根据立体图，正确选择主视图的投射方向，并根据尺寸 1:1 画出三视图（不注尺寸，图中孔为通孔）

（1）

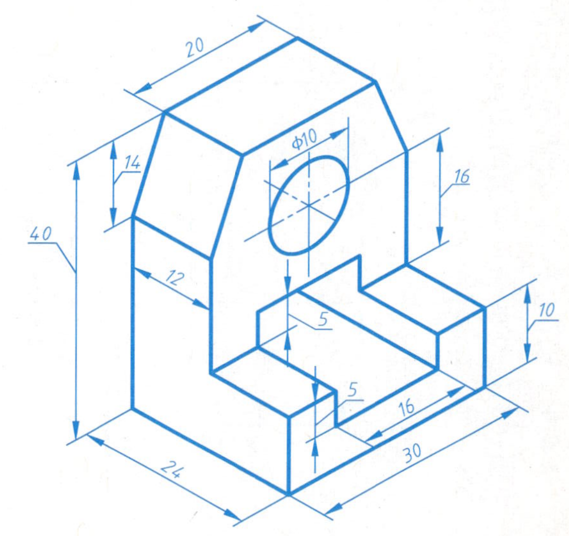

（2）

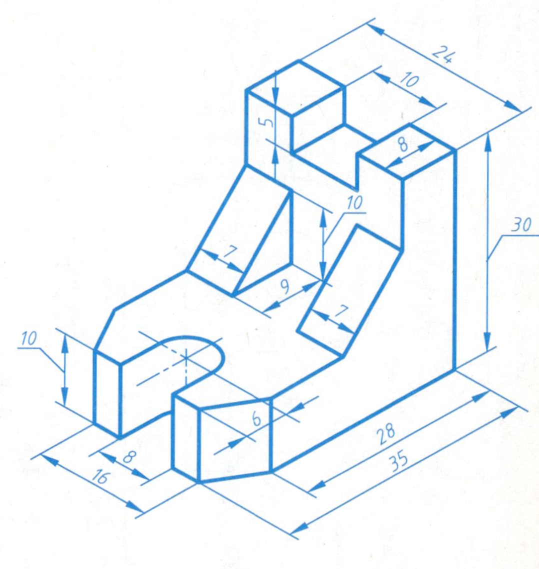

班级　　　　姓名　　　　学号

（续）4-10　根据立体图，正确选择主视图的投射方向，并根据尺寸 1:1 画出三视图（不注尺寸，图中孔为通孔）

(3)

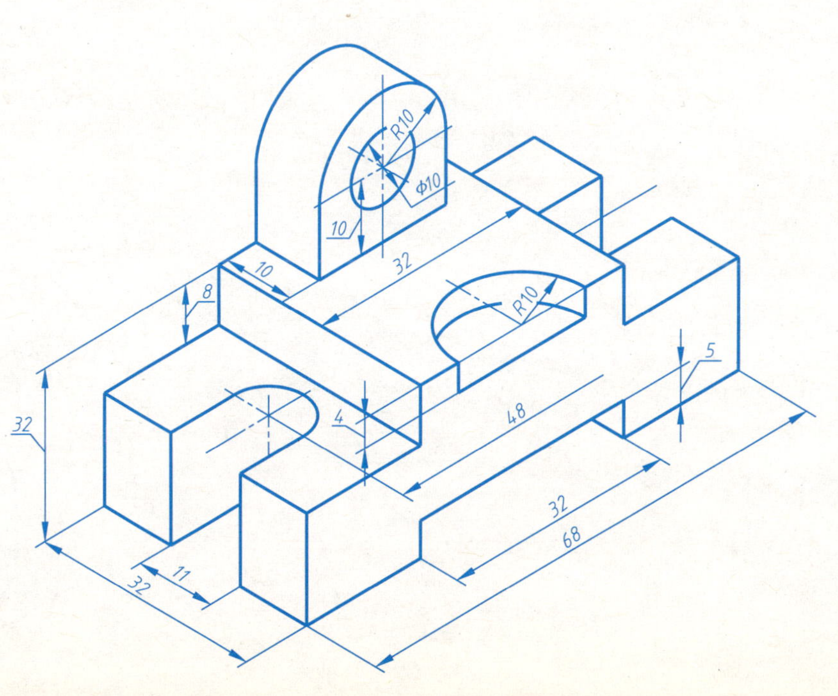

（续）4-10　根据立体图，正确选择主视图的投射方向，并根据尺寸 1∶1 画出三视图（不注尺寸，图中孔为通孔）

（4）

班级　　　　姓名　　　　学号

4-11　想象出立体的形状，并补画出左视图

(1)

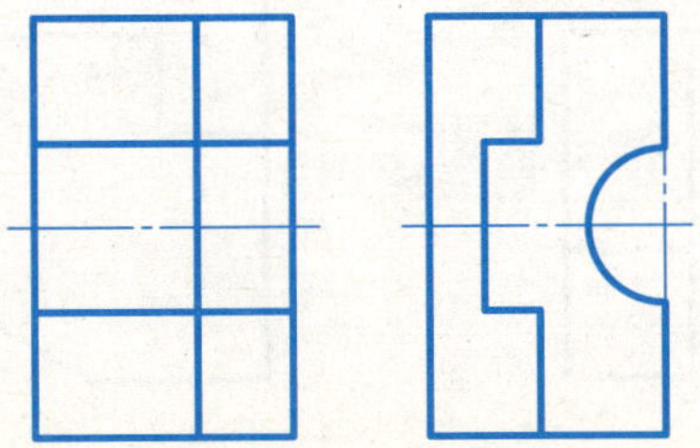

(2)

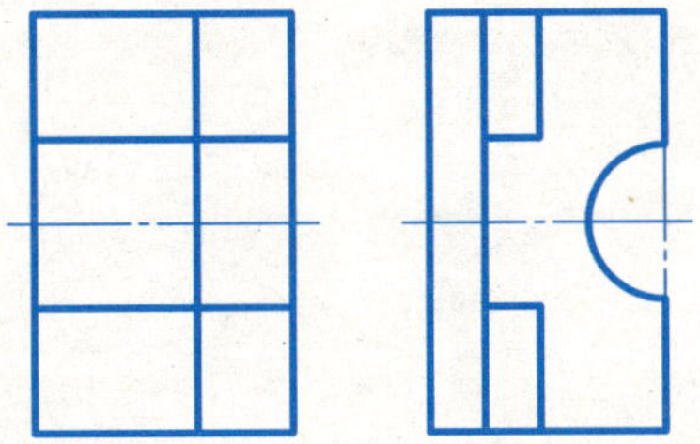

(3)

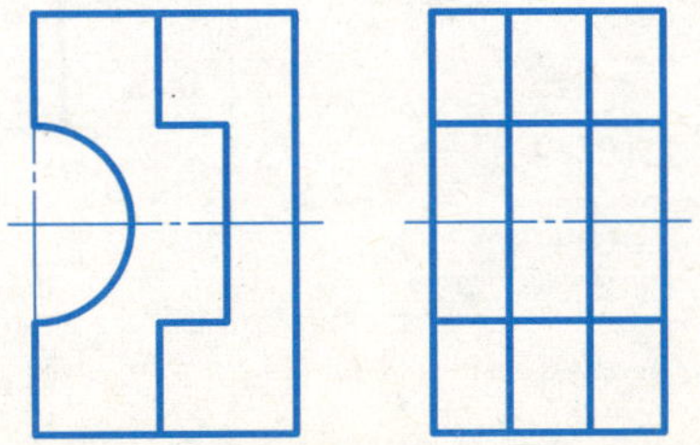

(4)

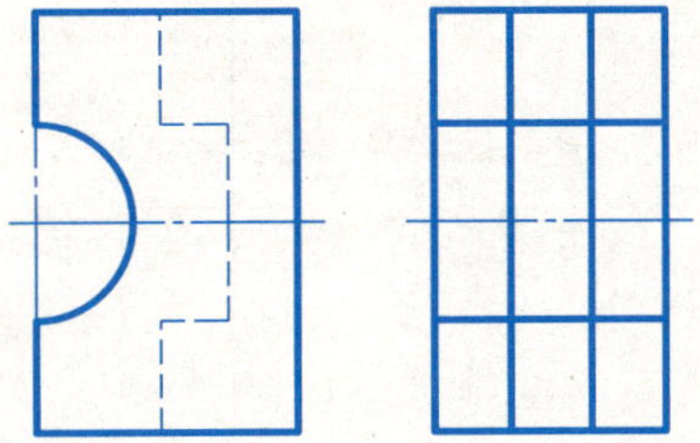

(5)

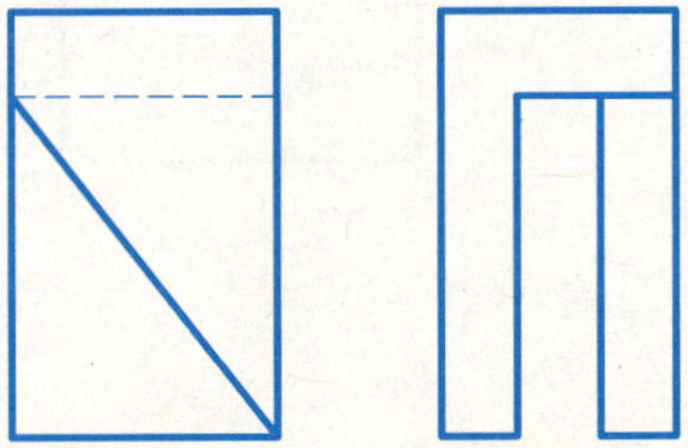

(6)

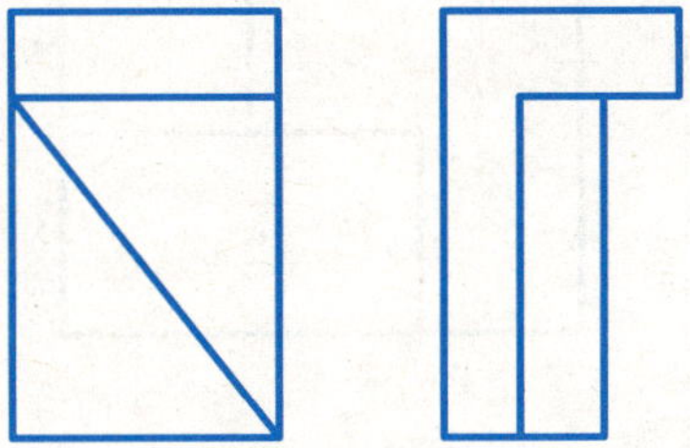

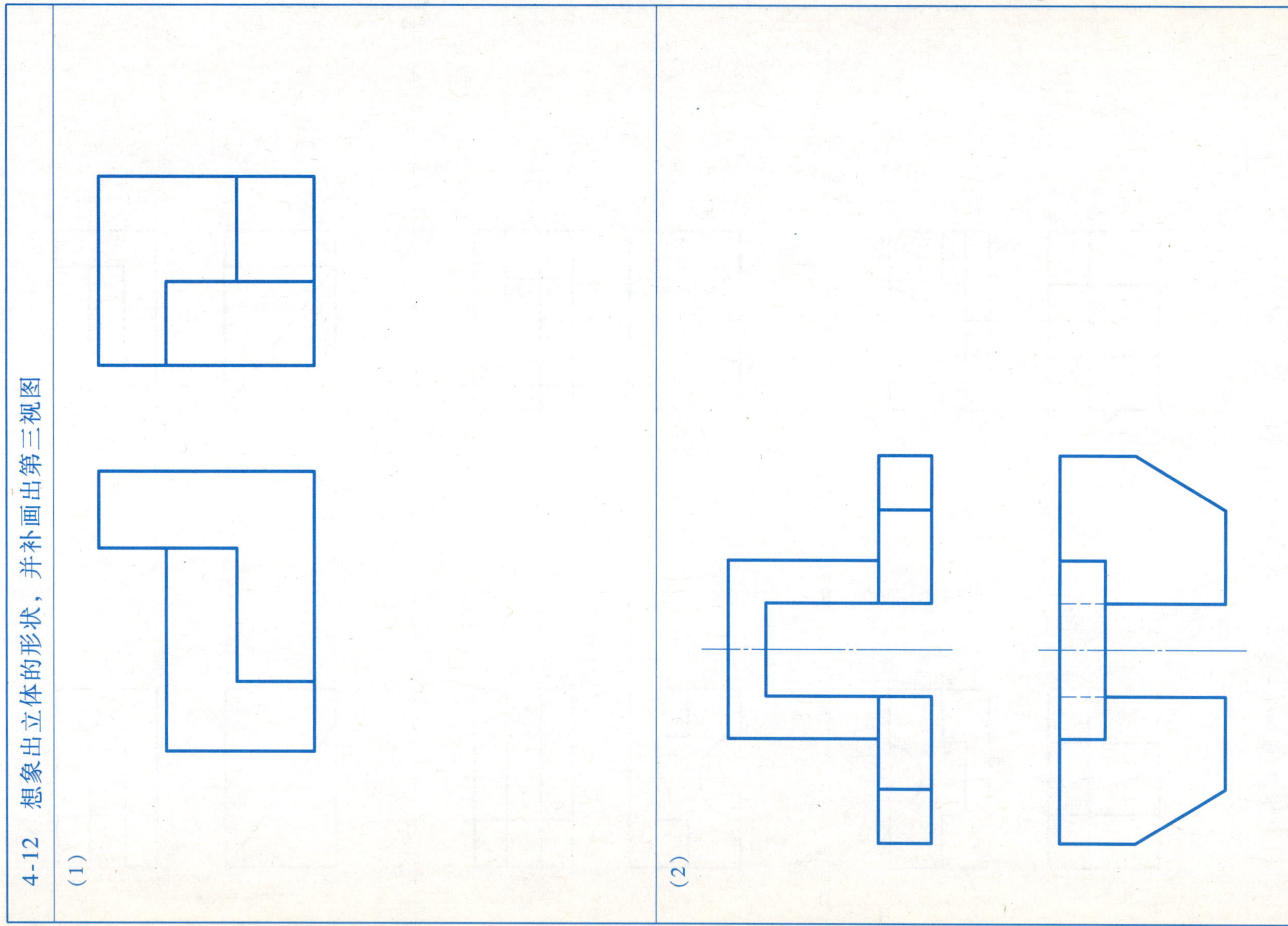
4-12 想象出立体的形状，并补画出第三视图
(1)
(2)

班级　　　　姓名　　　　学号

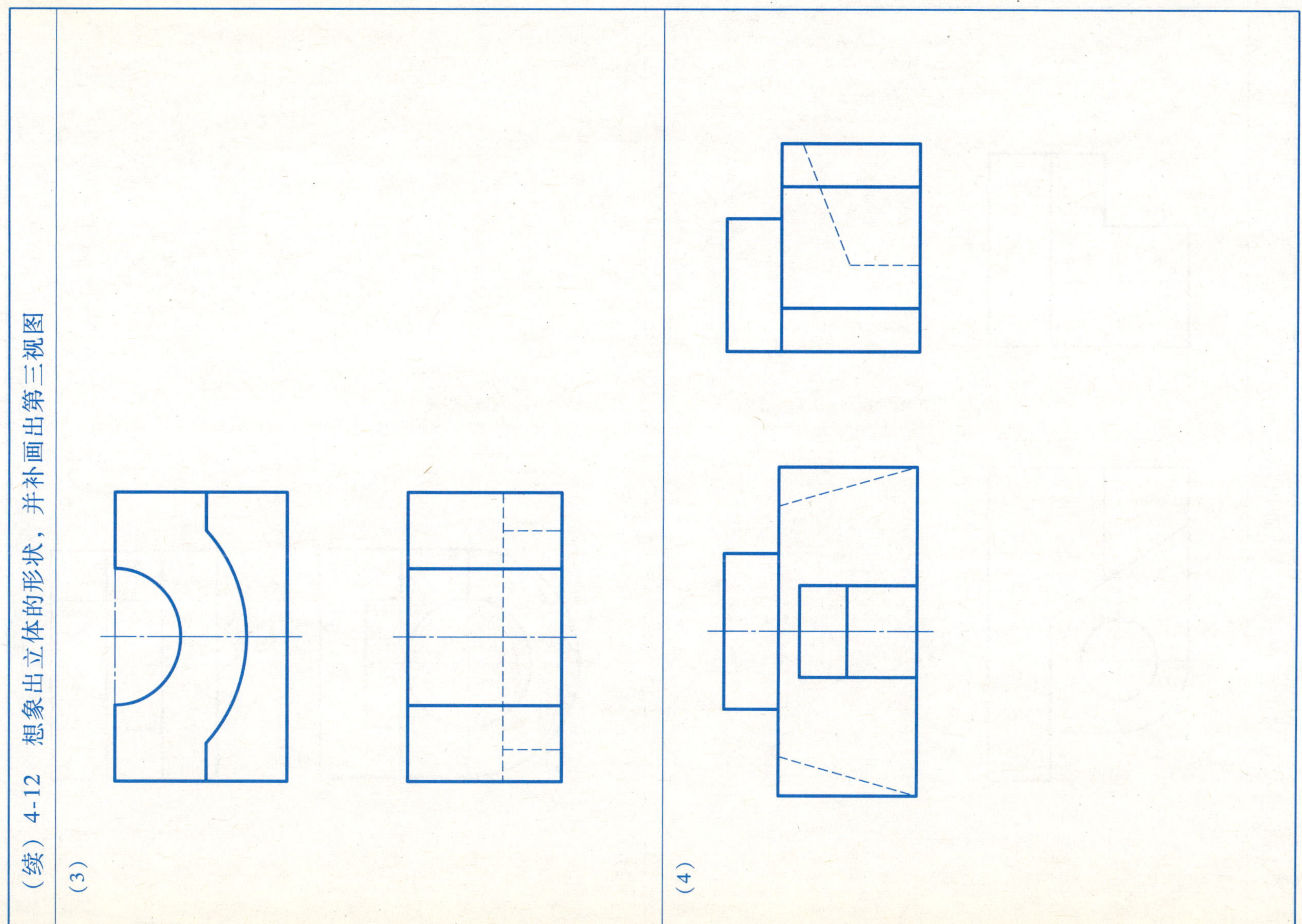

4-13　根据立体的两个视图，补画出第三视图

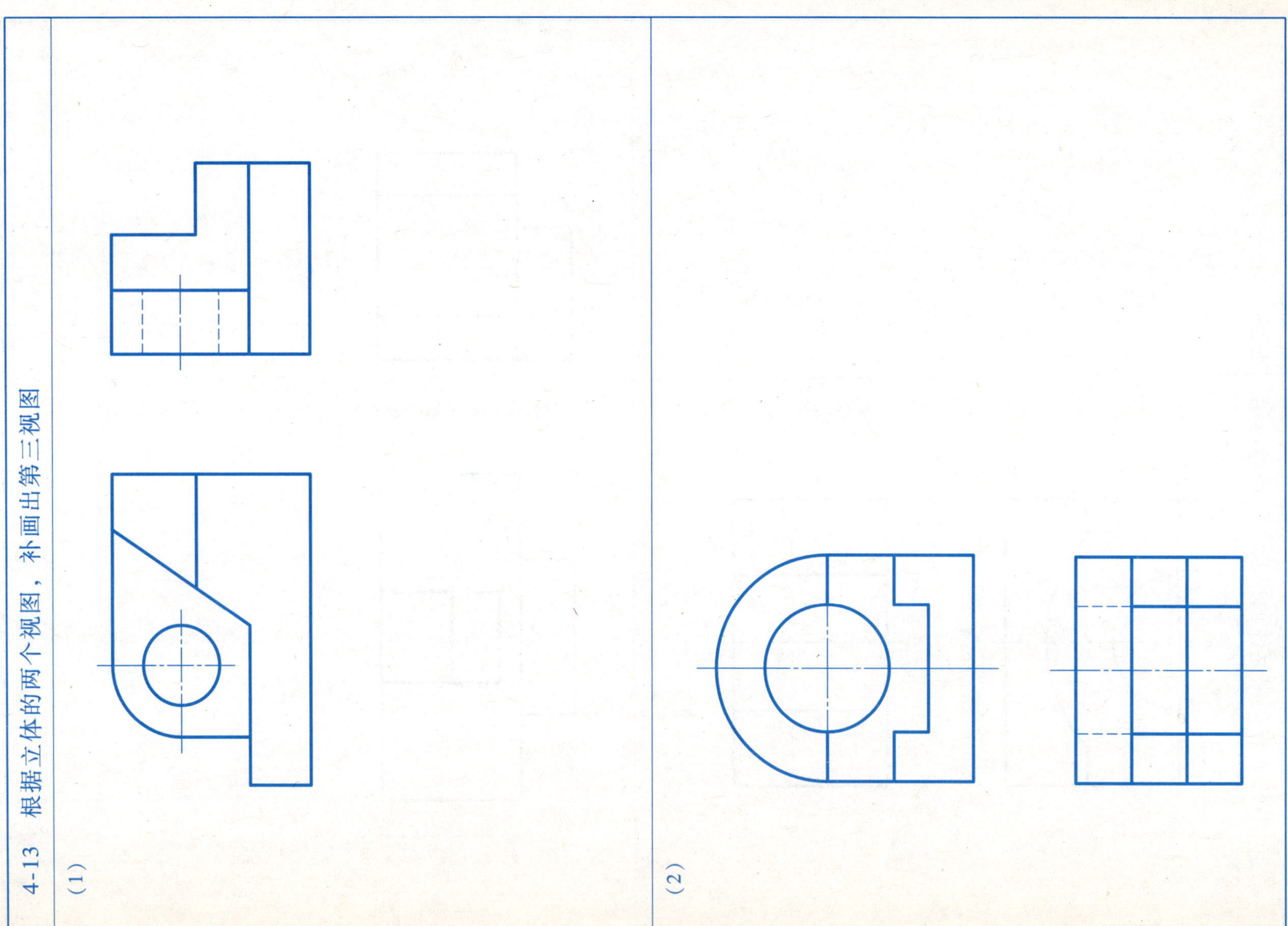

4-14 根据立体的两个视图，补画出第三视图

4-15 根据立体的两个视图，补画出第三视图

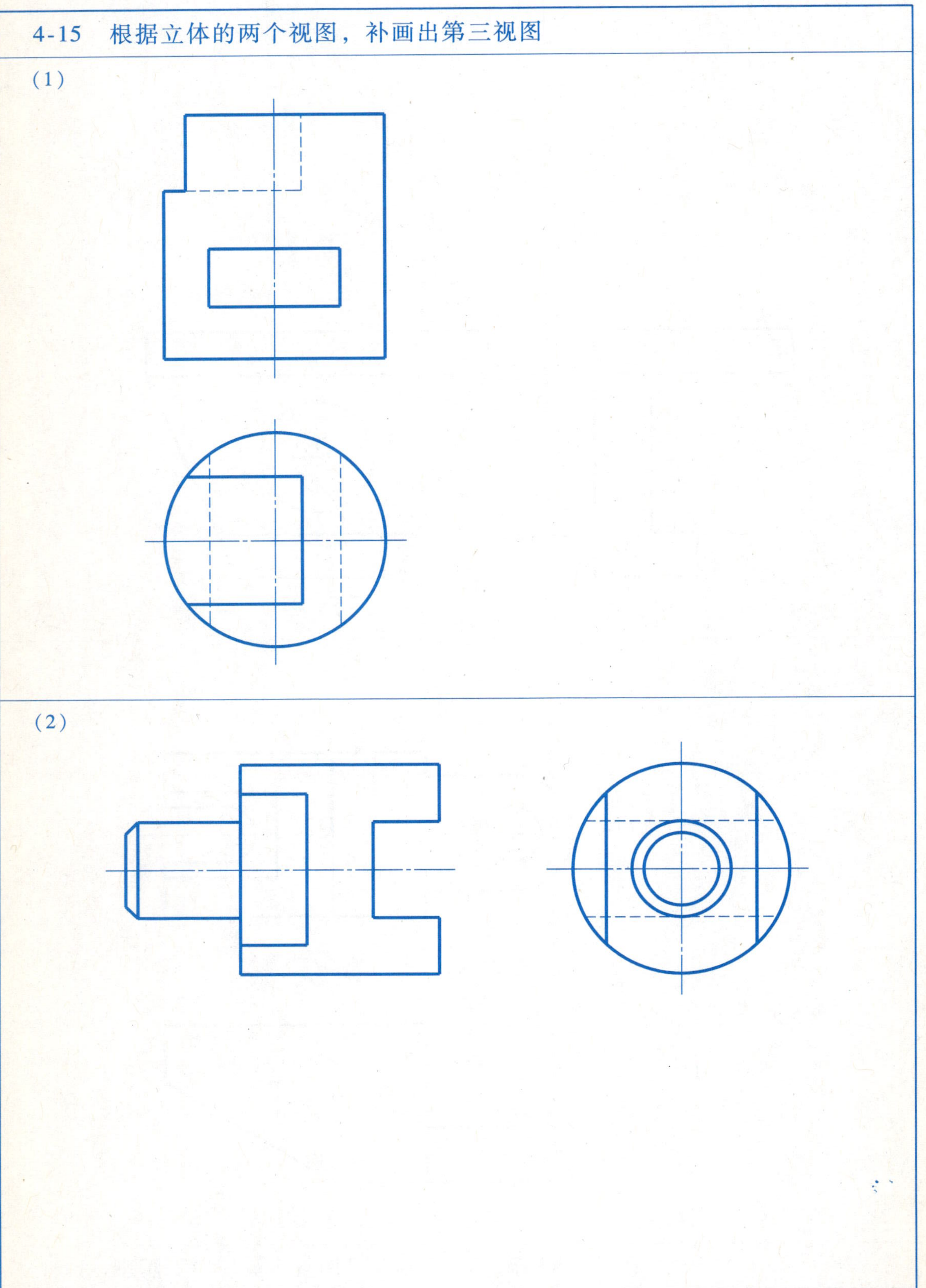

（续）4-15　根据立体的两个视图，补画出第三视图

（3）

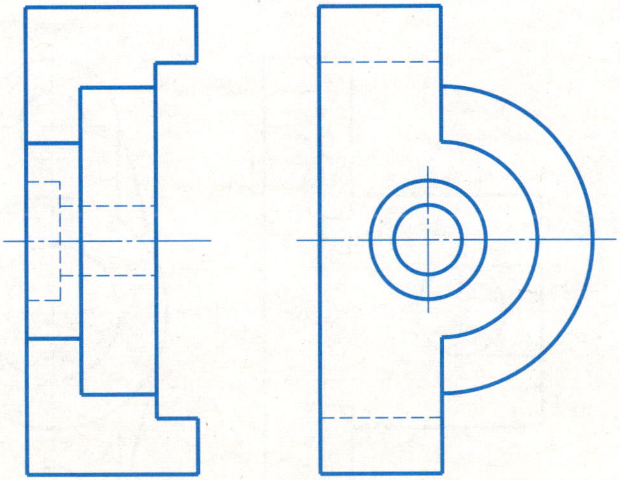

*（4）

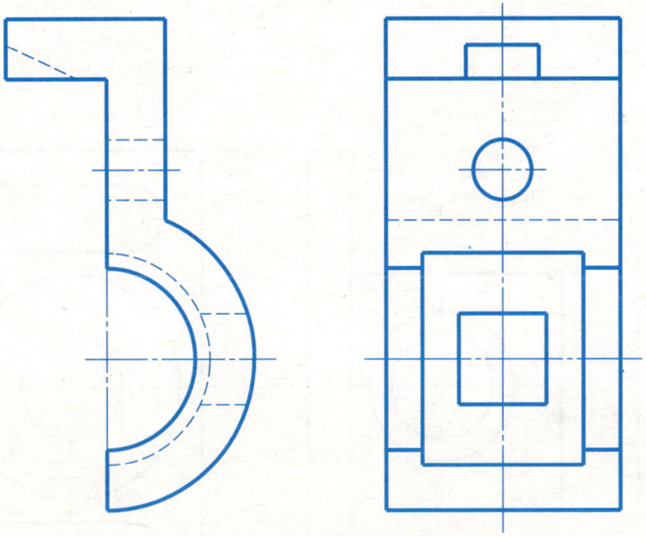

4-16 根据立体的主视图和俯视图，补画出左视图

(1)

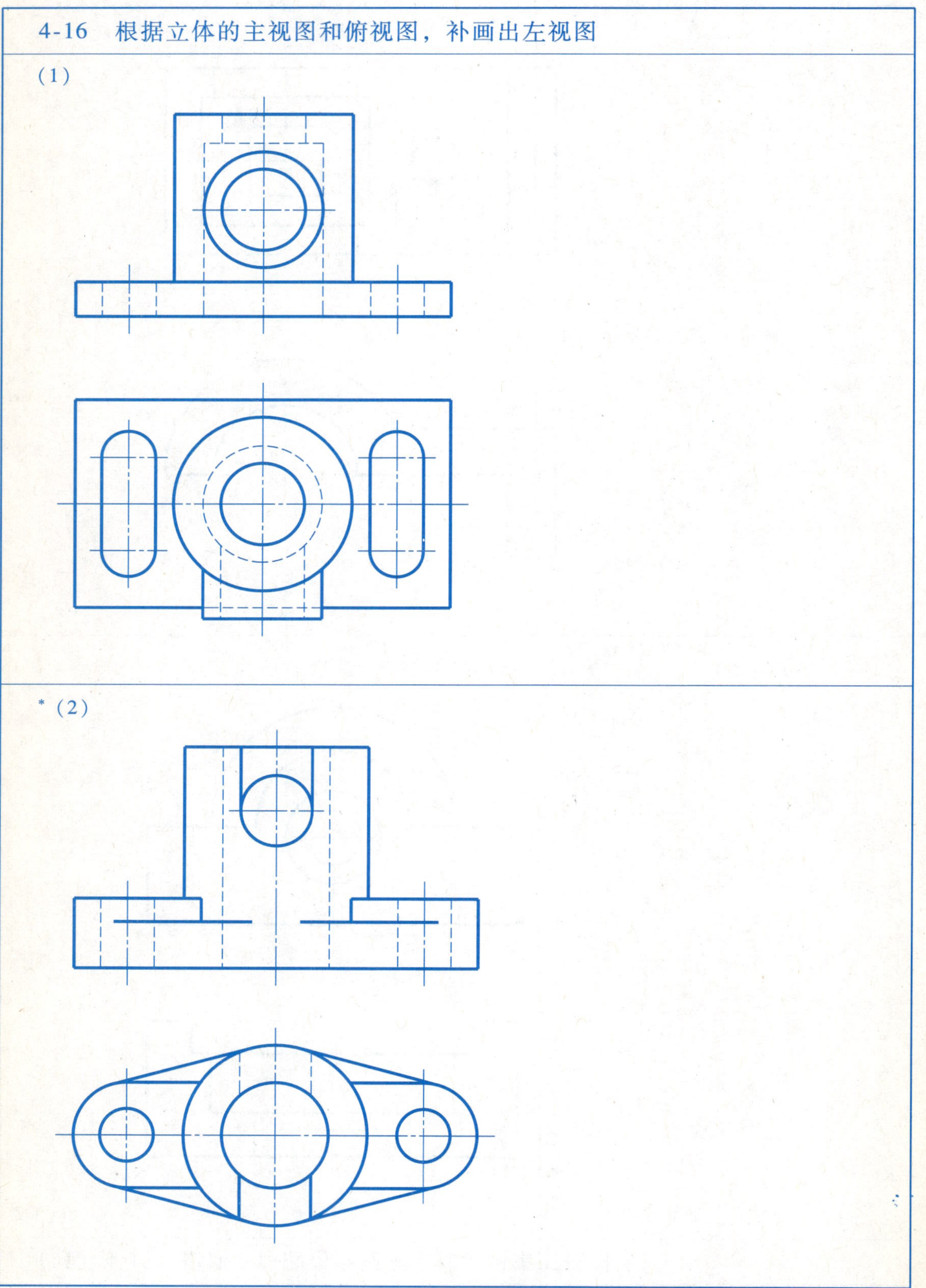

*(2)

班级　　　　姓名　　　　学号

班级　　　　姓名　　　　学号

4-17 读懂两视图，补画第三视图

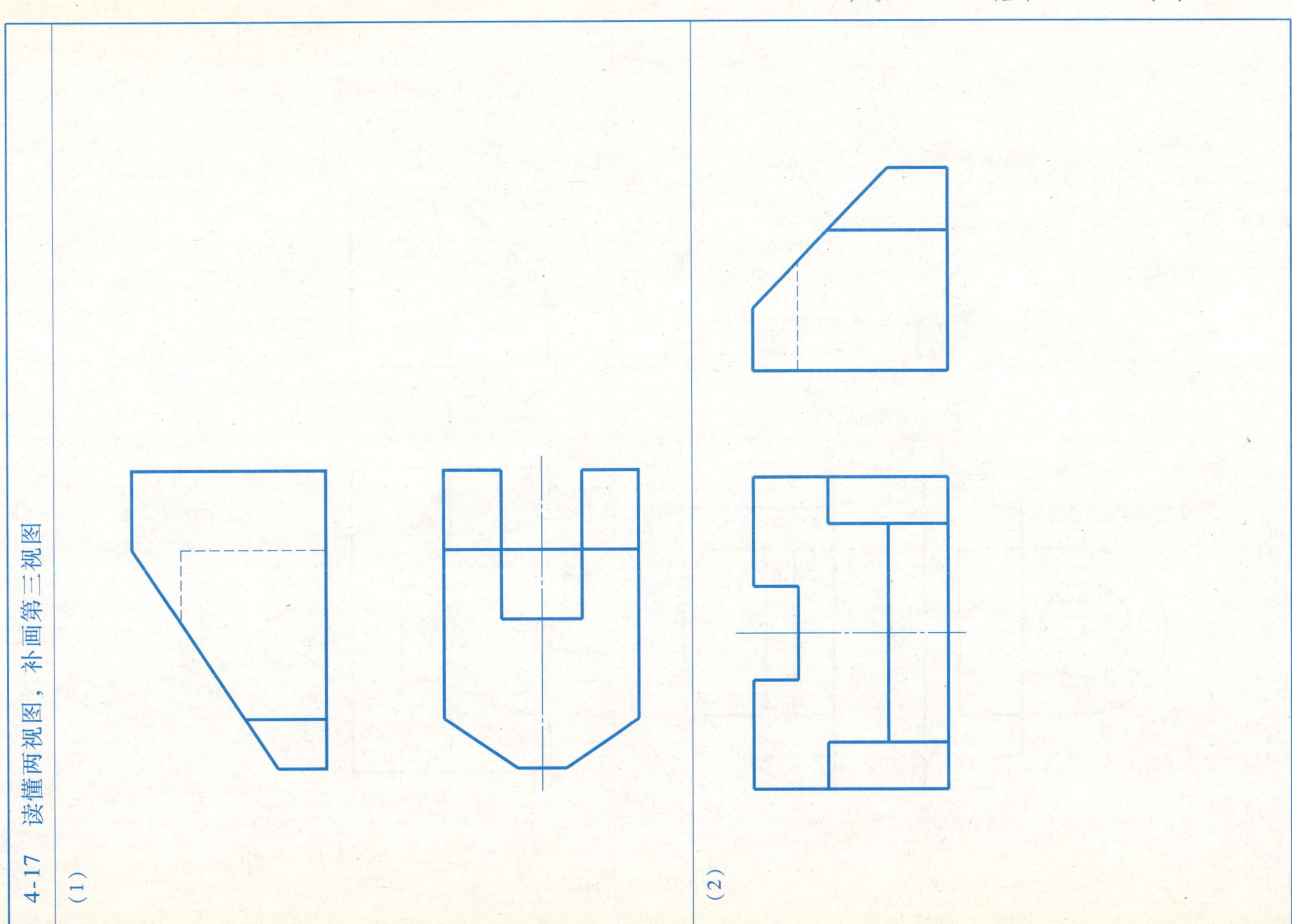

（1）

（2）

4-18 读懂两视图，补画第三视图

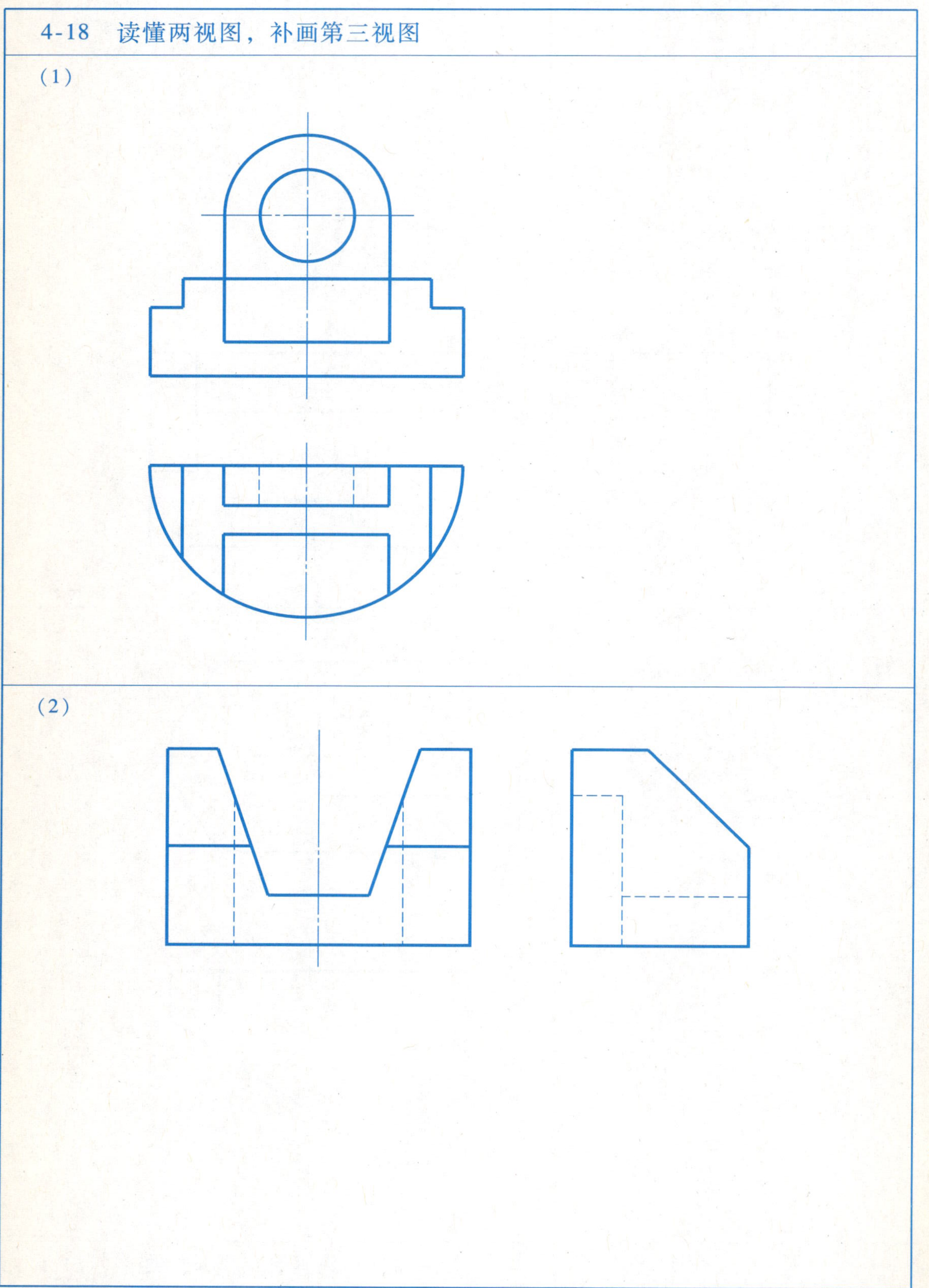

4-19 标注下列各题尺寸，数值从图中按 1:1 量取，并取整数

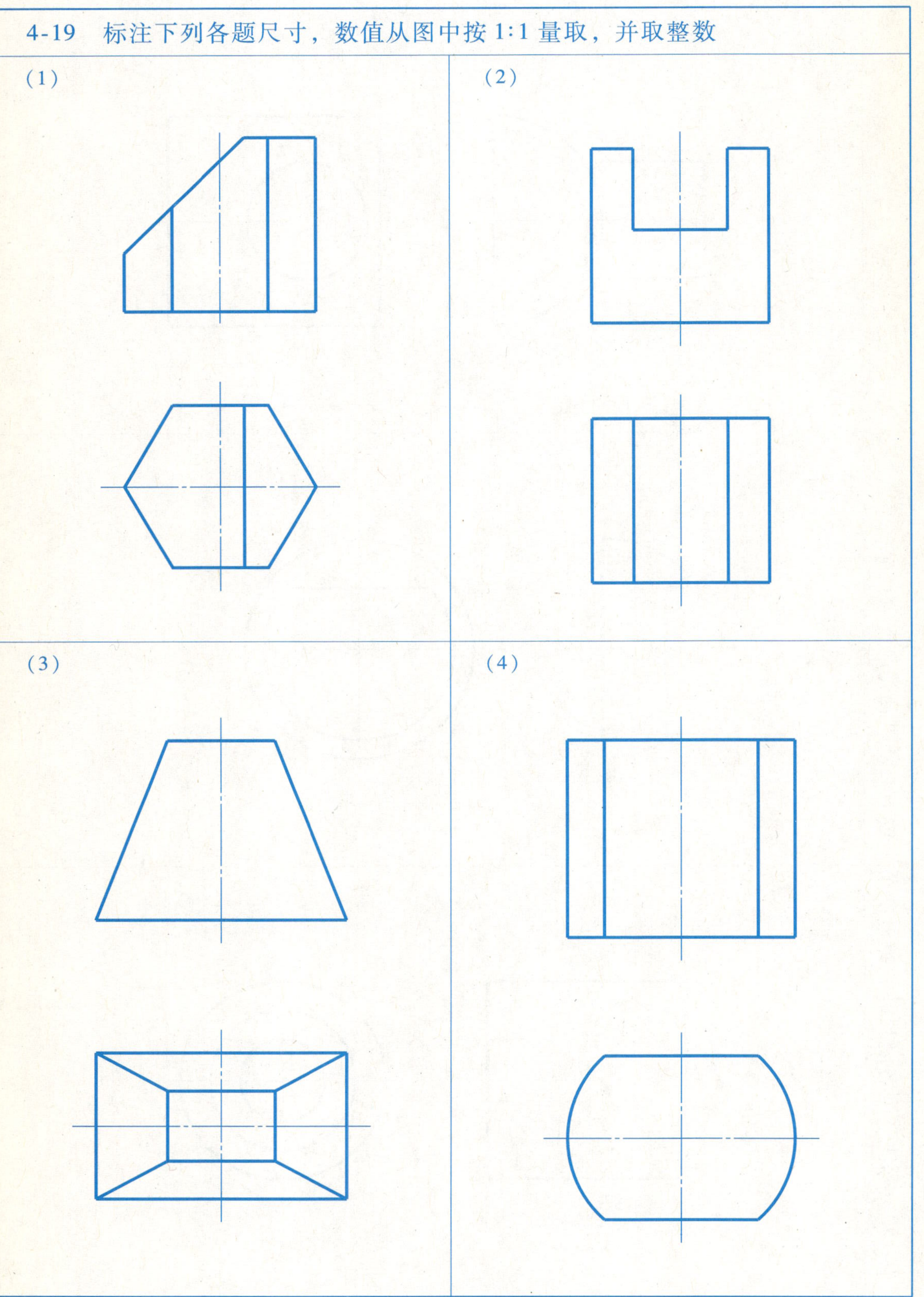

4-20　标注下列各题尺寸，数值从图中按 1:1 量取，并取整数

(1)

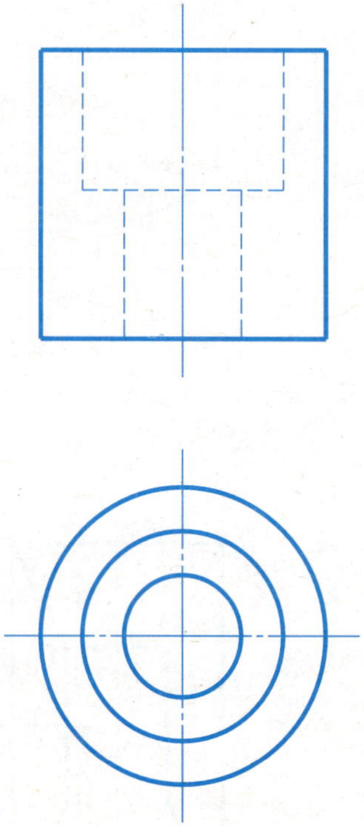

(2)

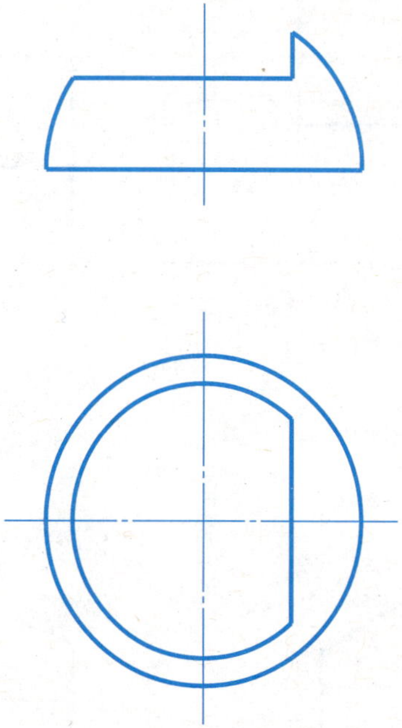

(3)

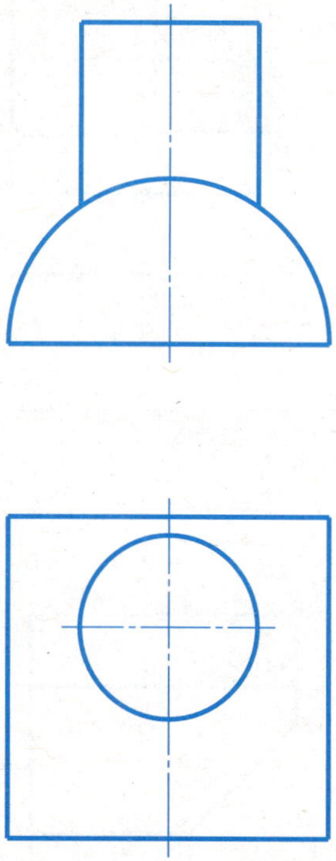

4-21 标注下列各题尺寸，数值从图中按 1:1 量取，并取整数

（1）

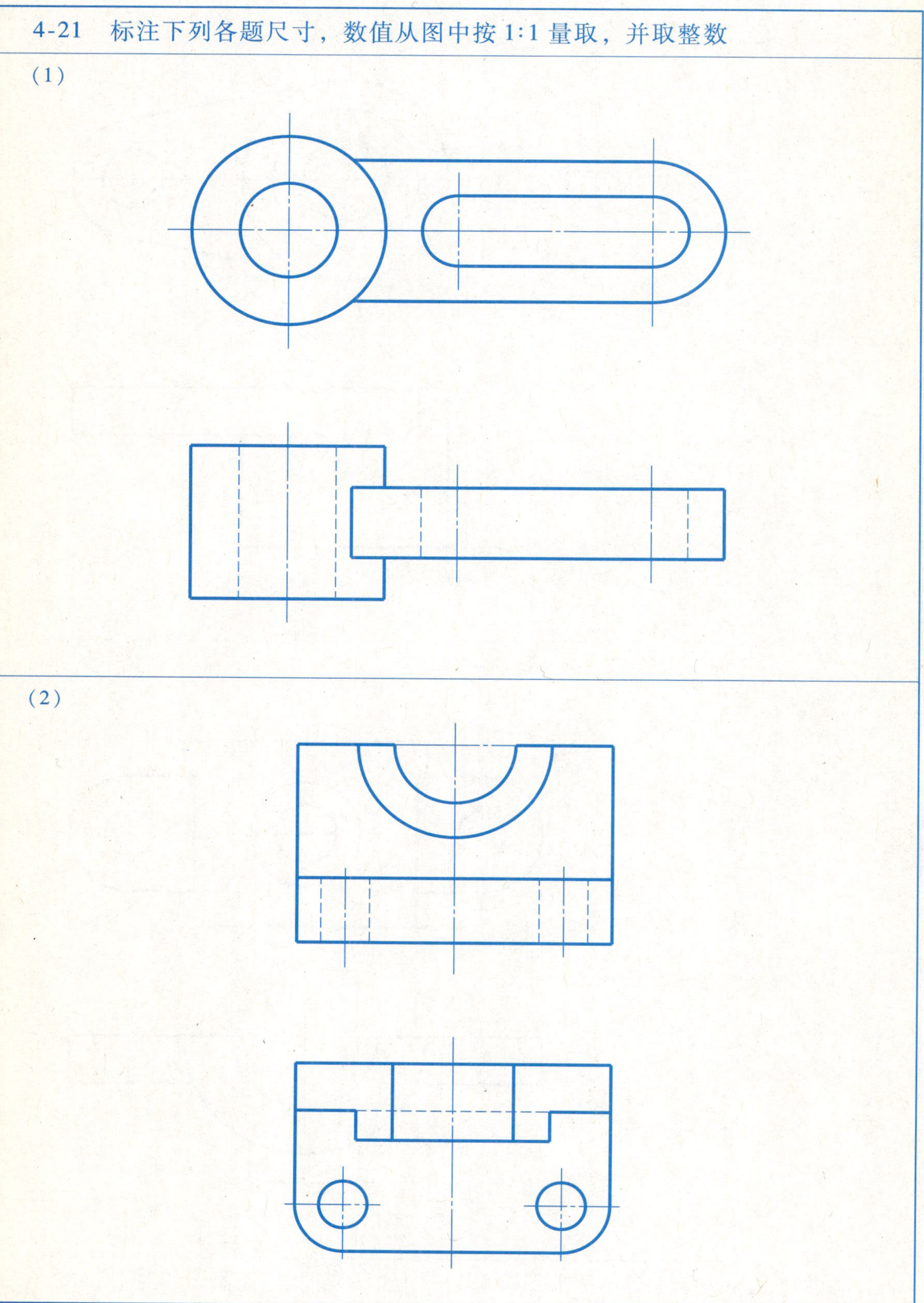

（2）

4-22　补画出左视图，并标注尺寸，尺寸数值从图中按 1:1 量取，取整数

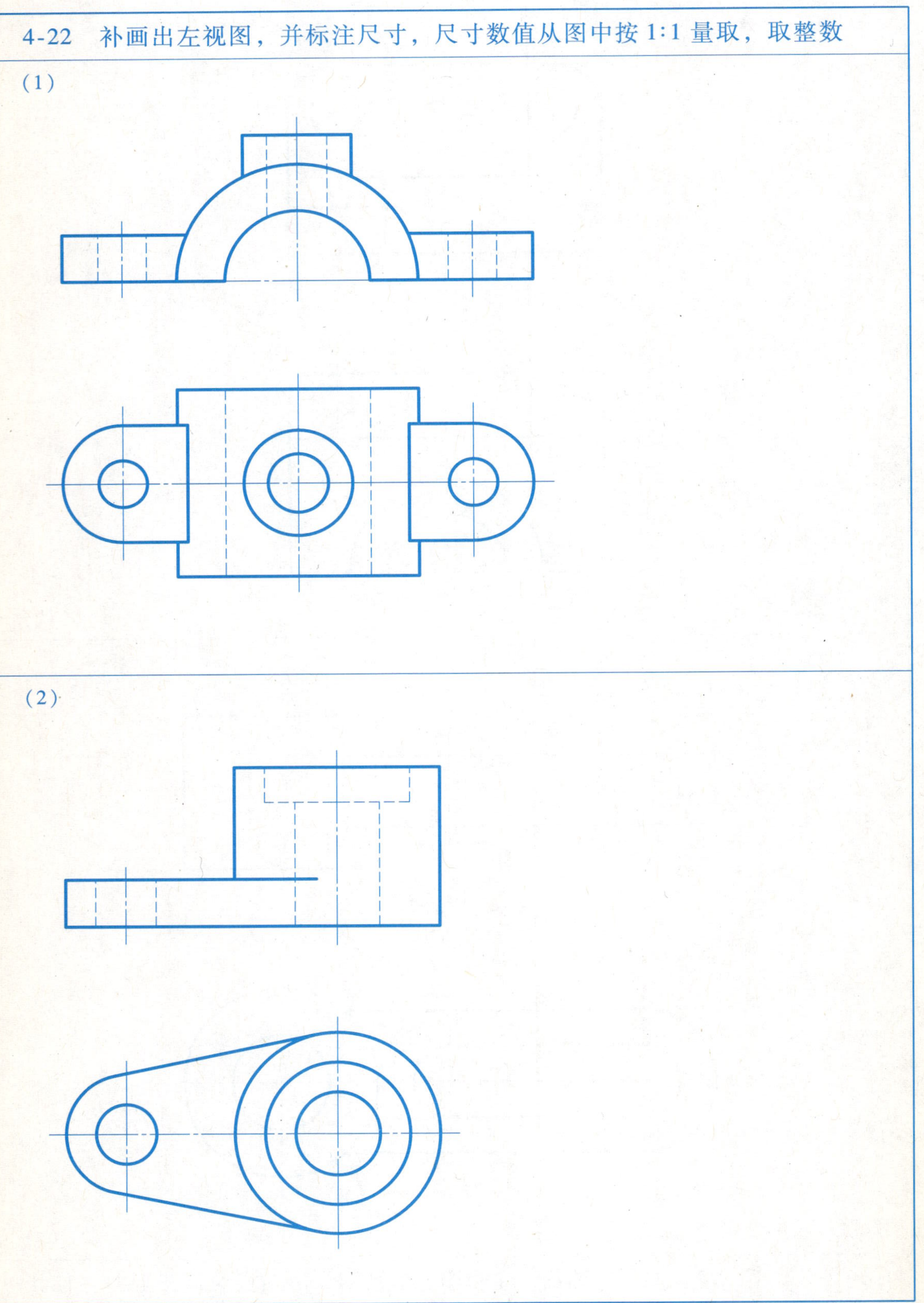

4-23 画三视图：采用1:1的比例，将第（1）题与第（2）题的三视图画在同一张A3图纸上，并标注尺寸（图中孔均为通孔，图名：组合体三视图1、2）

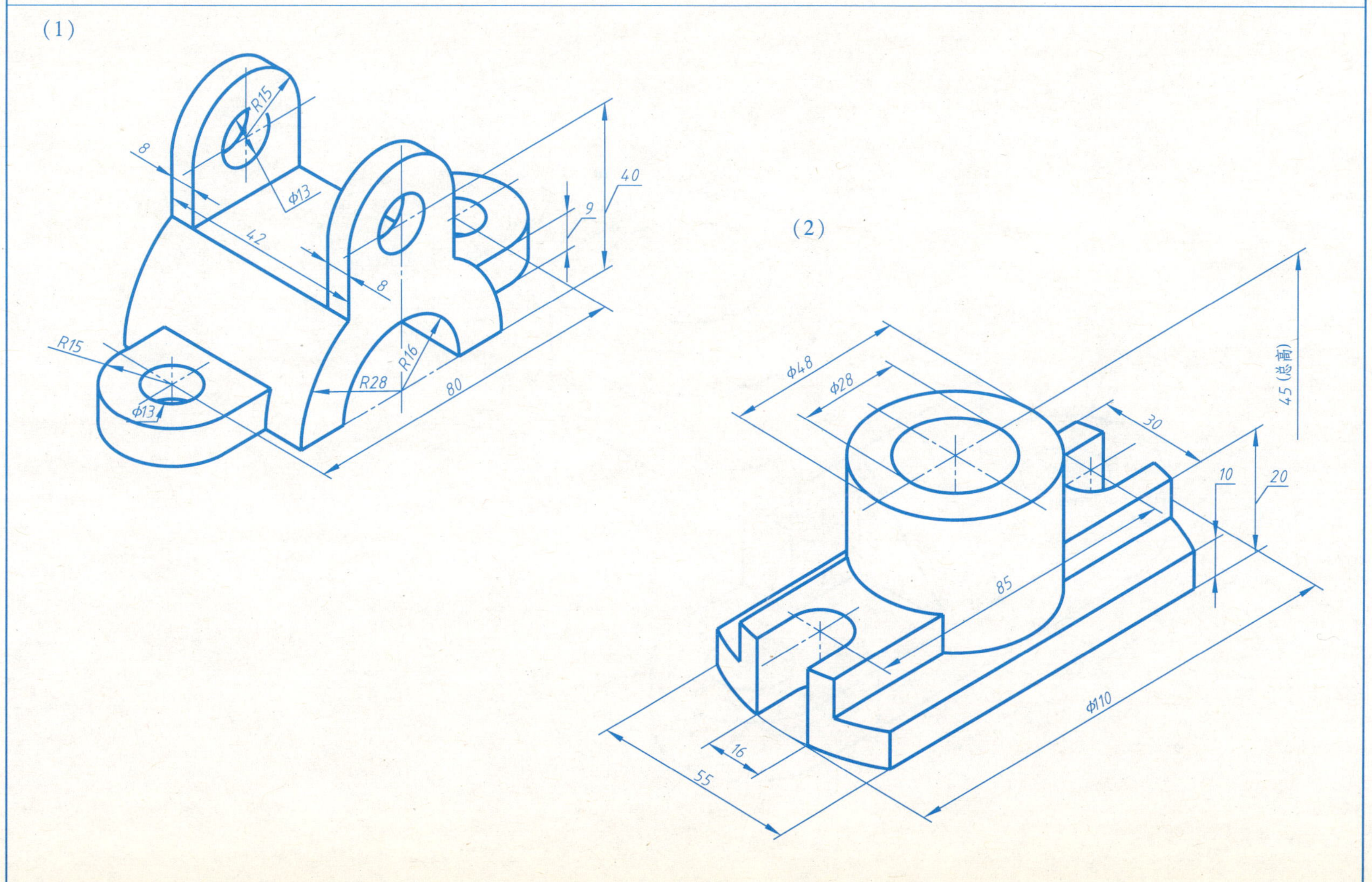

4-24　采用 1:2 的比例，用 A3 图纸画出所示立体的三视图，并标注尺寸（图中孔均为通孔，图名：组合体三视图 3）

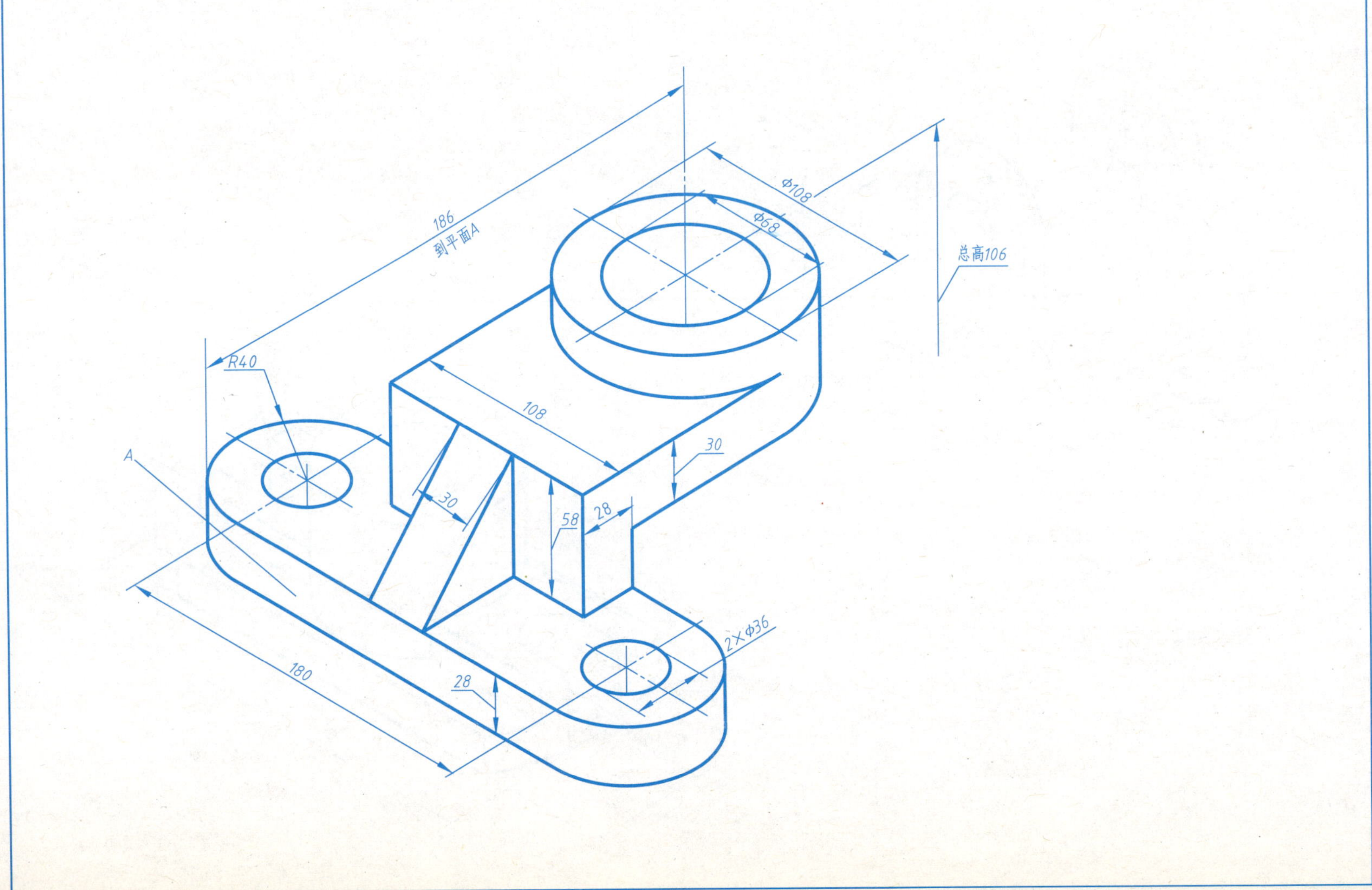

班级　　　　姓名　　　　学号

4-25　采用 1:2 的比例，用 A3 图纸画出所示立体的三视图，并标注尺寸（图中孔均为通孔，图名：组合体三视图 4）

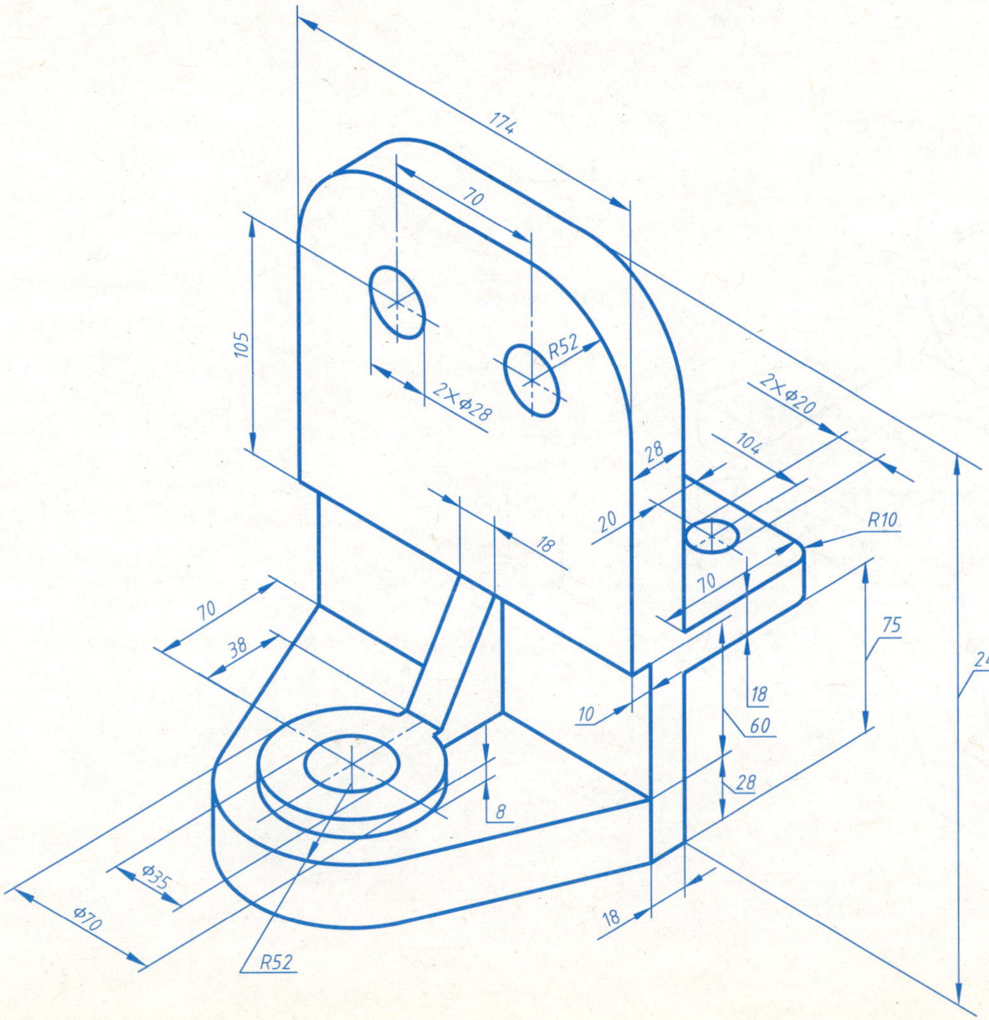

4-26　采用 2:1 的比例，用 A3 图纸画出立体的三视图，并标注尺寸（图中孔均为通孔，图名：组合体三视图 5）

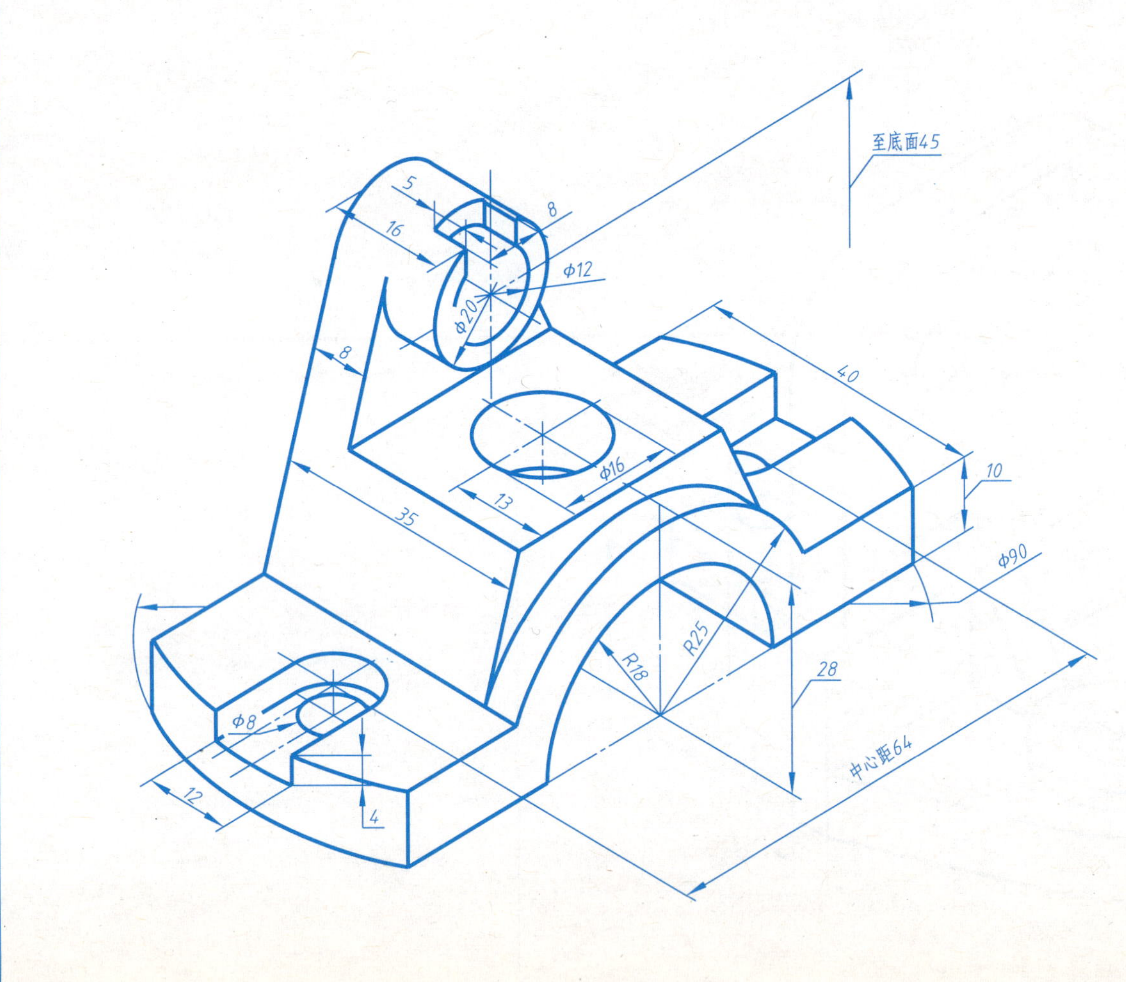

4-27 画出下列立体的正等轴测图

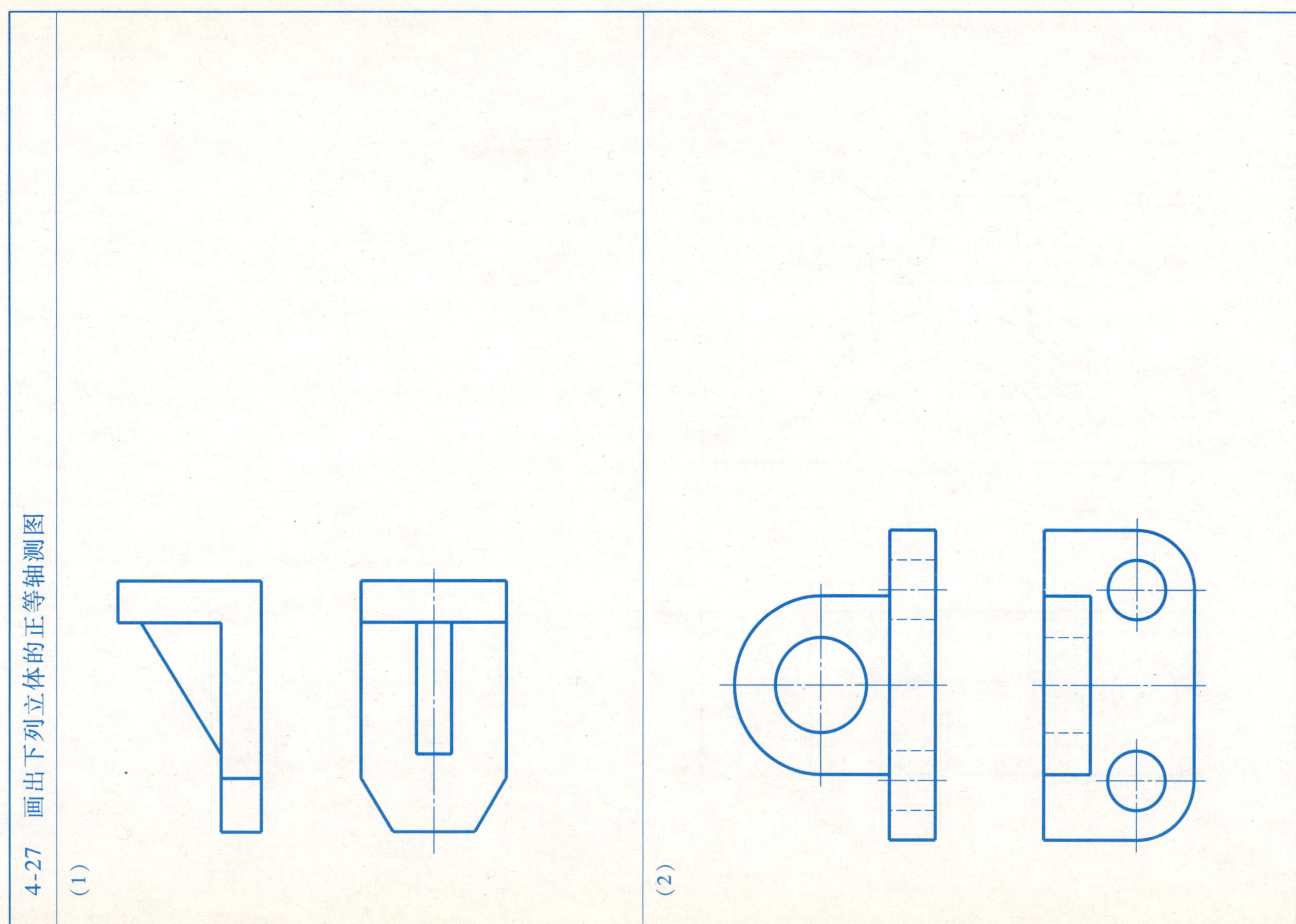

(1)

(2)

（续）4-27　画出下列立体的正等轴测图

(3)

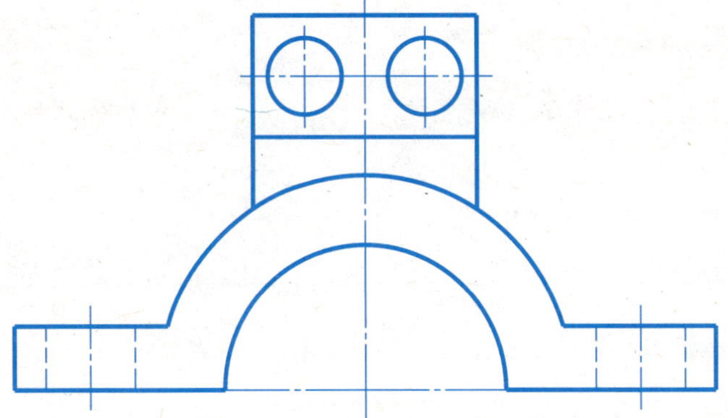

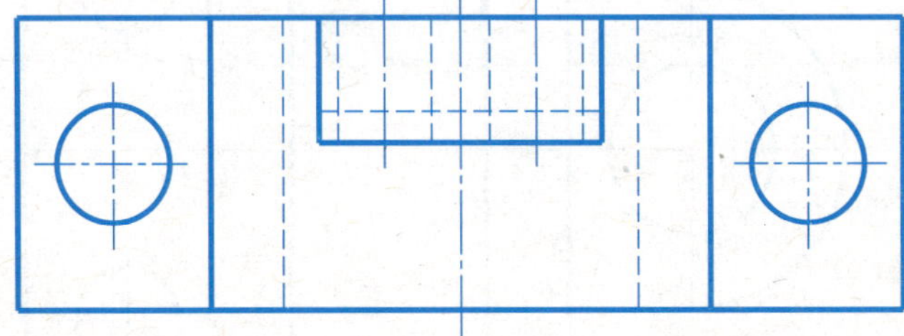

5-1　按基本视图配置关系补画机件右视图、仰视图和后视图（画出虚线）

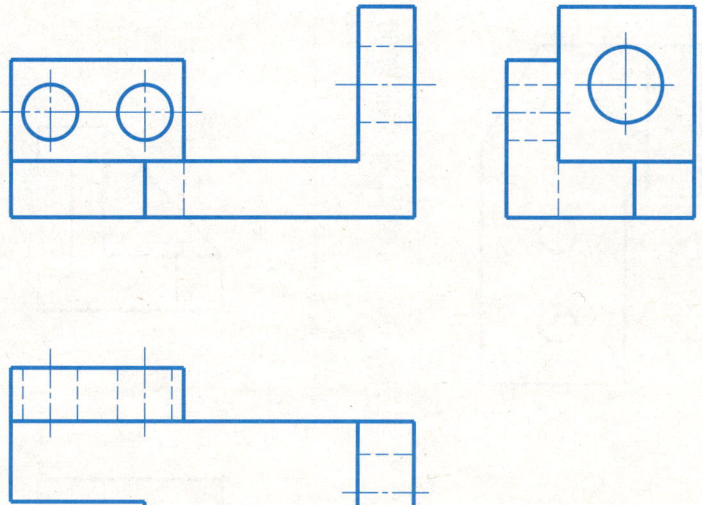

5-2 作出机件的左视图和右视图（画出虚线）

5-3 读懂机件的六个视图，并对向视图的投射方向及名称进行标注（左上方的视图为主视图）

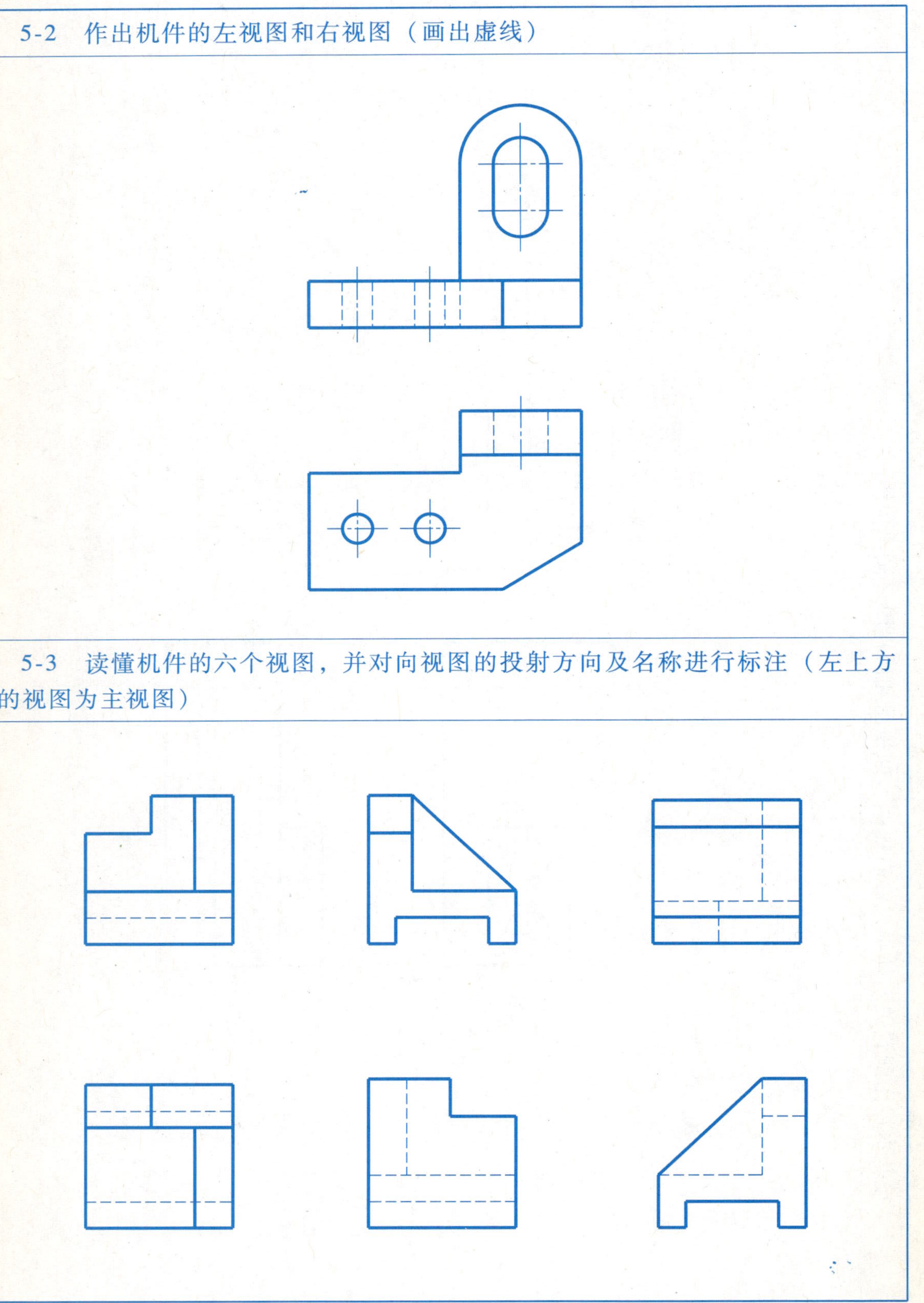

5-4 读懂机件形状，补画出 *A* 向局部视图

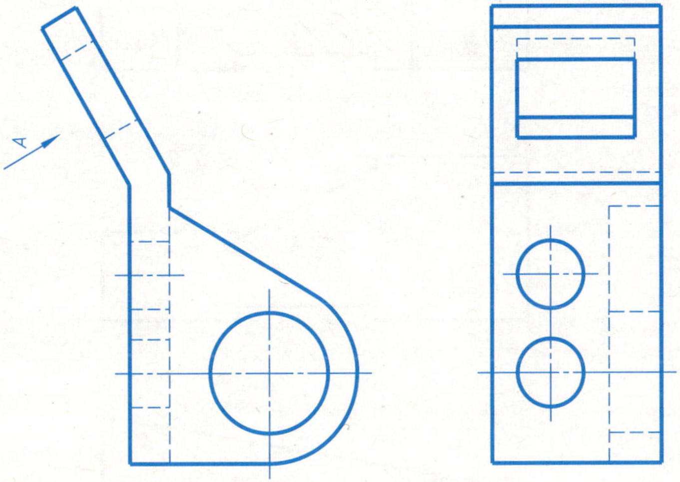

5-5 在指定位置画出斜视图及局部视图

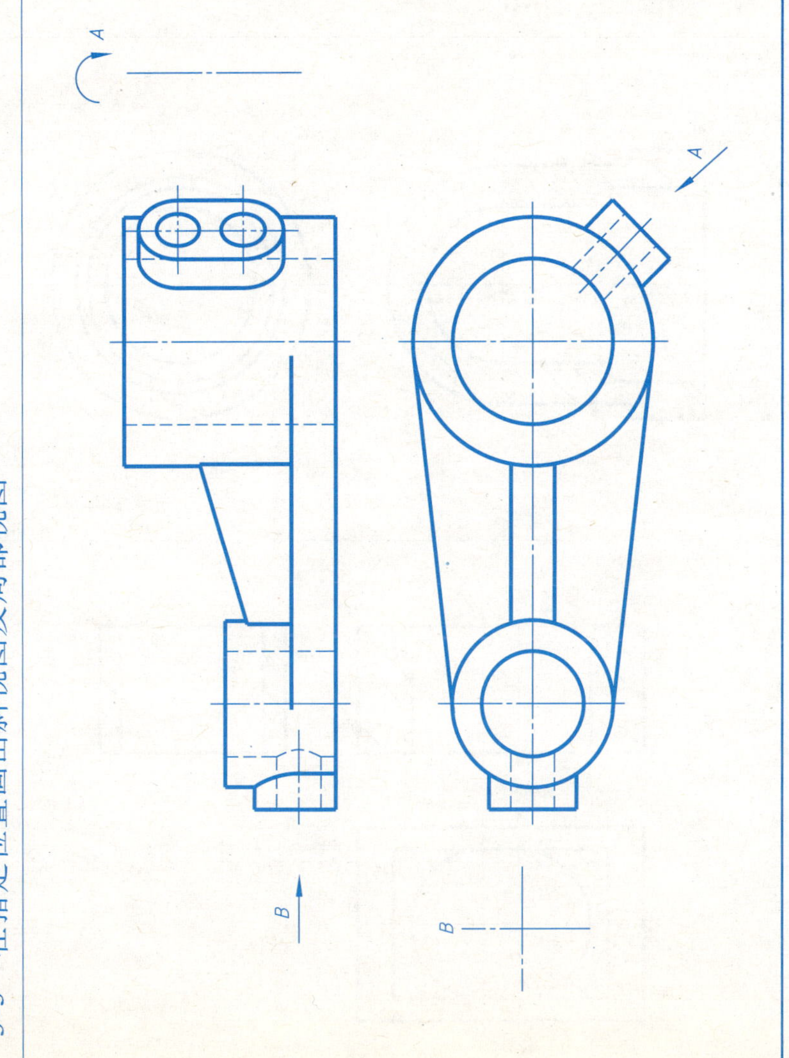

5-6 补画出下列各剖视图中漏画的图线	5-7 分析剖视图中肋板画法的错误，并在指定位置画出正确的剖视图

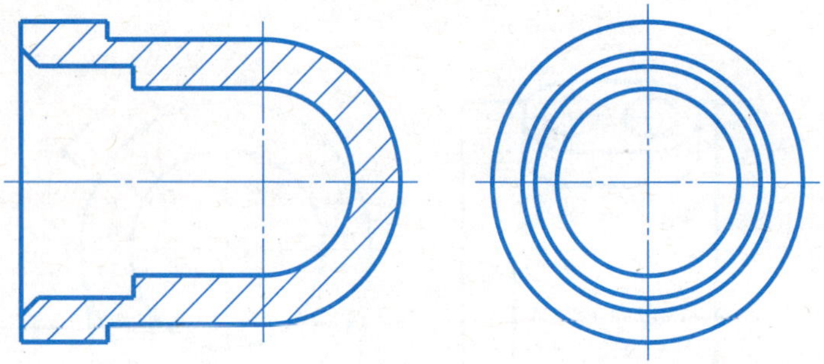

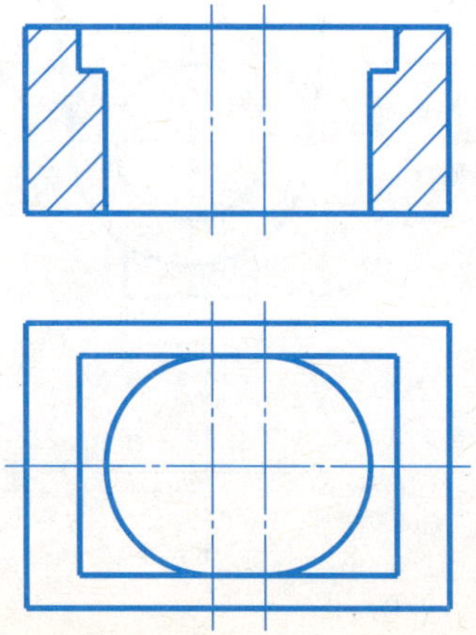

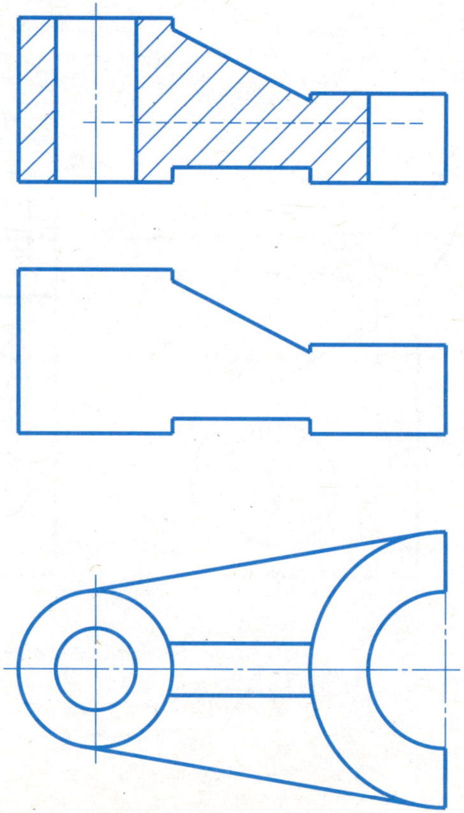

(1)

(2)

5-8 在原图中将主视图改画成全剖视图

5-9 作出全剖的左视图

5-10 在指定位置将主视图画成全剖视图

(1)

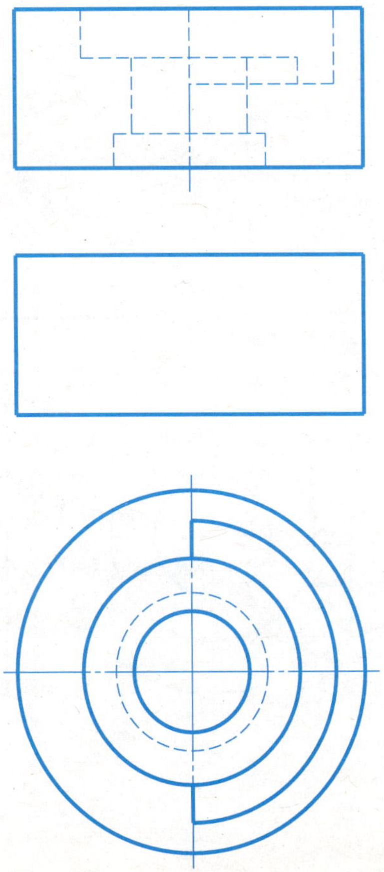

(2)

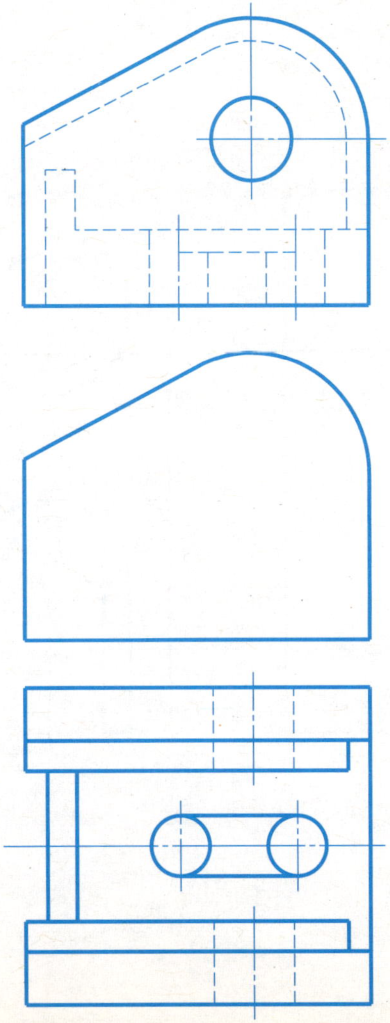

班级　　　　姓名　　　　学号

5-11 在指定位置画出主视图的视图（包括虚线），并补画出 A—A 全剖左视图

5-12　看懂机件形状，补画出 C—C 全剖视图

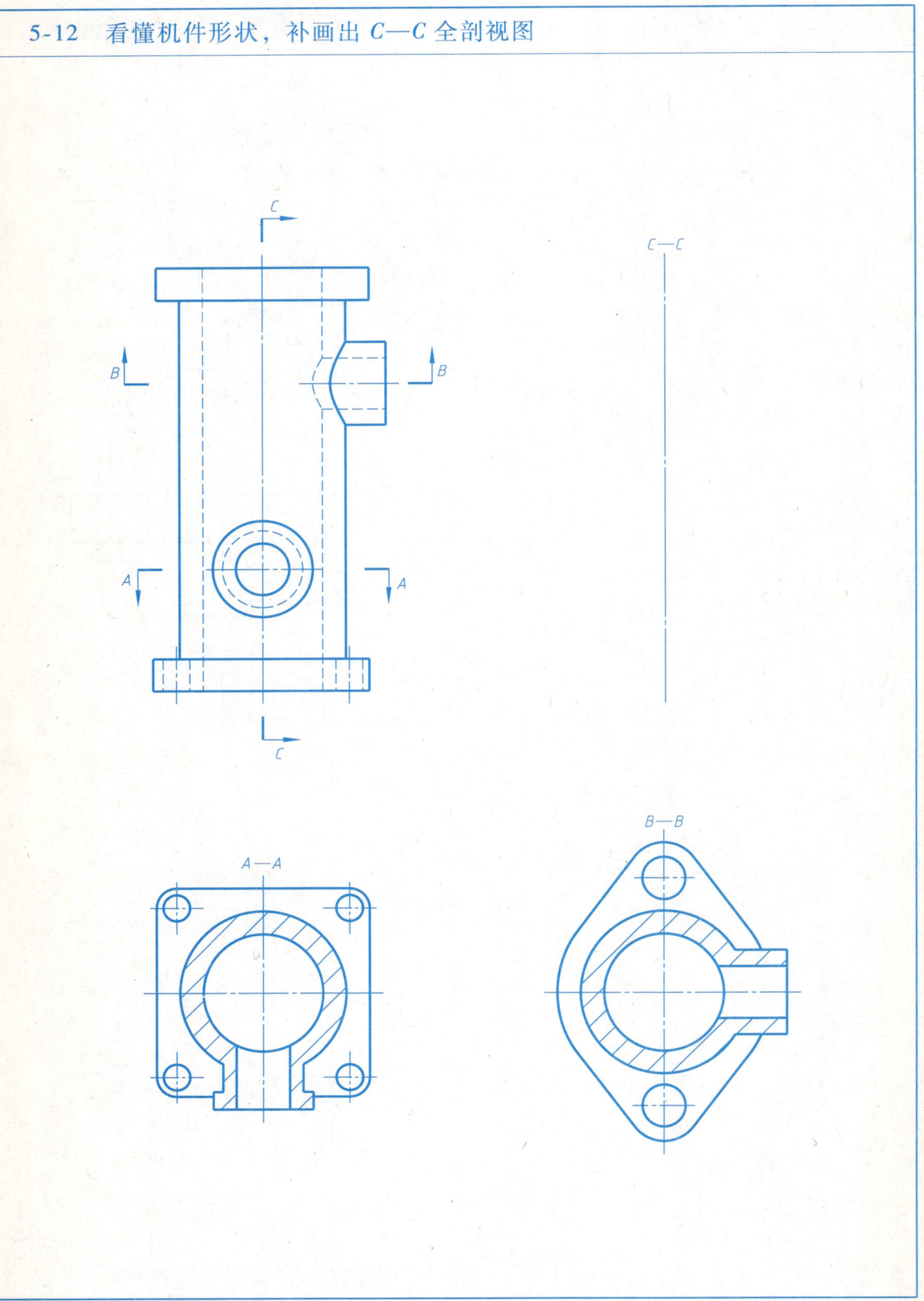

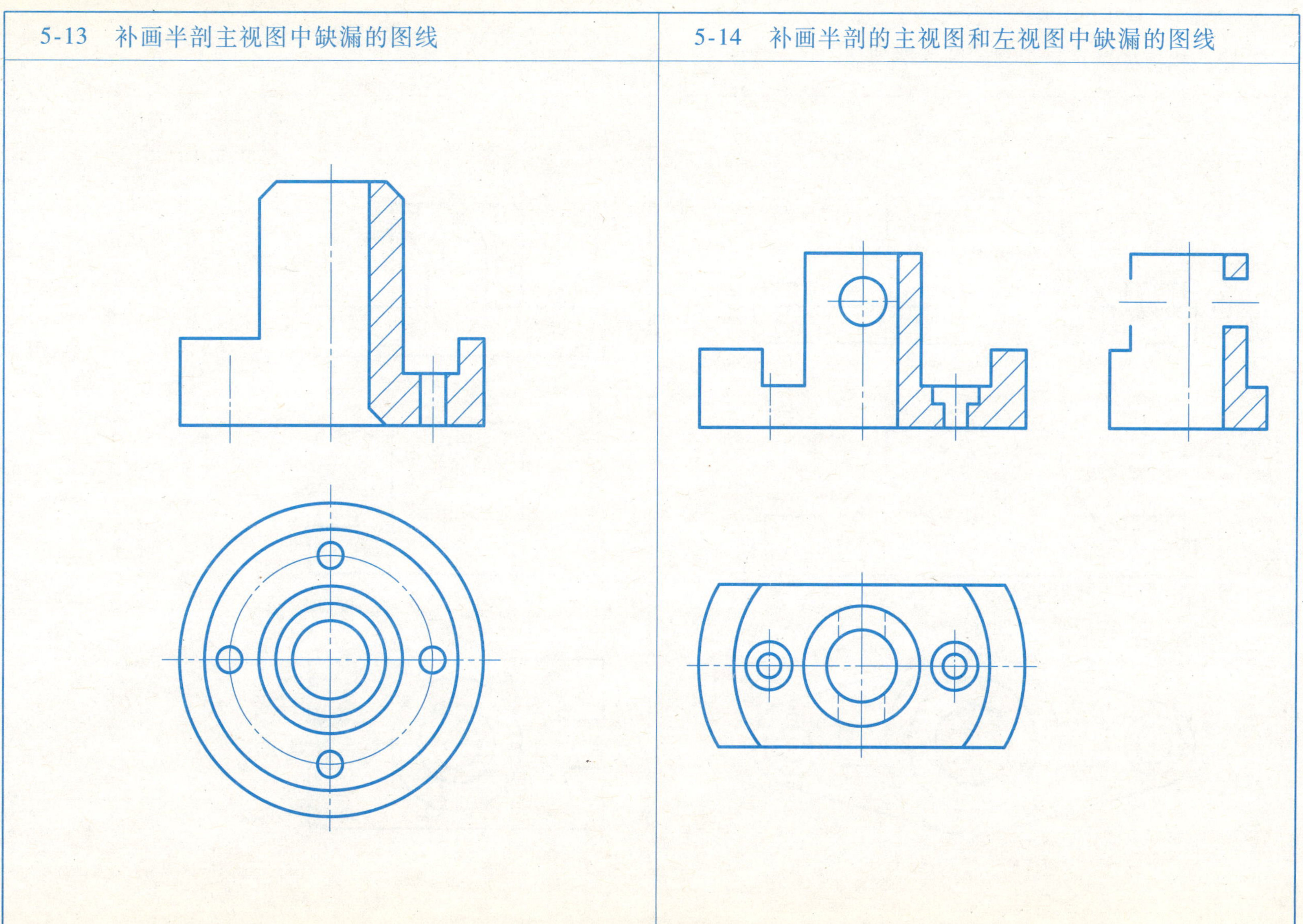

5-13　补画半剖主视图中缺漏的图线

5-14　补画半剖的主视图和左视图中缺漏的图线

5-15　在指定位置将主视图画成半剖视图

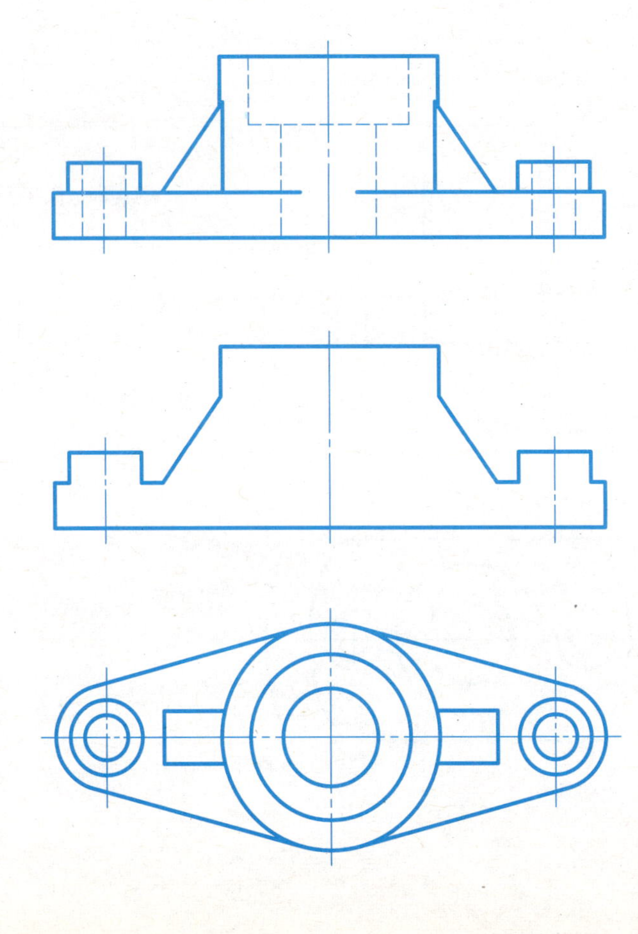

5-16　在指定位置将主视图画成半剖视图，左视图画成全剖视图

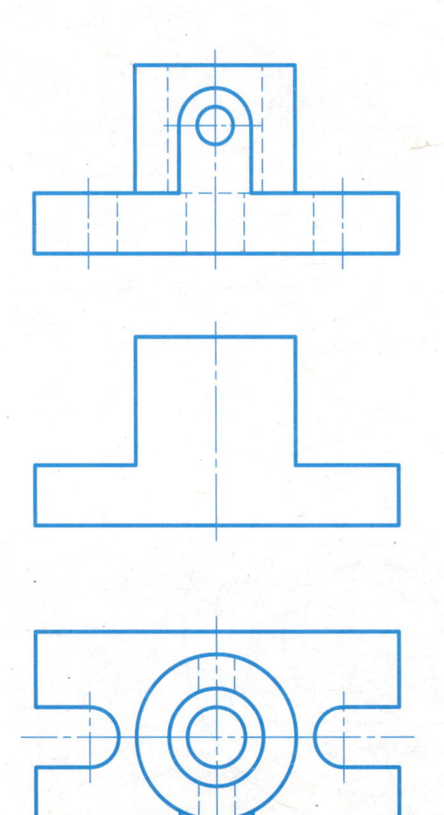

5-17　在指定位置将主视图及左视图画成半剖视图

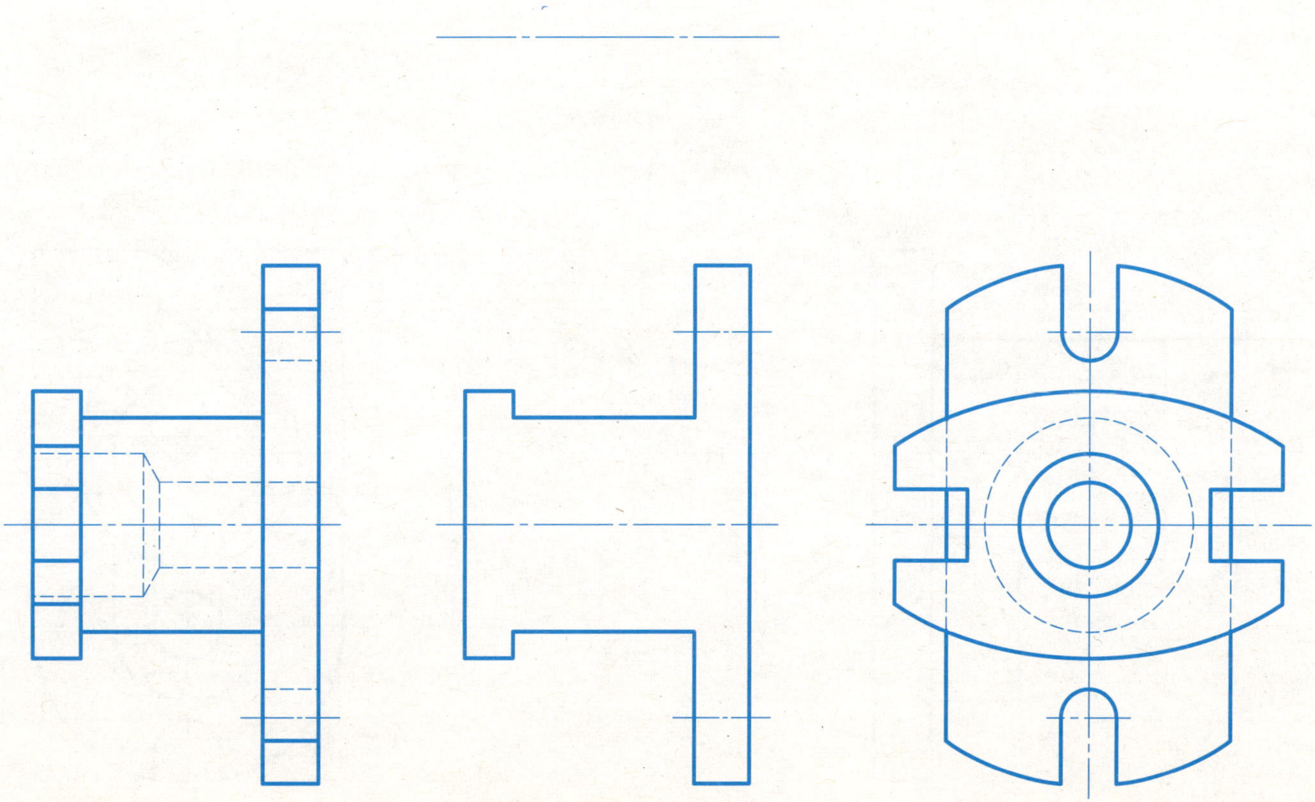

5-18　在指定位置将主视图画成全剖视图，左视图画成半剖视图

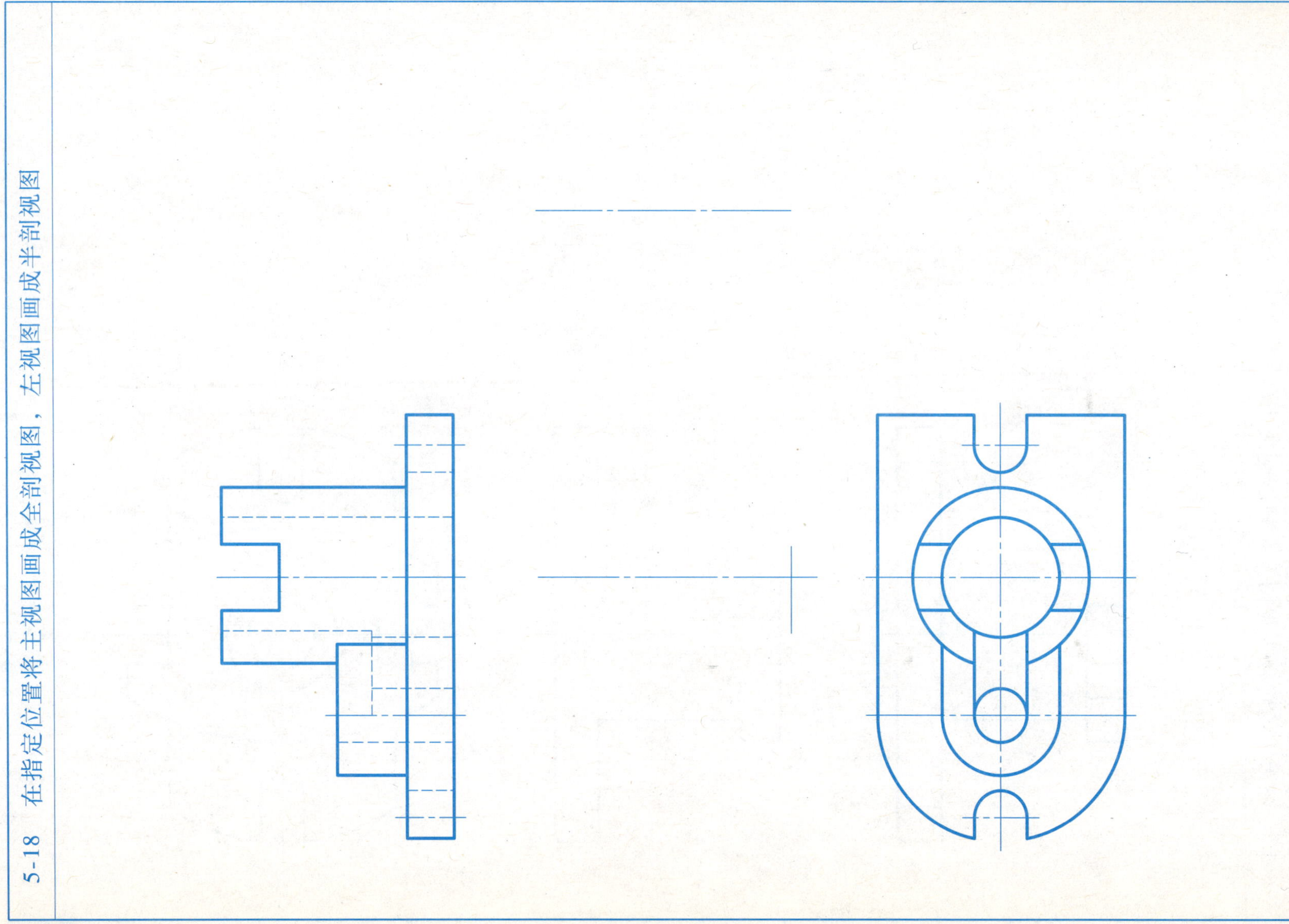

5-19　在指定位置将主视图、俯视图画成半剖视图，左视图画成全剖视图

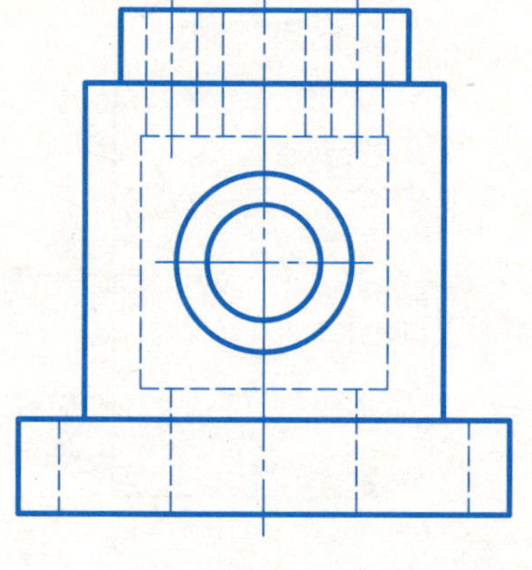

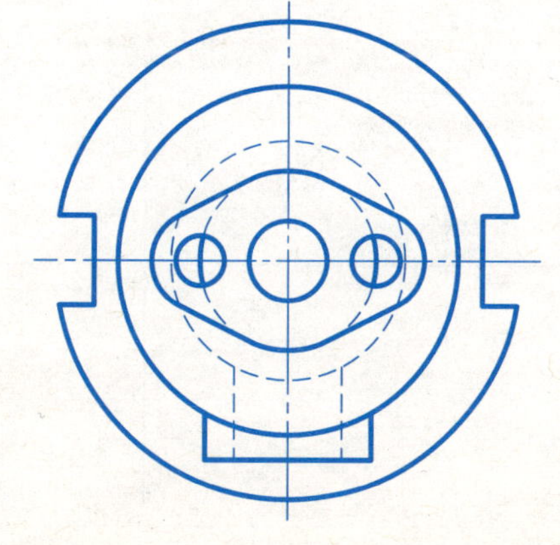

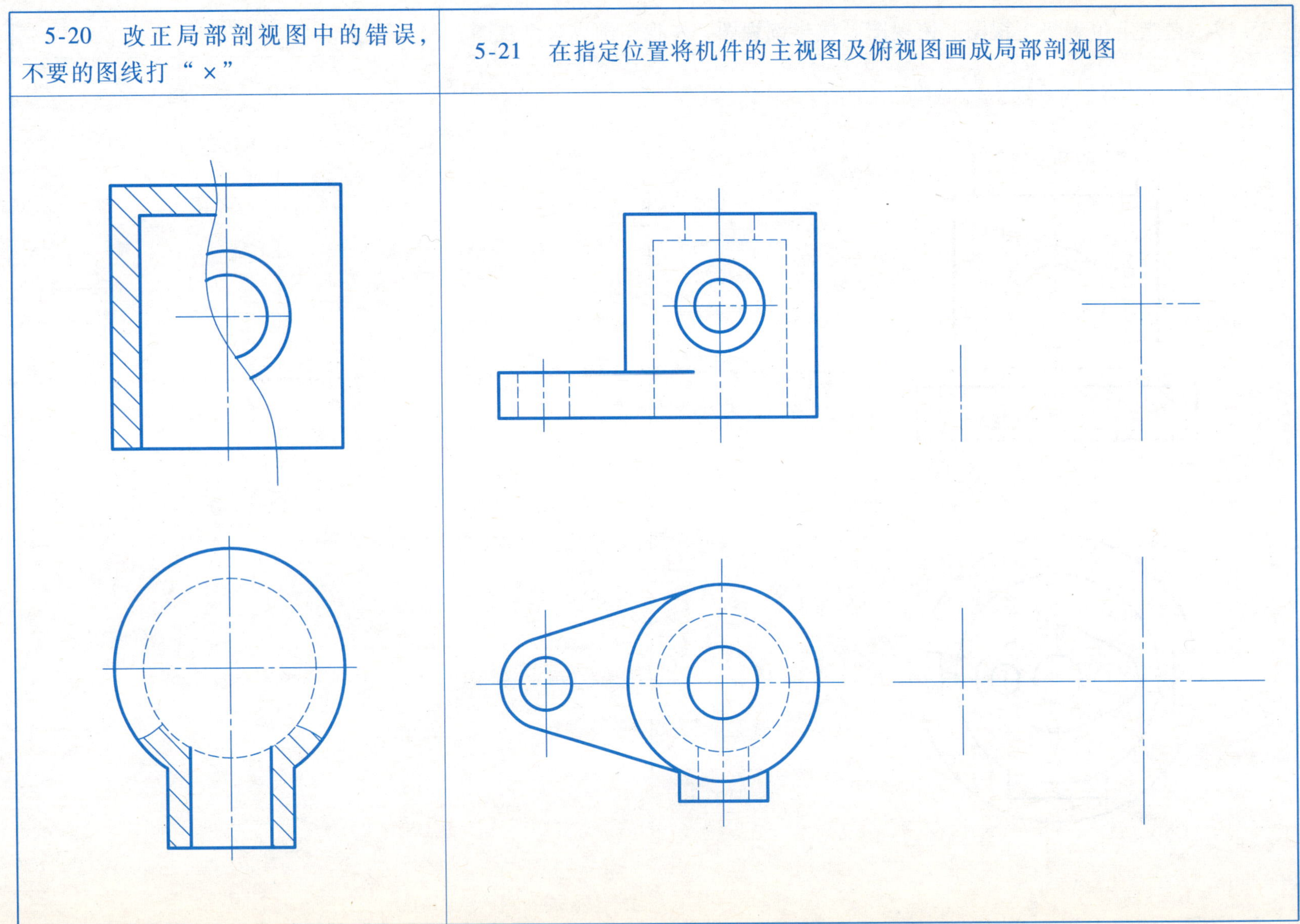
5-20　改正局部剖视图中的错误，不要的图线打“×”
5-21　在指定位置将机件的主视图及俯视图画成局部剖视图

5-22 在指定的位置，将俯视图中的三个孔画成局部剖视图

5-23 将机件的主视图、俯视图画成适当的局部剖视图

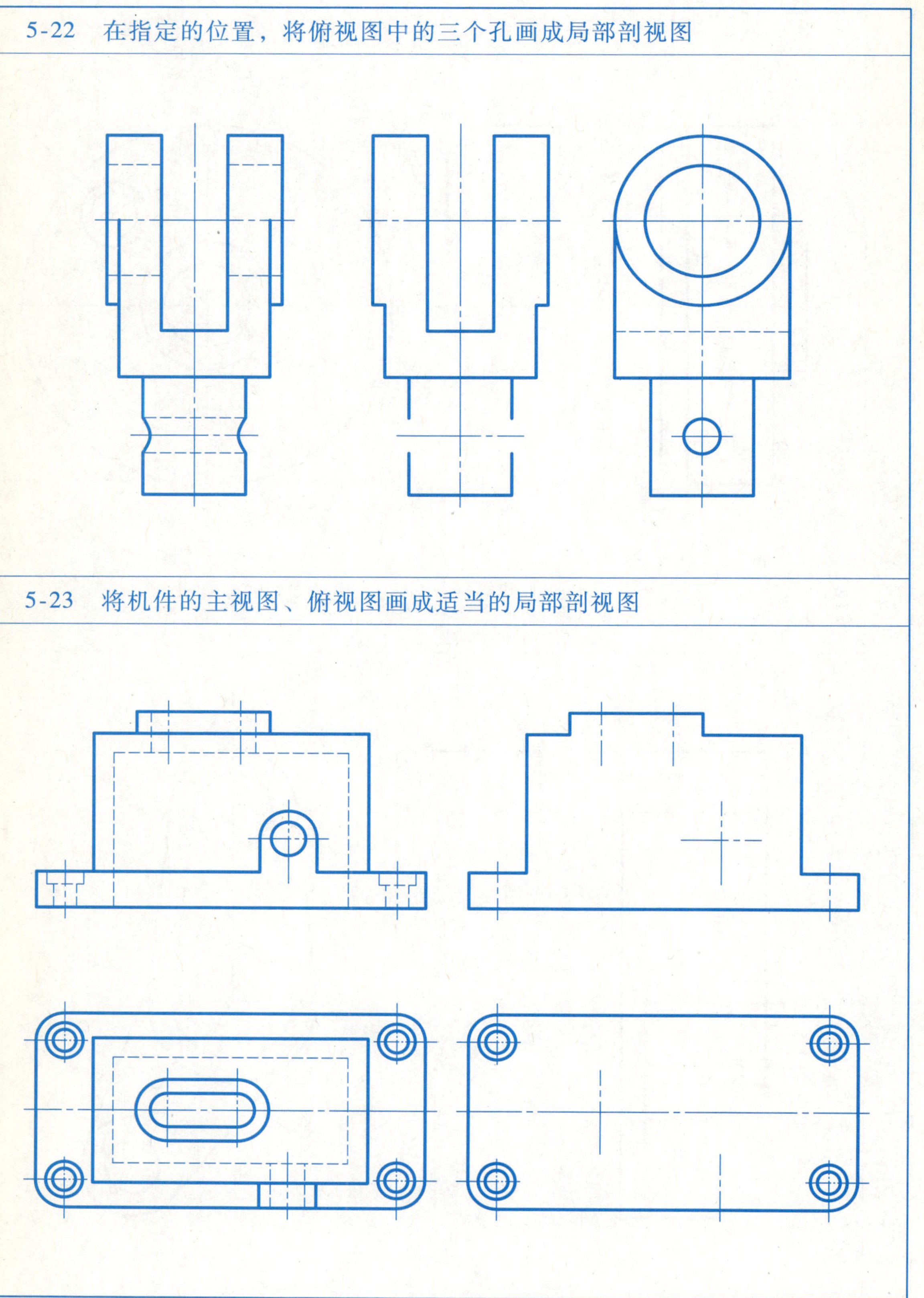

5-24　在指定位置，将主视图画成用两个相交剖切平面（旋转剖）剖开后的全剖视图

(1)

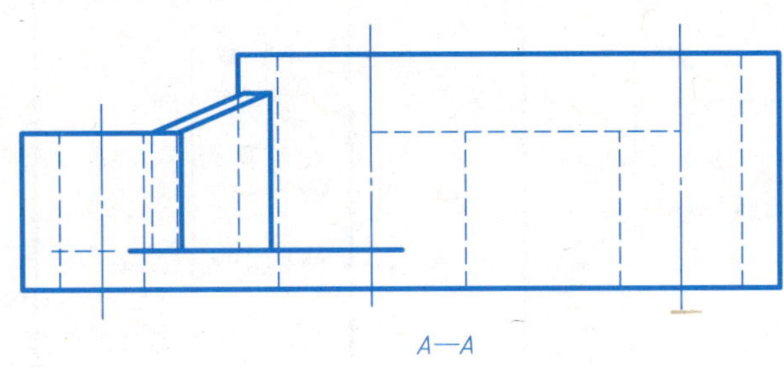

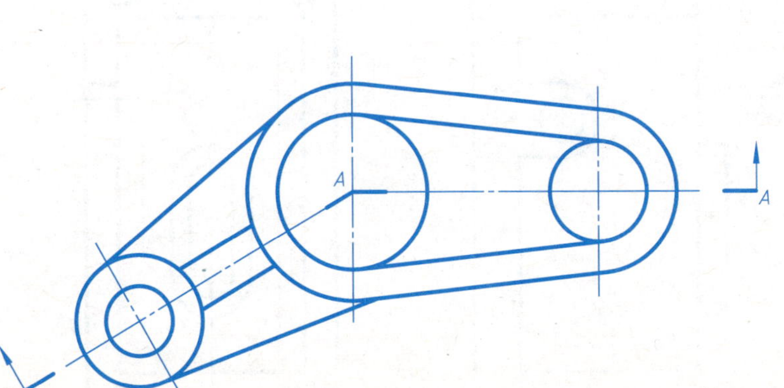

(2)

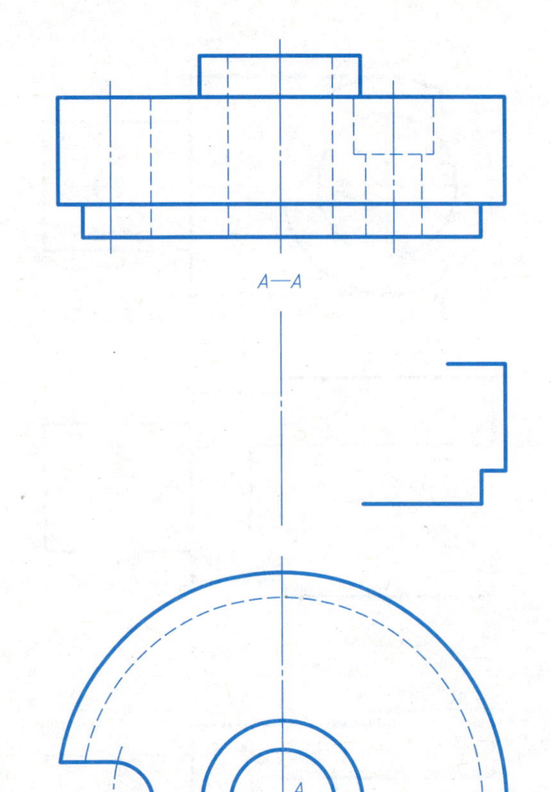

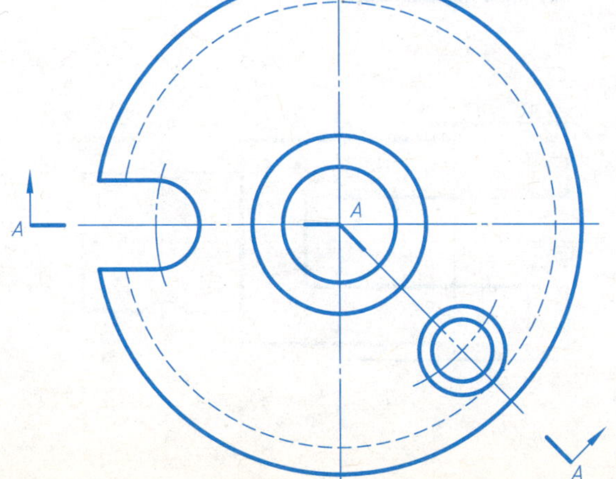

5-25　在指定位置，将机件的主视图画成用两个平行剖切平面（阶梯剖）剖开后的全剖视图

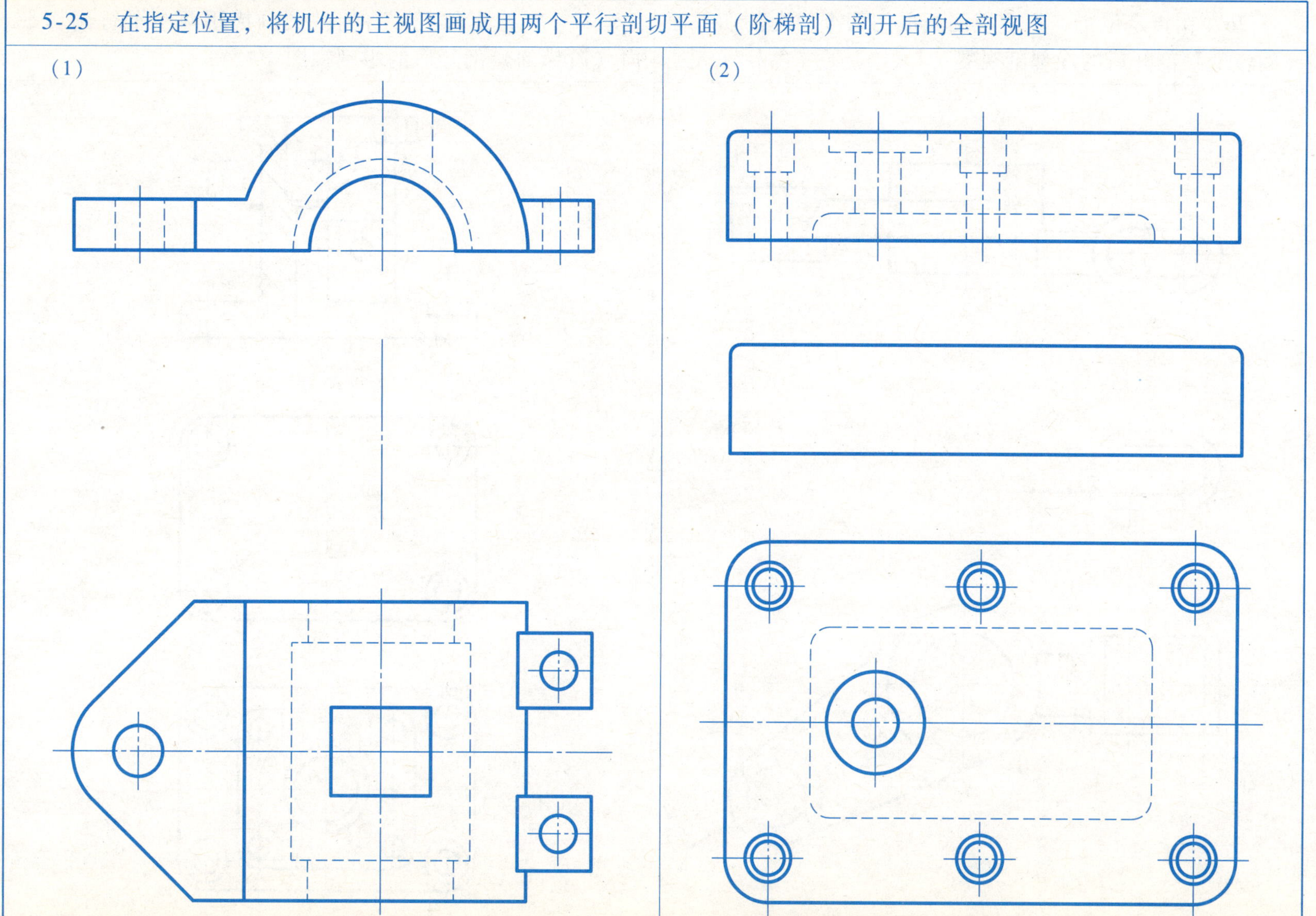

5-26　在指定位置，将主视图画成用两个相交剖切平面（旋转剖）剖开后的局部剖视图

5-27　在指定位置，将俯视图画成用两个平行剖切平面（阶梯剖）剖开后的半剖视图

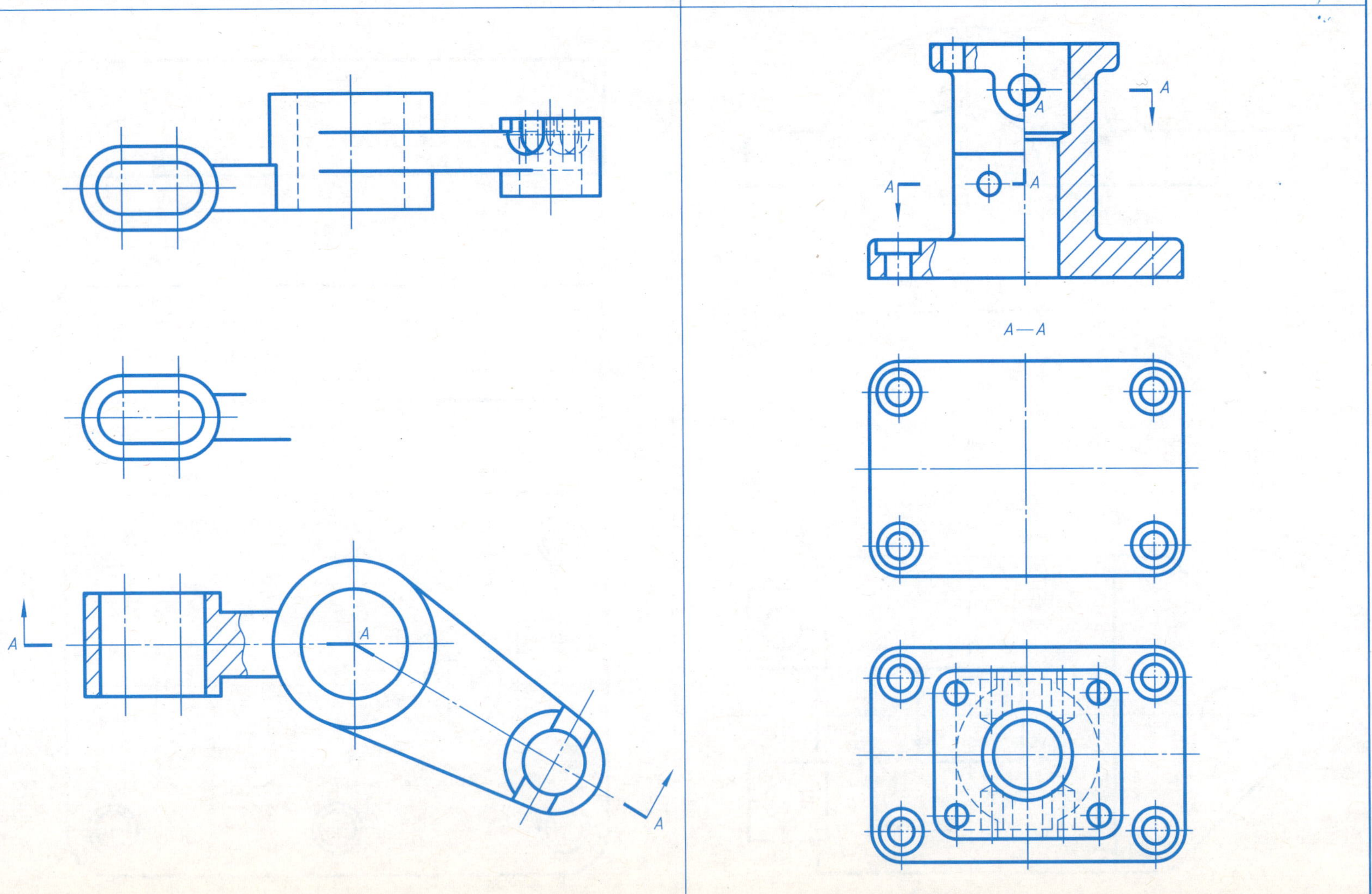

5-28　在指定位置画出机件斜剖的全剖视图

5-29　在指定位置将主视图画成 *A—A* 剖视图（复合剖）

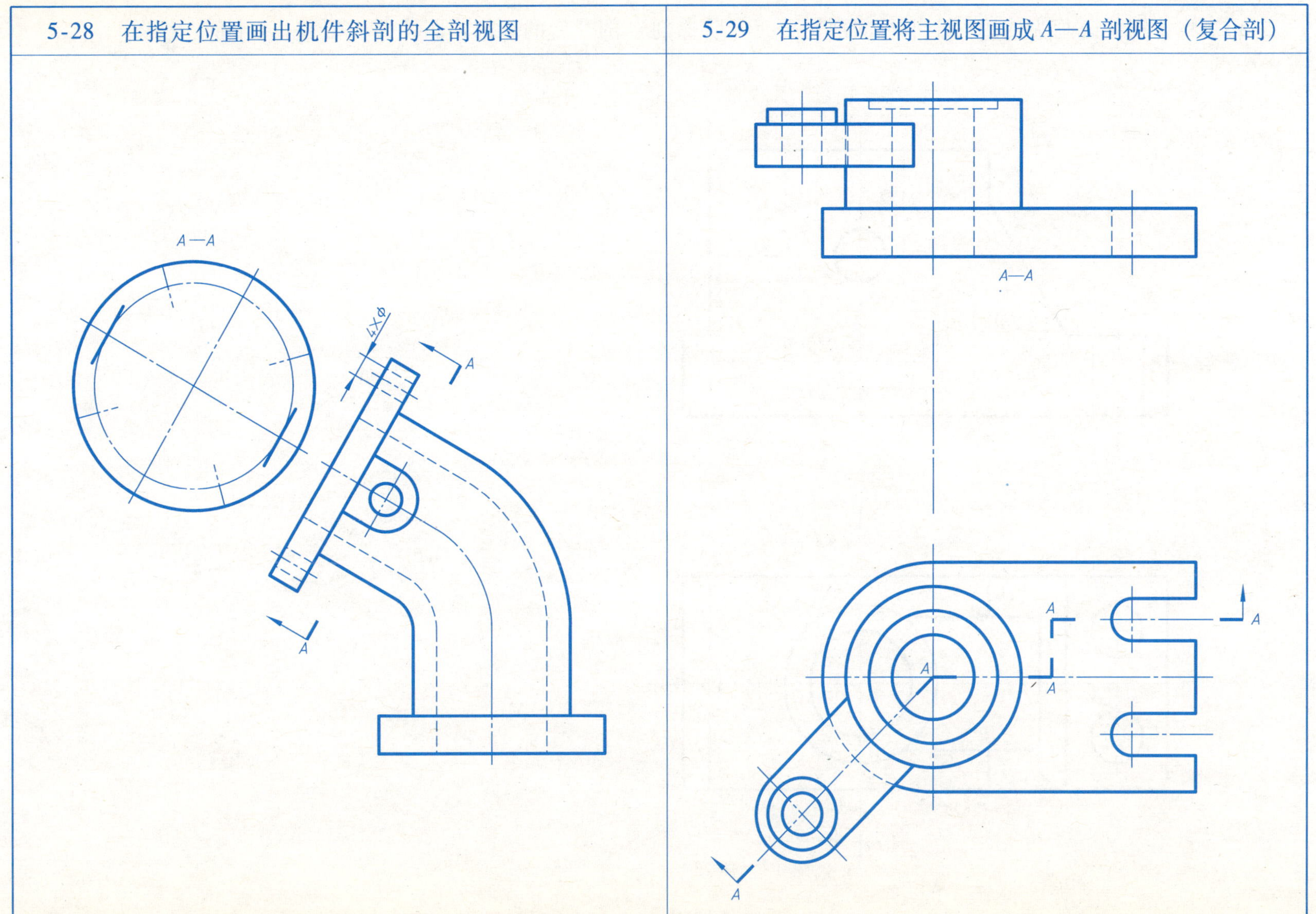

5-30　将主视图改画为使用两个平行的剖切平面（阶梯剖）剖开后的全剖视图，并作出 *A—A* 半剖左视图

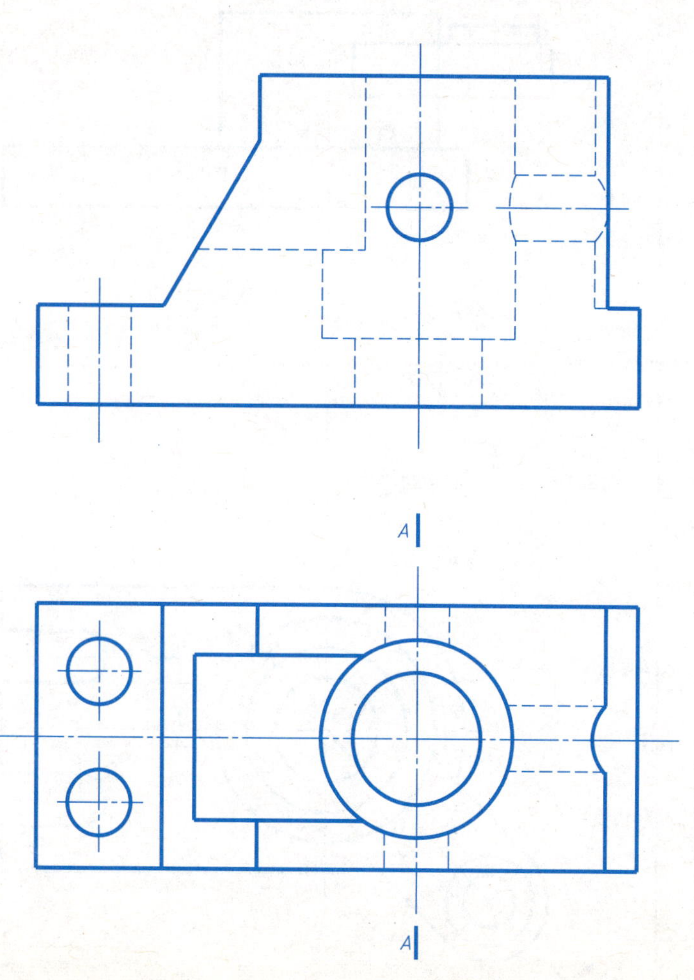

5-31　已知俯视图和 A 向视图，将主视图画成全剖视图，左视图画成用两个平行剖切平面（阶梯剖）剖开后的全剖视图

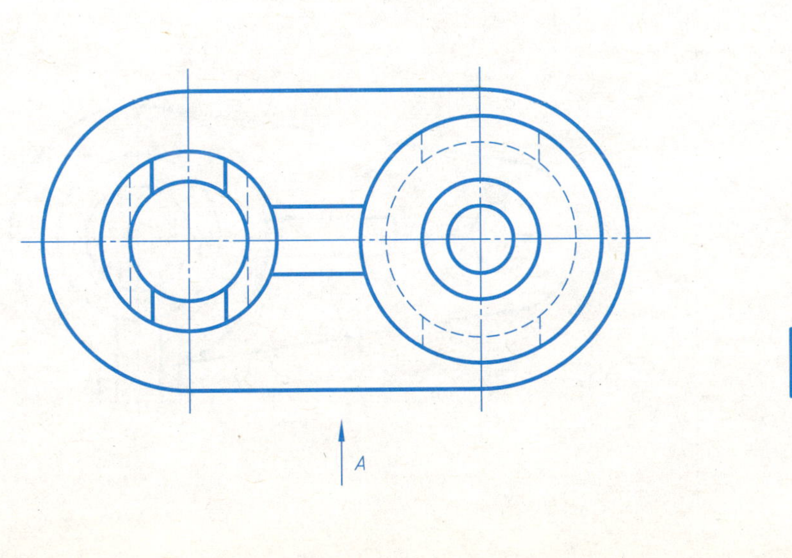

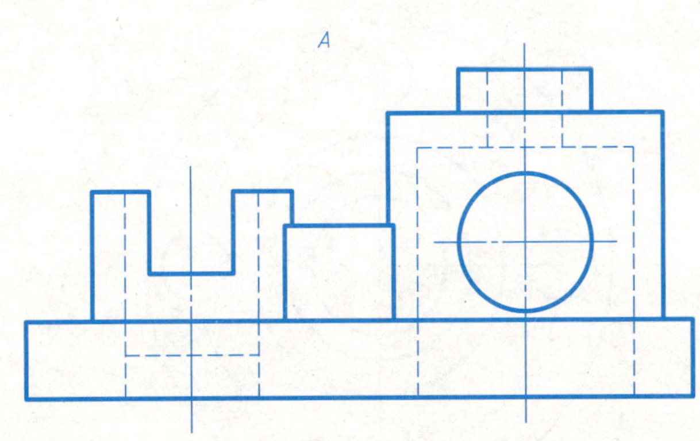

5-32　标注剖视图的尺寸，数值按 1:1 从图中量取（取整数）

(1)

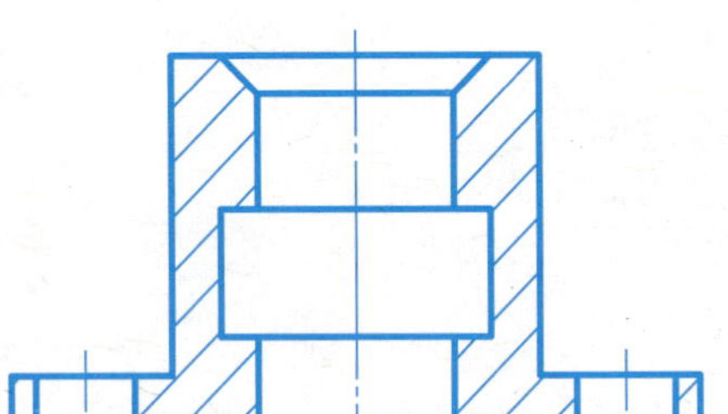

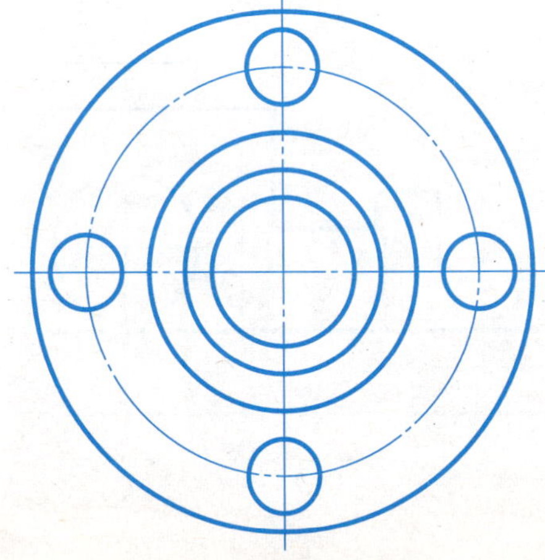

(2)

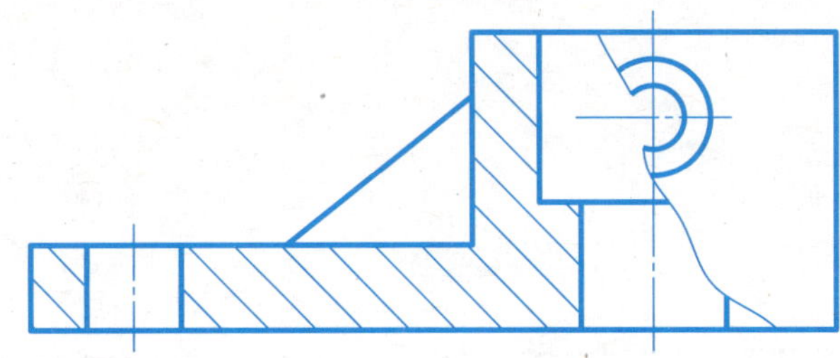

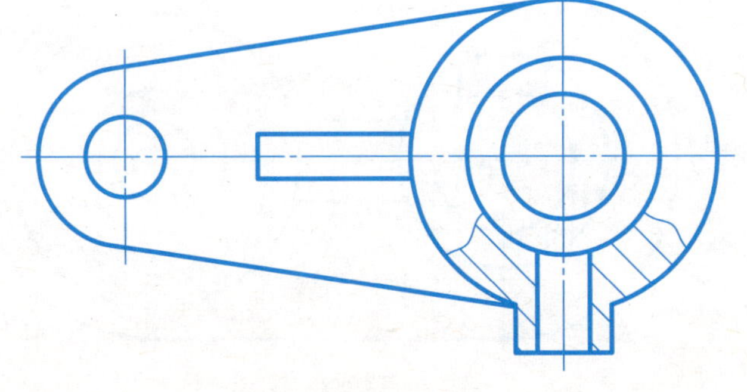

5-33 标注剖视图的尺寸，数值按 1:1 从图中量取（取整数）

5-34　按指定的剖切位置绘制断面图（注：轴的左方键槽为单键槽，深 4.5mm，90°锥坑深 3mm，右方半圆键键槽宽 6mm，中间圆孔直径为 6mm）

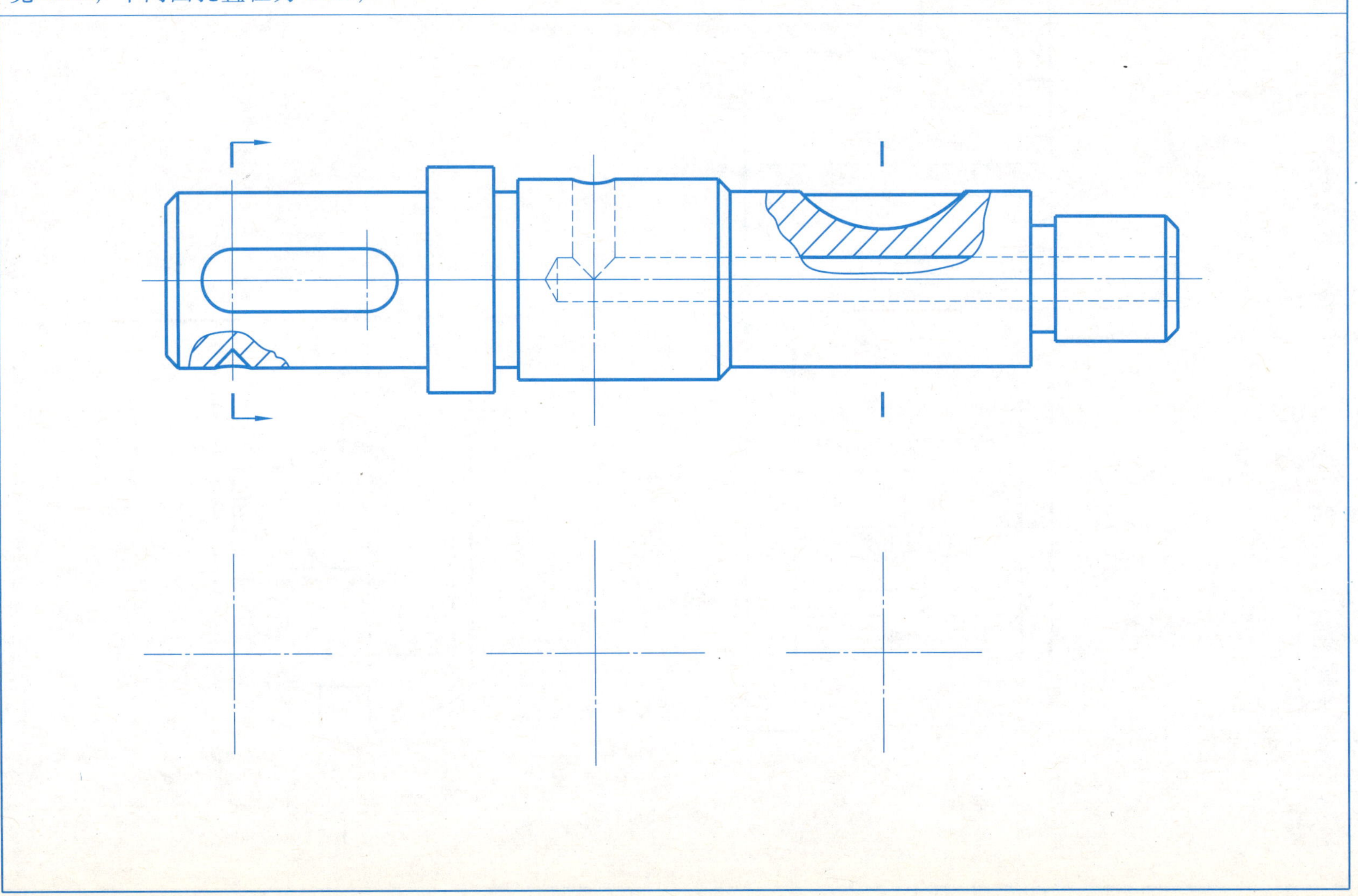

5-35　在指定位置画移出断面图

5-36　在指定位置画出 *B—B* 移出断面

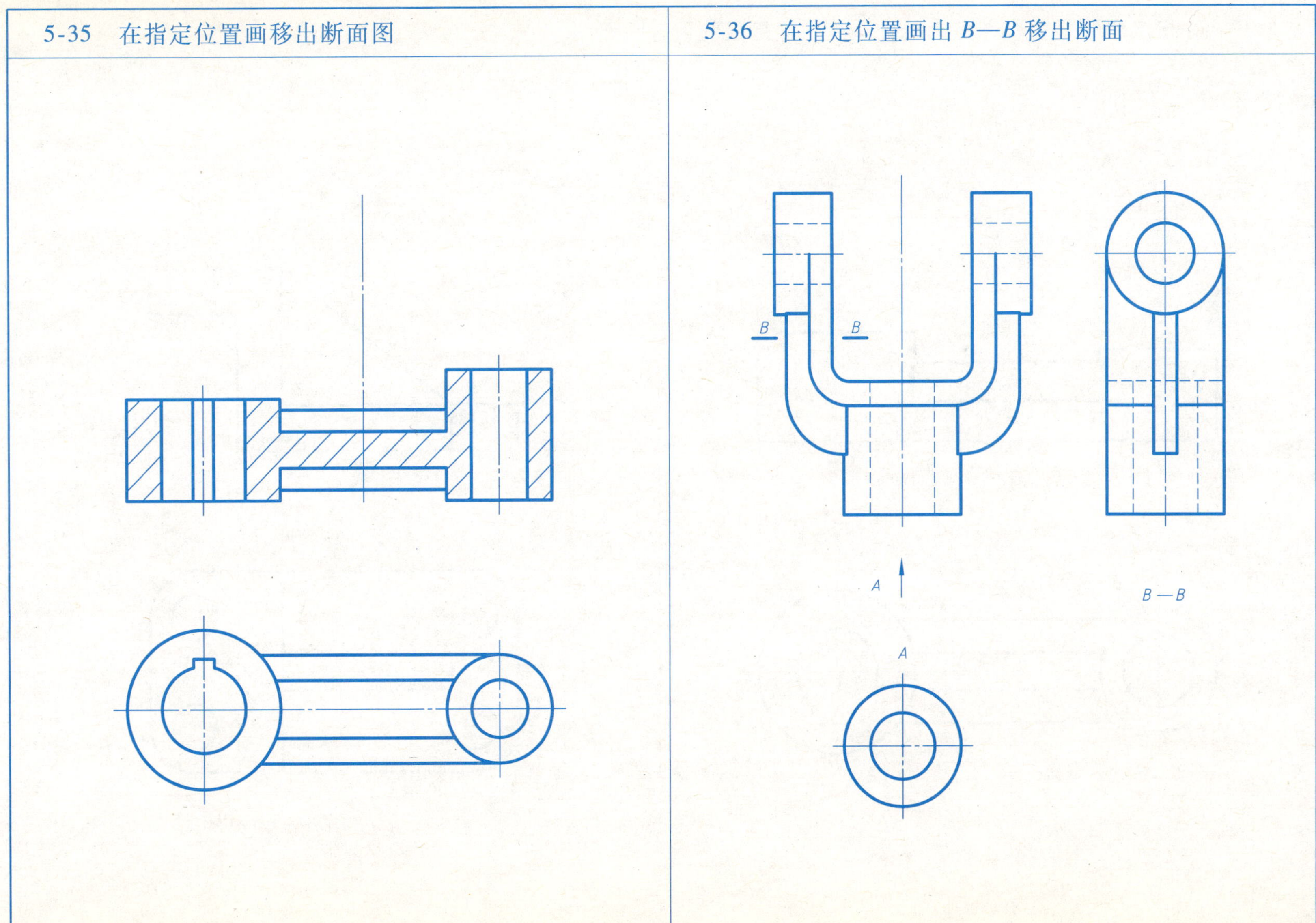

5-37 在指定位置（主视图点画线处）作出连接板的重合断面图

(1)　　　　(2)

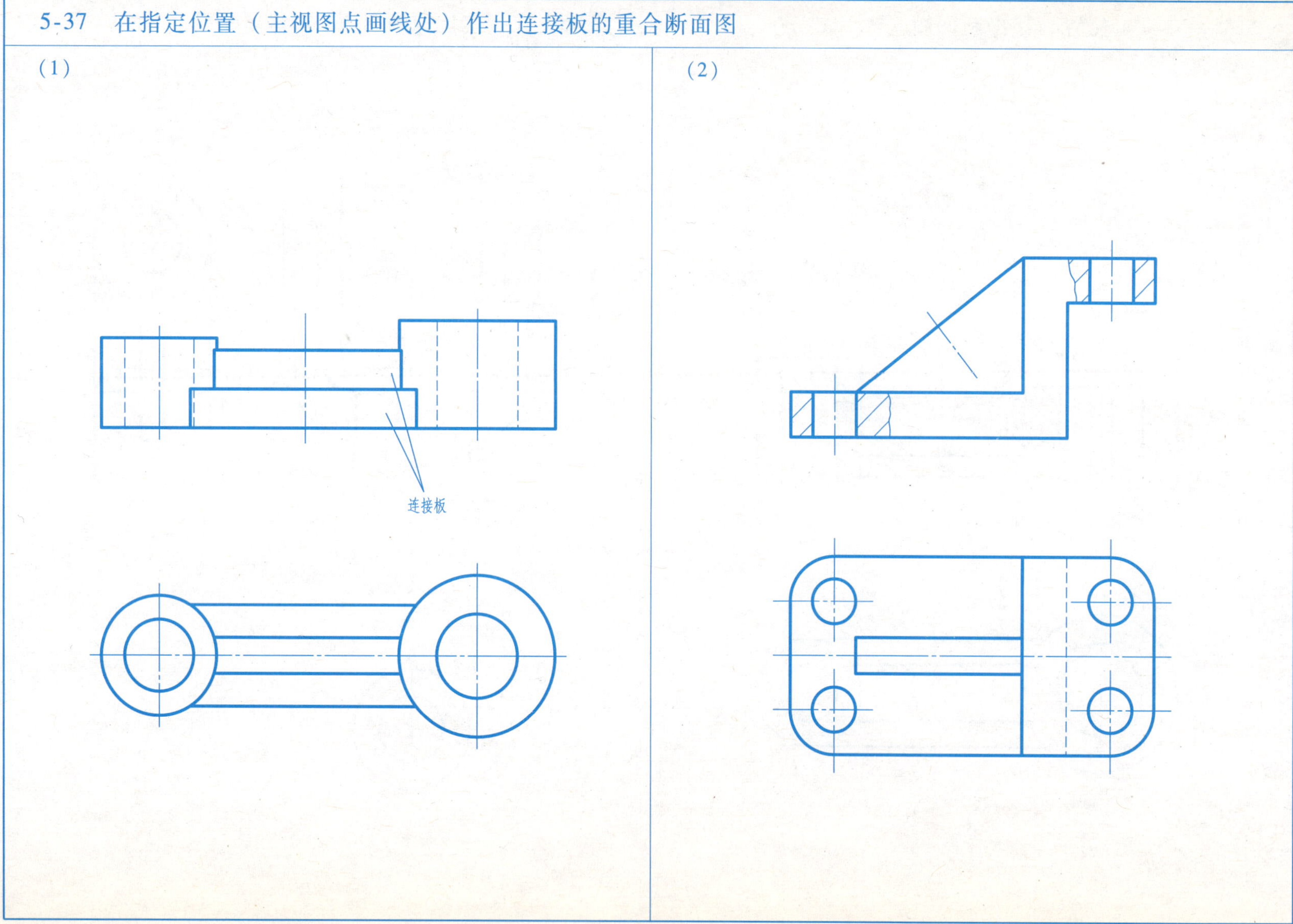

5-38　已知立体的主视图和俯视图，判断下列三种主视图全剖视图的正确性

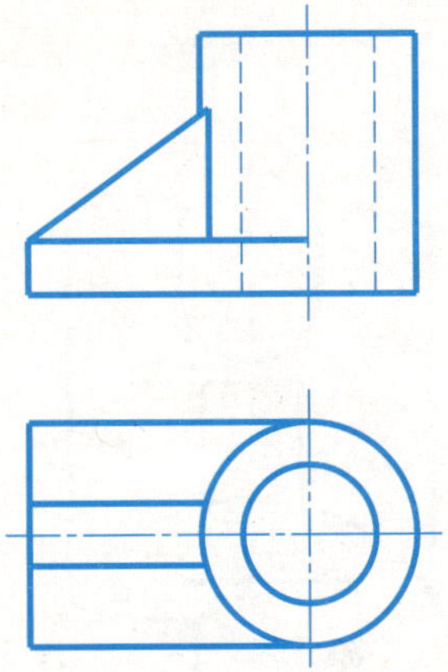

下列三种主视图的全剖视图中画的正确的是（　　）。

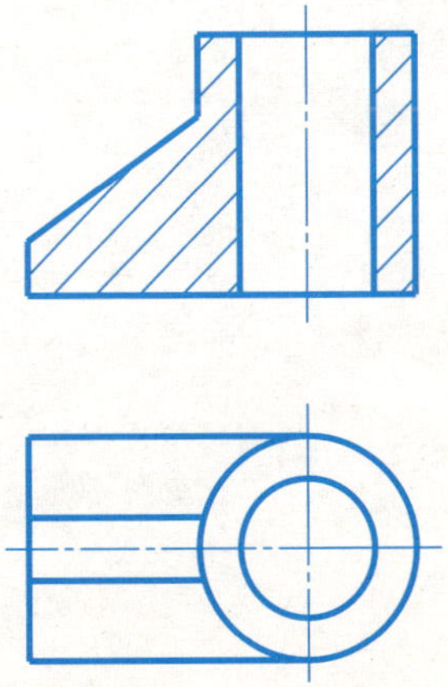

a) 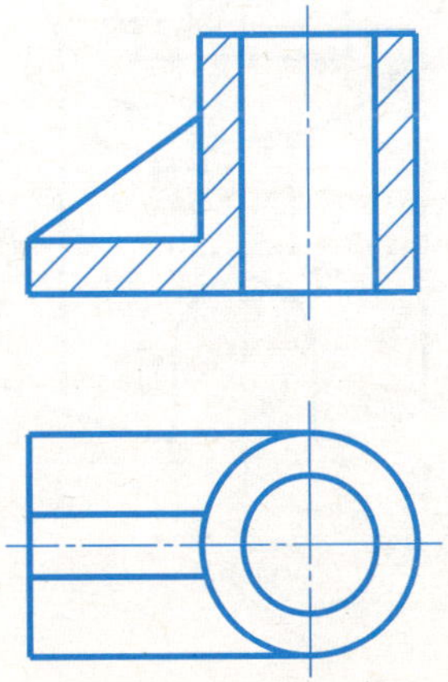　　b) 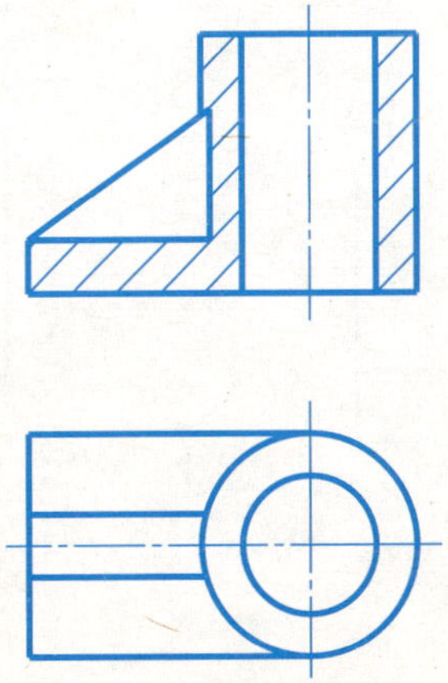　　c)

5-39　使用简化画法将主视图画成剖视图

5-40　根据所给视图，在 A3 图纸上画出机件的主、俯、左视图，并作适当剖视，绘图比例 2:1（图名：表达方案选择 1）

5-41　由机件的两视图，选择合适的表达方案（剖视图、断面图和其他视图），画在 A3 图纸上，绘图比例 1:2，并标注尺寸（图名：表达方案选择 2）

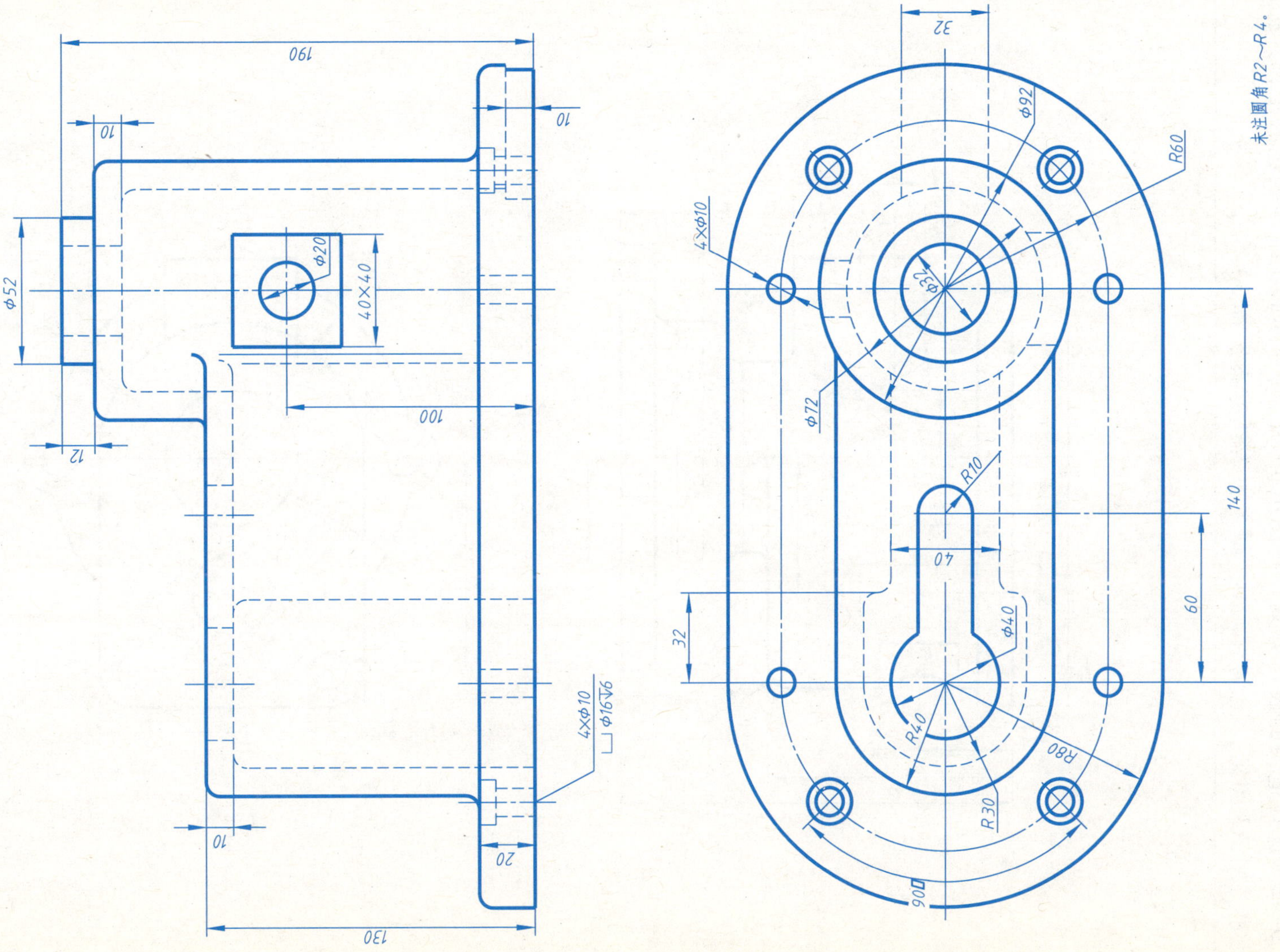

未注圆角 R2～R4。

5-42 选择适当的表达方案，将图示机件的内外部形状结构表达清楚，并标注尺寸。用 A3 图纸，比例为 1:1（图名：表达方案选择 3）

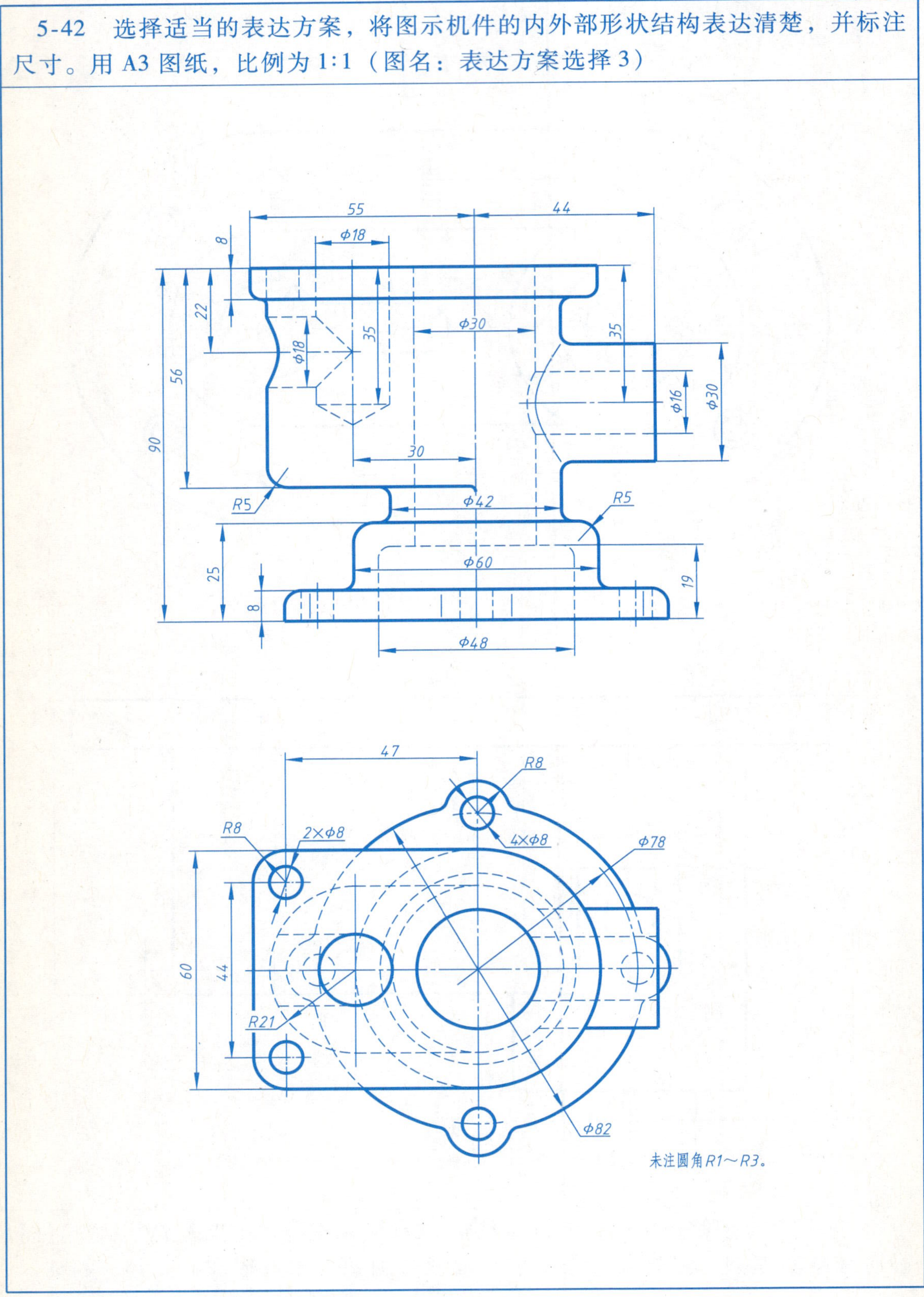

6-1 识别下列螺纹标记中各代号的意义，并填表

螺纹标记	螺纹种类	螺纹大径	导程	螺距	线数	公差带代号	旋向
M20-6H-LH							
M20×1.5-7g6g-L							
Tr40×14(P7)-8e-L							
G3/4							

6-2 分析螺纹画法中的错误，将正确画法画在下面指定处

(1)

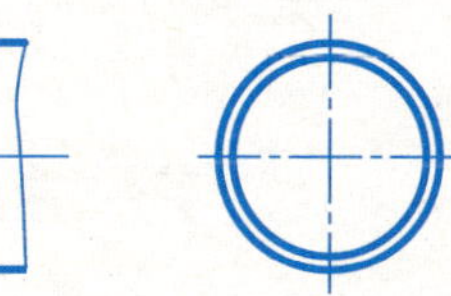

(2)

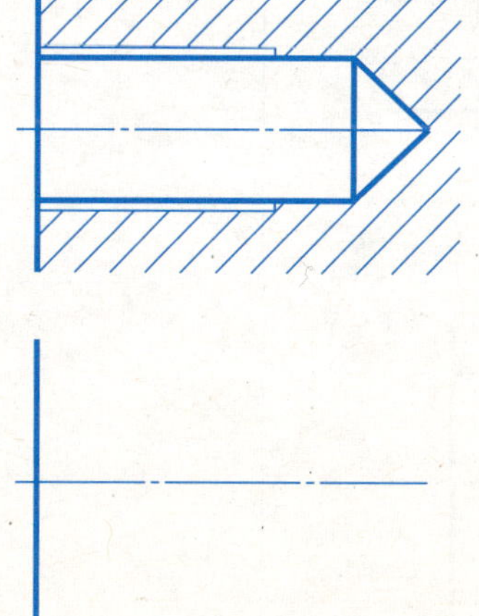

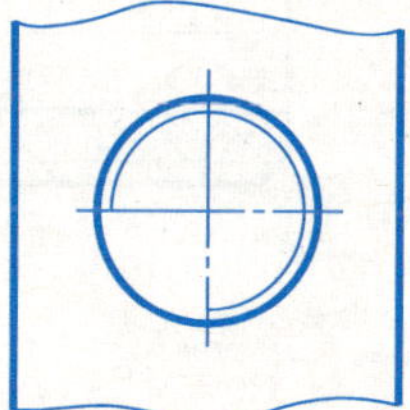

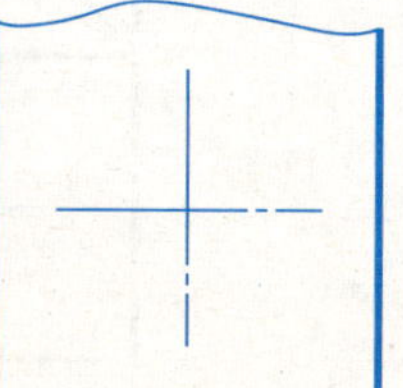

6-3 标注螺纹代号

(1)

M20-6g

(2)

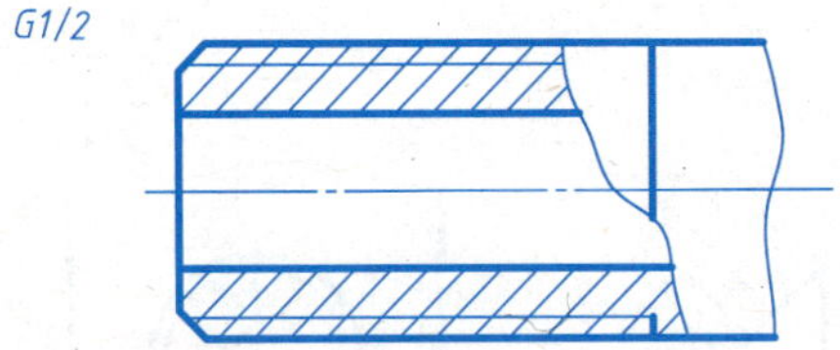

G1/2

(3)

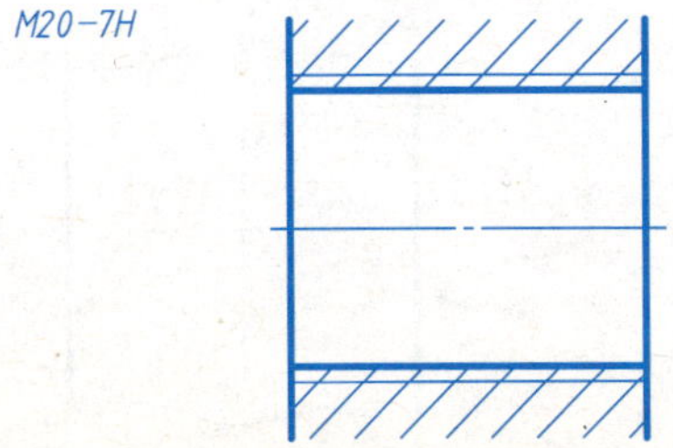

M20-7H

6-4 分析图中内、外螺纹连接画法的错误，将正确图画在下面指定位置

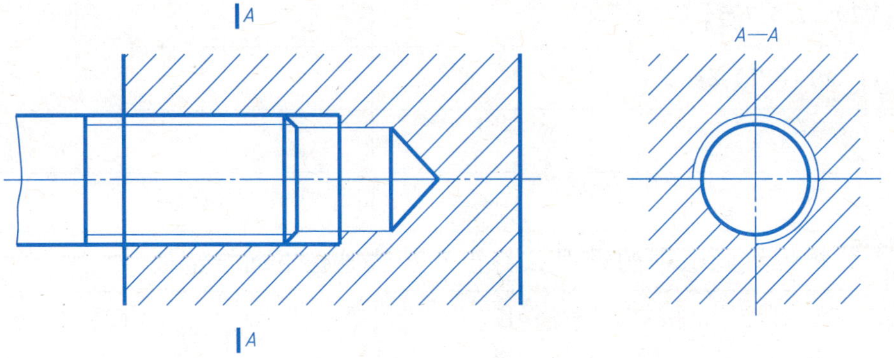

A

A—A

A

A

A—A

A

6-5 已知螺栓 GB/T 5780—2000 M16 × l，螺母 GB/T 6170—2000 M16，垫圈 GB/T 97.1—2002 16，计算并查表确定螺栓公称长度 l 后，用简化画法（或近似画法）画螺栓连接装配图（比例为 1:1）。主视图作全剖，俯视图和左视图画外形。并写出螺栓的规定标记。注：可与 6-6 题画在同一张 A3 图纸上（图名：螺纹紧固件连接装配图）

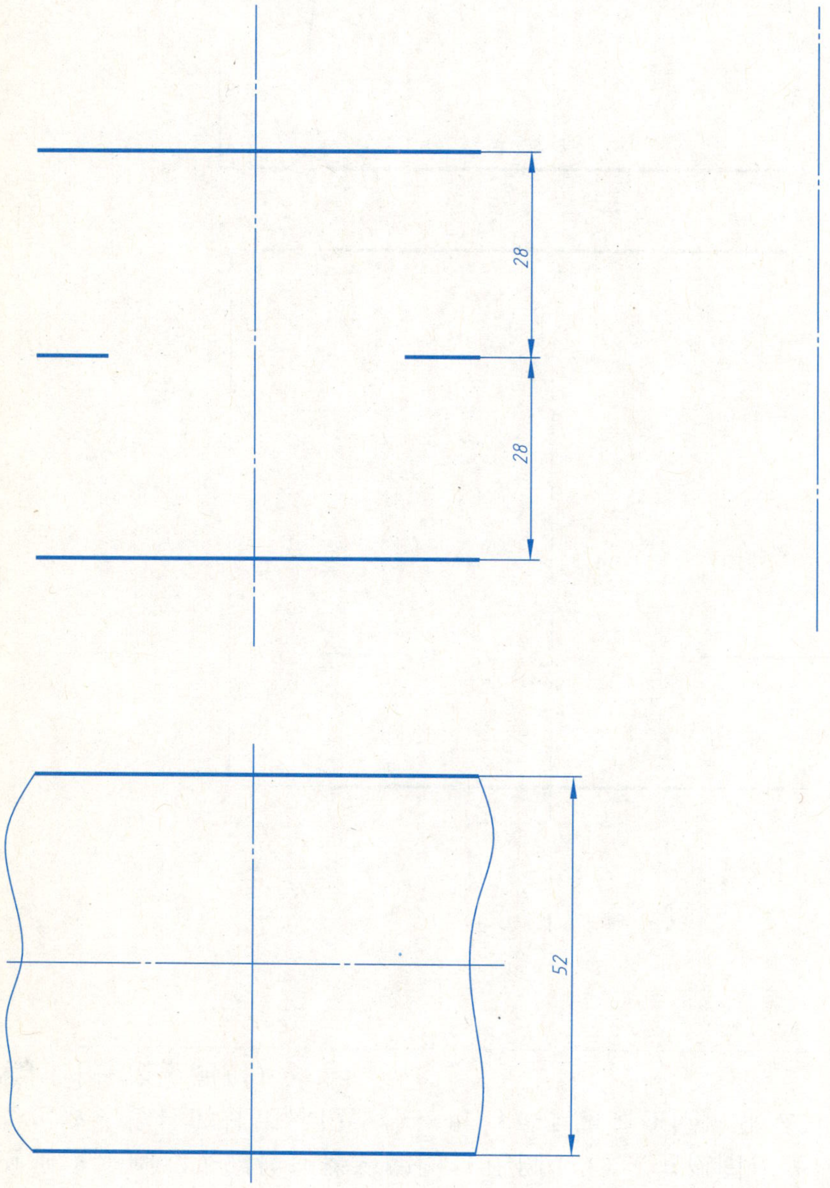

28

28

52

6-6　已知双头螺柱 GB/T 899—1988 M16 × l，螺母 GB/T 6170—2000 M16，垫圈 GB/T 93—1987　16，计算并查表确定螺柱的公称长度 l 后，用简化画法（或比例画法）画双头螺柱连接装配图（比例 1:1）。主视图作全剖，俯视图画外形。并写出双头螺柱的规定标记。注：可与 6-5 题画在同一张 A3 图纸上（图名：螺纹紧固件连接装配图）

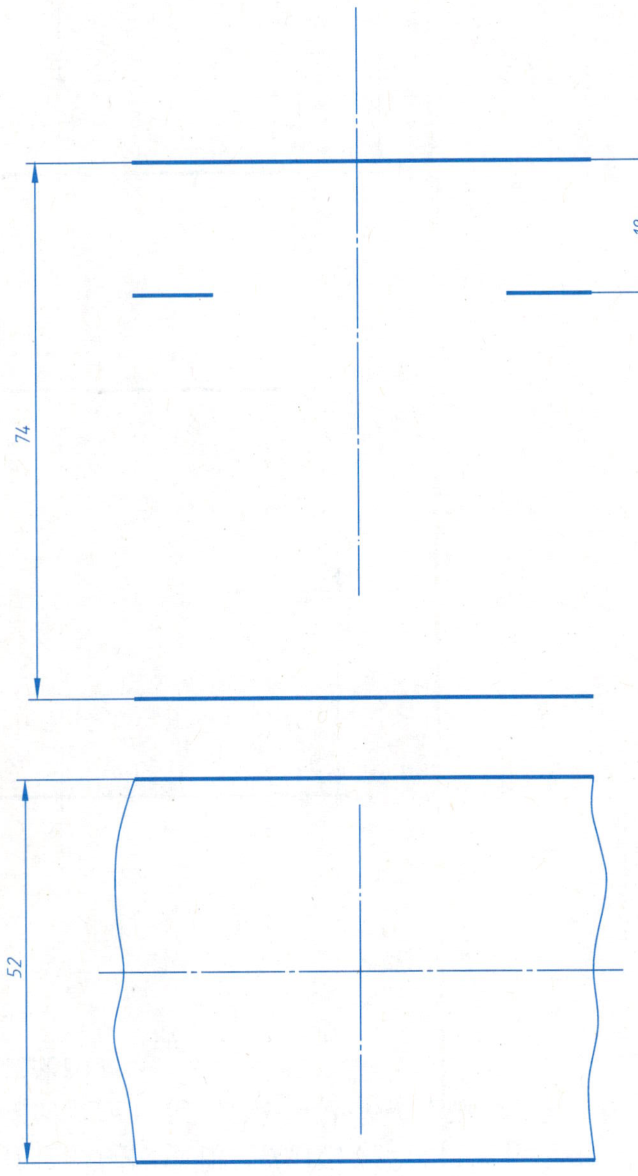

18

74

52

6-7 已知螺钉 GB/T 68—2000 M8×25，用简化画法画出螺钉连接装配图（比例 2:1）。主视图作全剖，俯视图画外形。

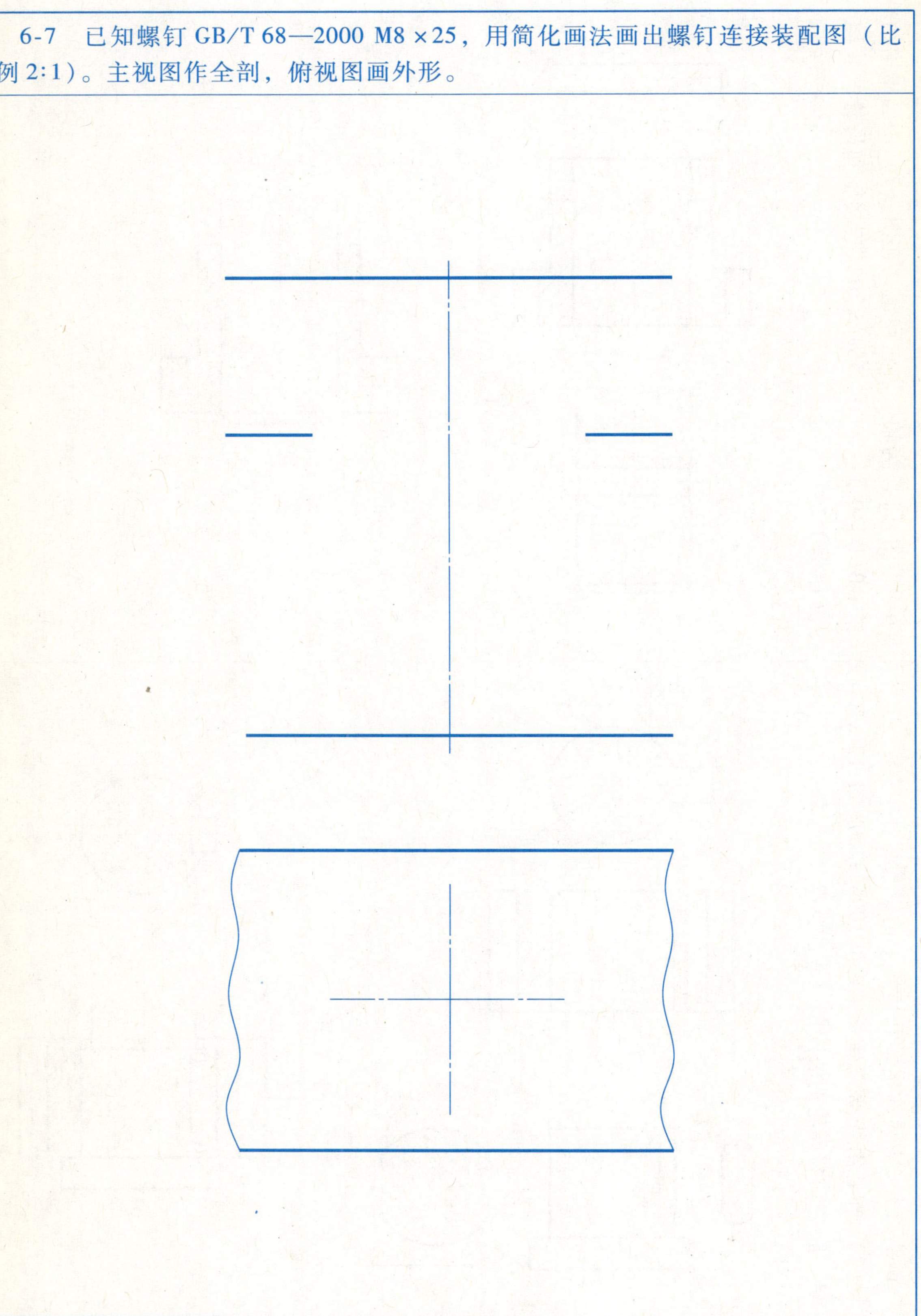

班级　　姓名　　学号

6-8 （1）查表注出轴和齿轮上的键槽尺寸

（2）画出用普通平键（GB/T 1096—2003 键 12 × 8 × 28）联结轴和齿轮的装配图（比例 1:2）

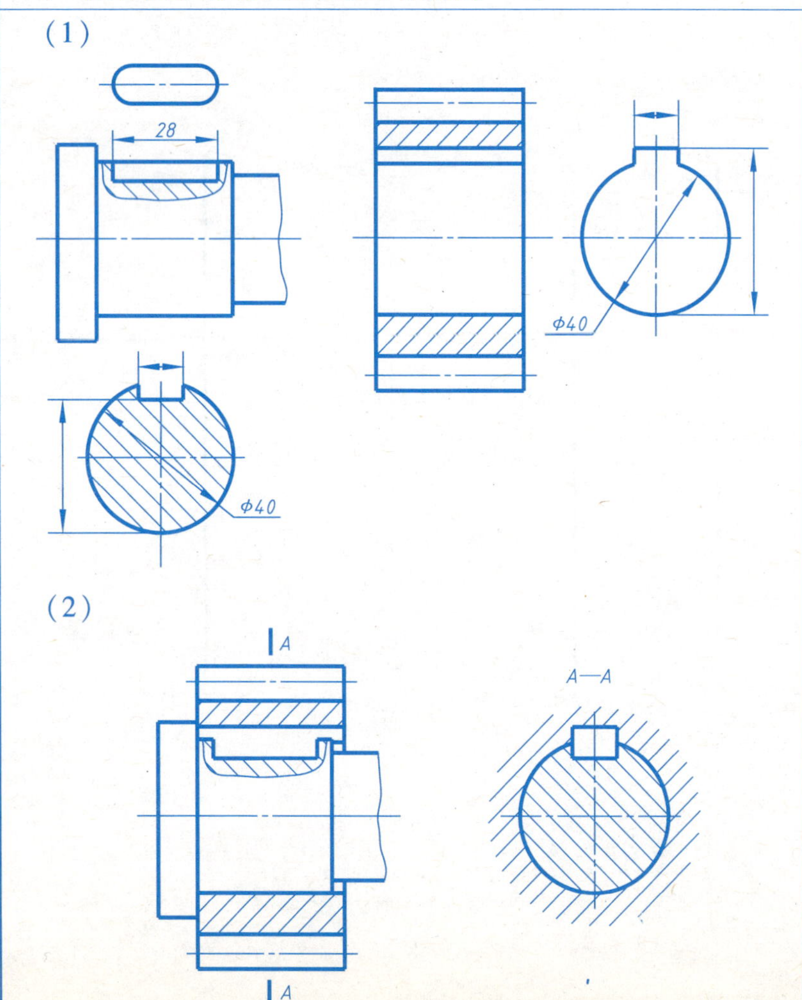

6-9 图（1）为轴、齿轮和销，在图（2）中画出用销（销 GB/T 119.1—2000　5m6 × 30）连接轴和齿轮的装配图（比例 1:1）

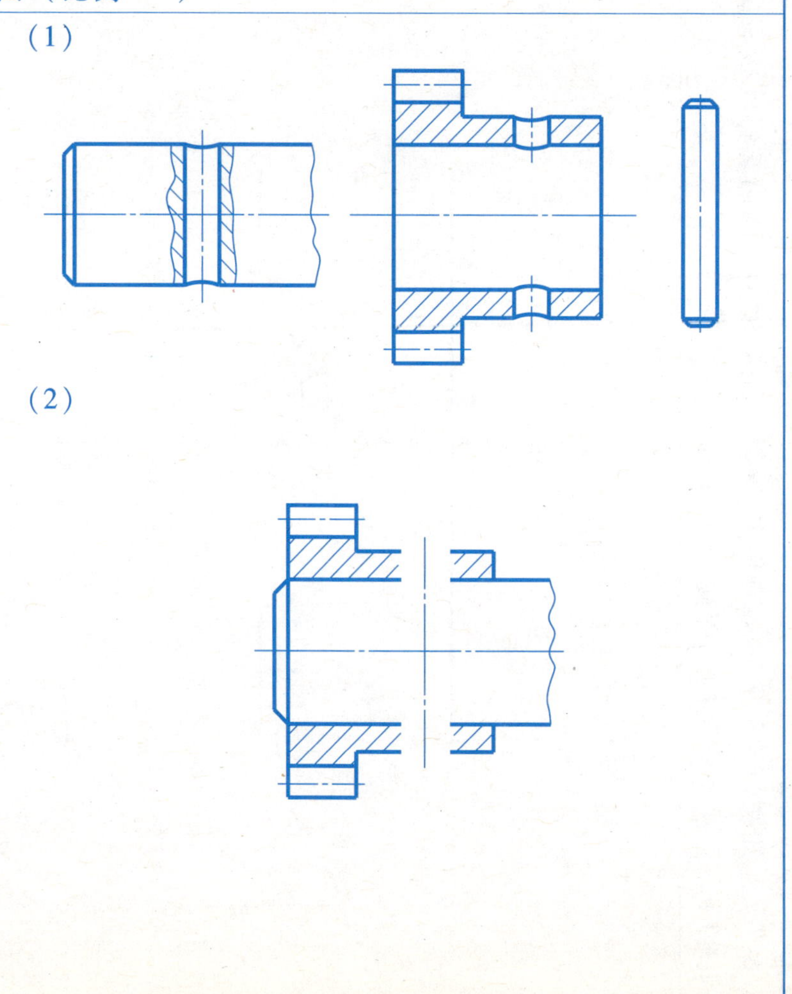

6-10　按规定画法绘制轴承 6309（比例 1:1，不注尺寸），并填写以下参数：d = ____，D = ____，B = ____	6-11　按规定画法绘制轴承 32211（比例 1:1，不注尺寸），并填写以下参数：d = ____，D = ____，T = ____，B = ____，C = ____

6-12　圆柱螺旋弹簧的外径 $D_2=80\text{mm}$，节距 $t=16\text{mm}$，簧丝直径 $d=10\text{mm}$，有效圈数 $n=10$，支承圈数 $n_2=2.5$，右旋。计算出弹簧的中径 D、自由高度 H_0，并用 1:1 的比例画出弹簧的全剖主视图。标注尺寸：中径 D，节距 t，簧丝直径 d，弹簧自由高度 H_0

弹簧自由高度 $H_0=$

弹簧中径 $D=$

6-13　已知：标准直齿圆柱齿轮的齿数 $z=40$，模数 $m=5\mathrm{mm}$，试求出分度圆直径 d、齿根圆直径 d_a、和齿根圆直径 d_f。用 1:2 的比例完成其两视图（主视图全剖，左视图画外形），并在图中标注分度圆直径 d、齿顶圆直径 d_a 和齿根圆直径 d_f

$d=$

$d_a=$

$d_f=$

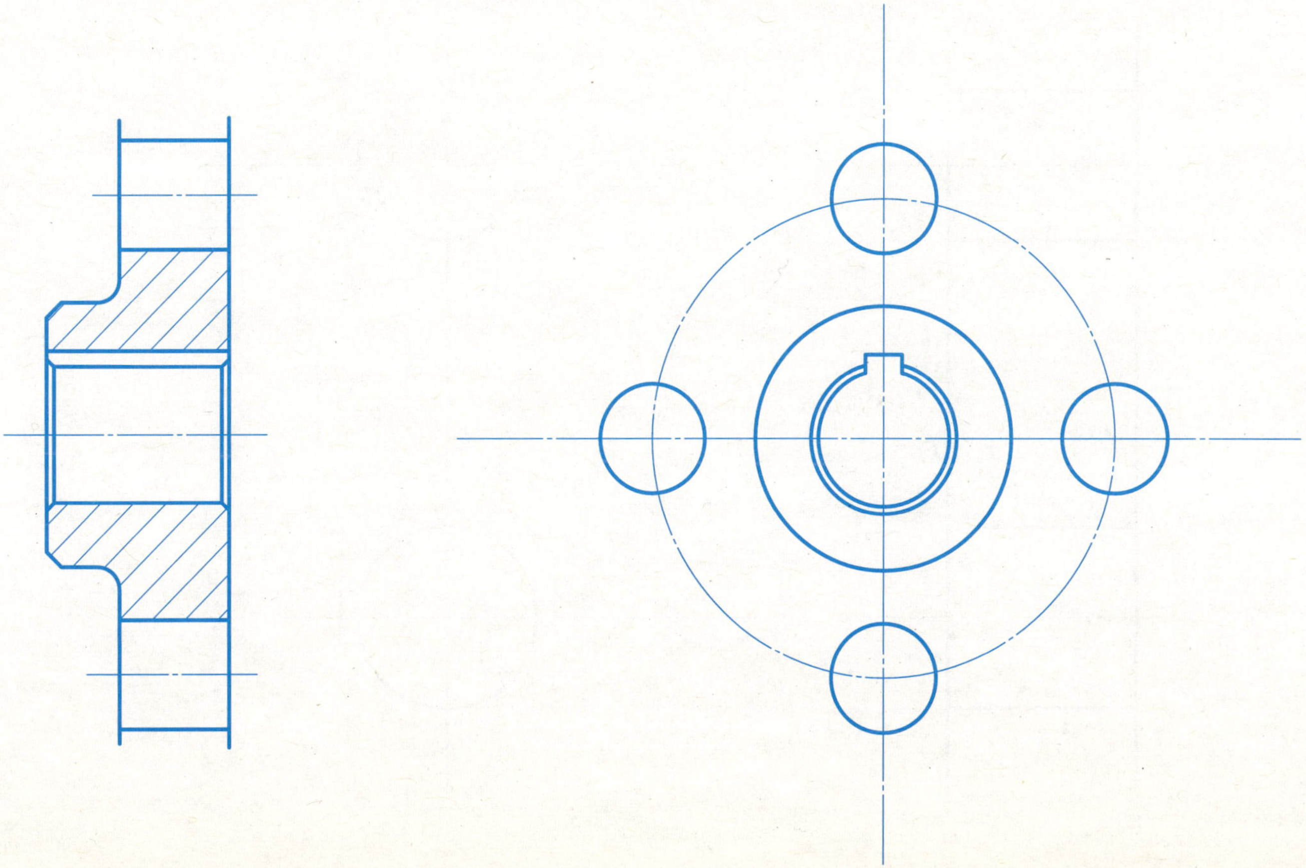

6-14 已知两直齿圆柱齿轮相啮合，模数 $m=3\text{mm}$，齿数 $z_1=16$、$z_2=24$，用1:1的比例完成其两视图（主视图全剖，左视图画外形），并计算出以下尺寸，并在图中注出中心距 a

$d_1=$

$d_{a1}=$

$d_{f1}=$

$d_2=$

$d_{a2}=$

$d_{f2}=$

$a=$

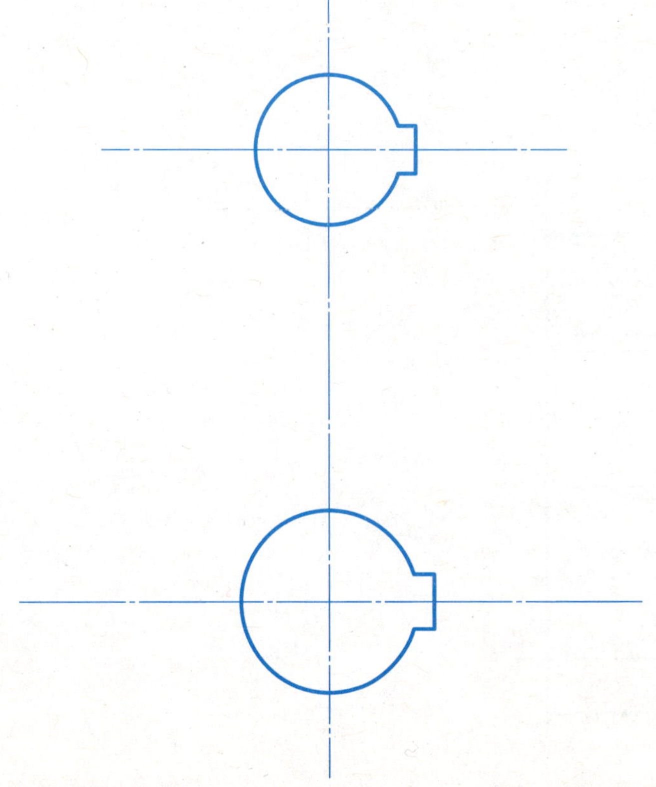

7-1　在六棱柱外表面上标注表面粗糙度代号，表面粗糙度值 Ra 为 6.3μm	7-2　零件各表面的粗糙度如上图所示，将各表面粗糙度标注在下图上
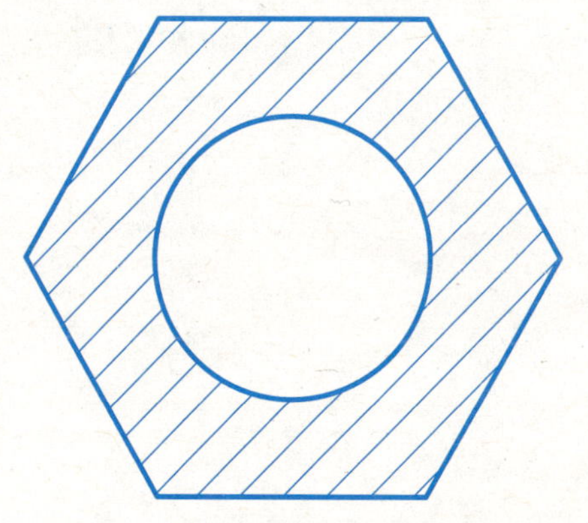	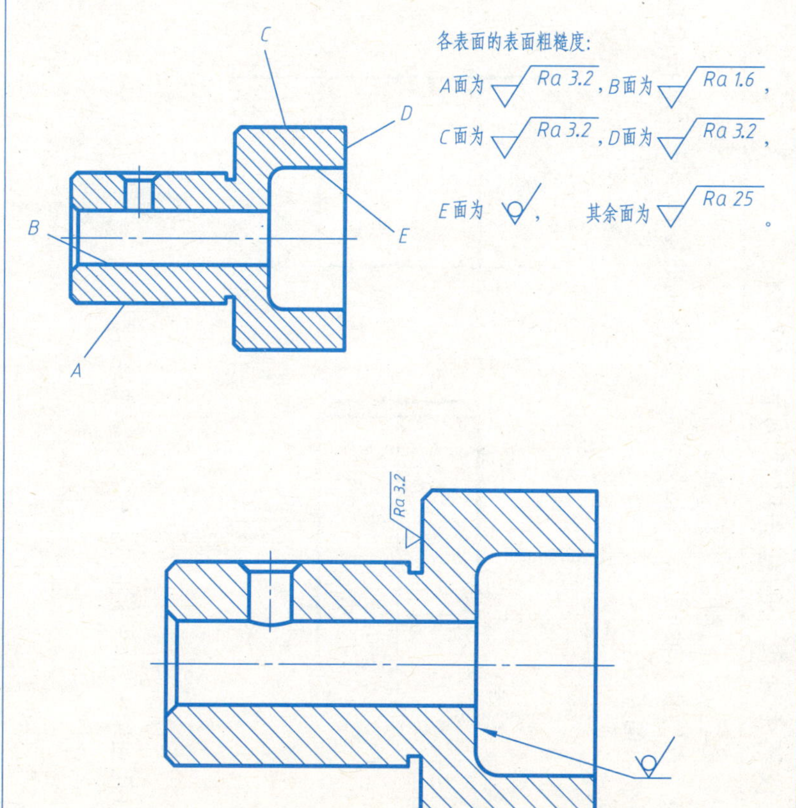

7-3 某仪器中轴和孔的配合尺寸为 $\phi30S7/h6$

（1）此配合是________制________配合。

（2）从表中查出孔和轴的上、下极限偏差，在下面的零件图中分别注出轴和孔的公称尺寸和上、下极限偏差值。

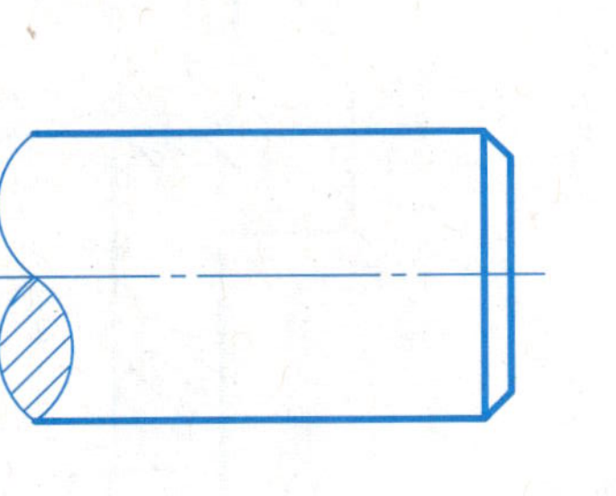

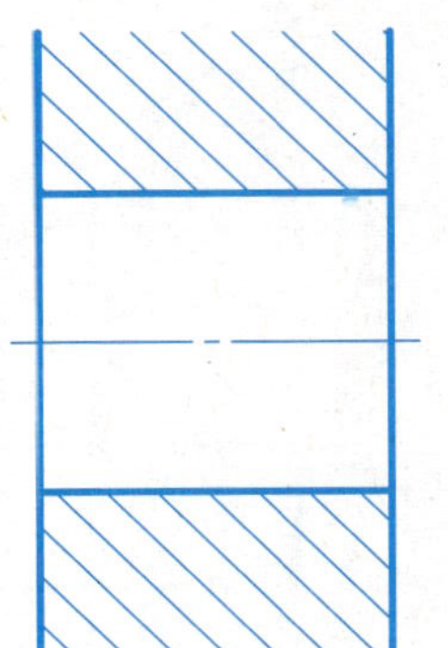

（3）画出孔轴装配图，并注出公称尺寸和配合代号。

（4）画出轴和孔的公差带图。

7-4　已知与轴承外圈配合的机座孔公称尺寸为 $\phi52$，公差带代号为 J7；与轴承内圈配合的轴颈公称尺寸为 $\phi30$，公差带代号为 k6，在装配图（图 a）中标注公称尺寸和配合代号，并在零件图（图 b、c）中标注机座和轴相应结构的公称尺寸、公差带代号与极限偏差值

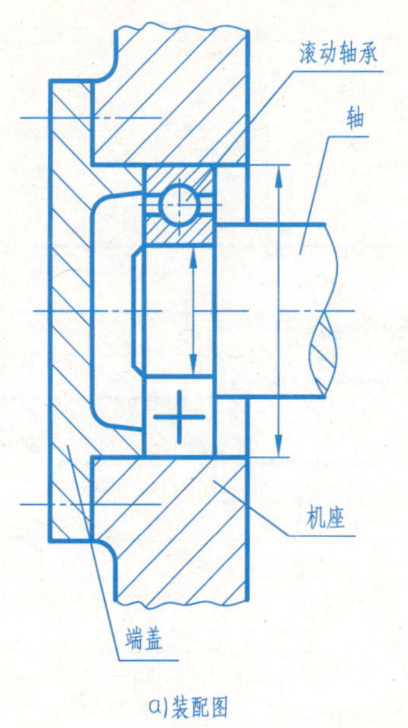

a)装配图

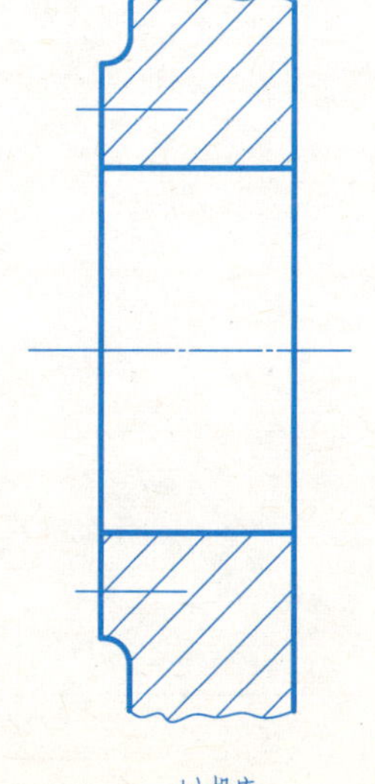
b)机座

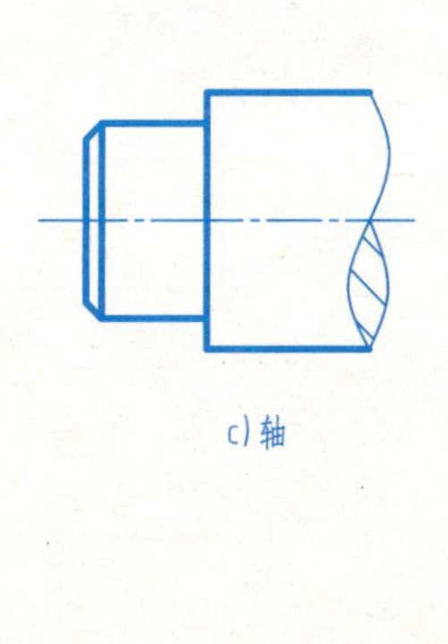
c)轴

7-5　解释图中标注的形位公差的含义

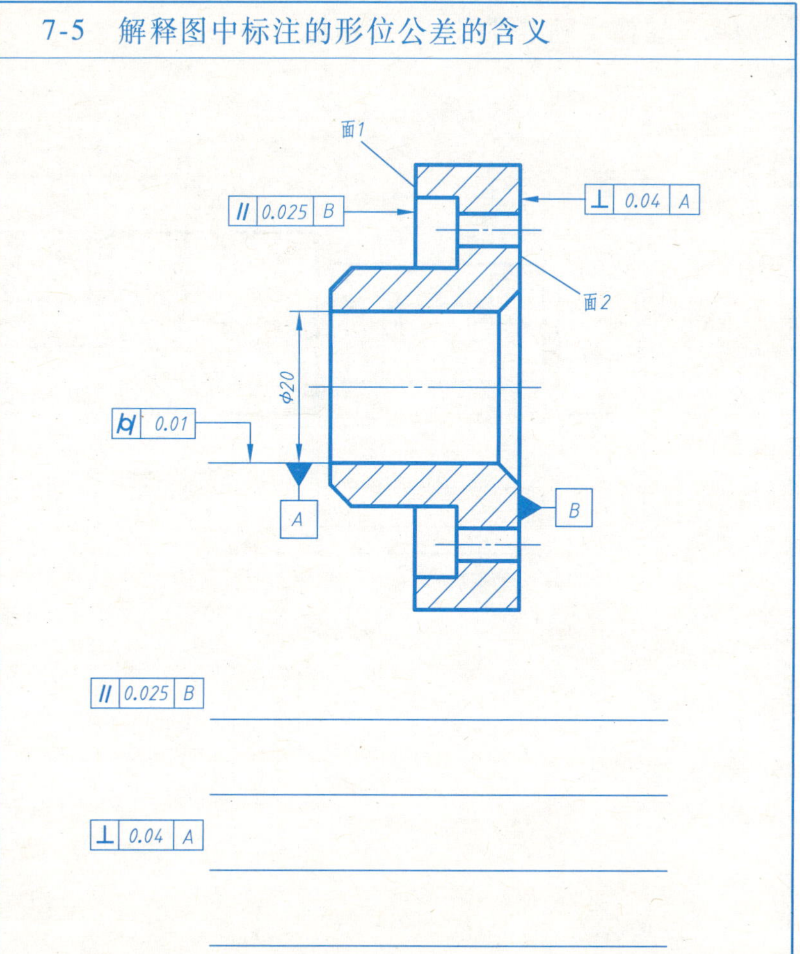

// 0.025 B

⊥ 0.04 A

⌭ 0.01

7-6　读懂主轴零件图，并完成题目要求

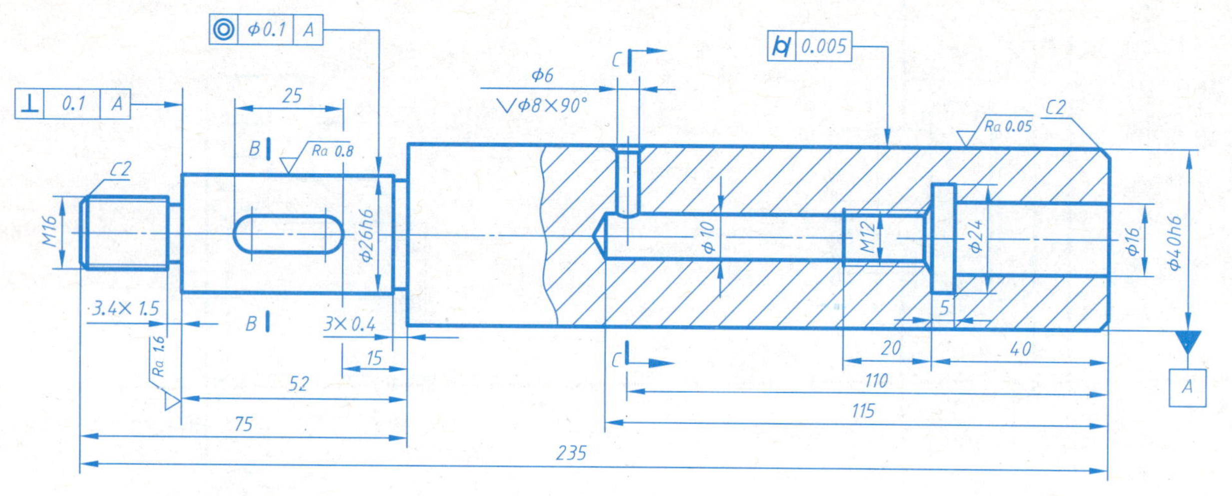

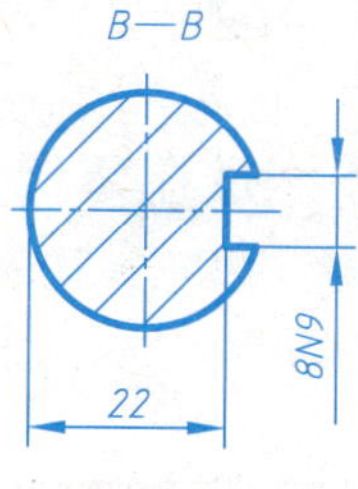

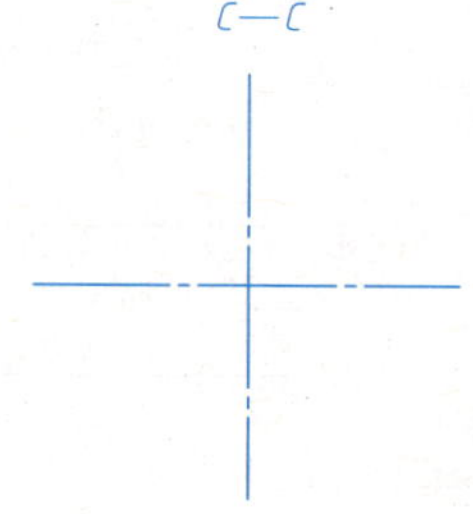

技术要求

1.调质处理26～31HRC。

2.去除毛刺。

读图要求：

1.看懂主轴零件图，补画C—C断面图。

2.用符号“Δ”和文字标出轴向和径向的主要尺寸基准。

3.直径为Φ40h6的圆柱面，其表面粗糙度值Ra=________μm。

制图			45				××××大学
校对			比例		重量		主轴
审核			共　张　第　张				图号

班级　　　　姓名　　　　学号

7-7 读零件图，并完成题目要求

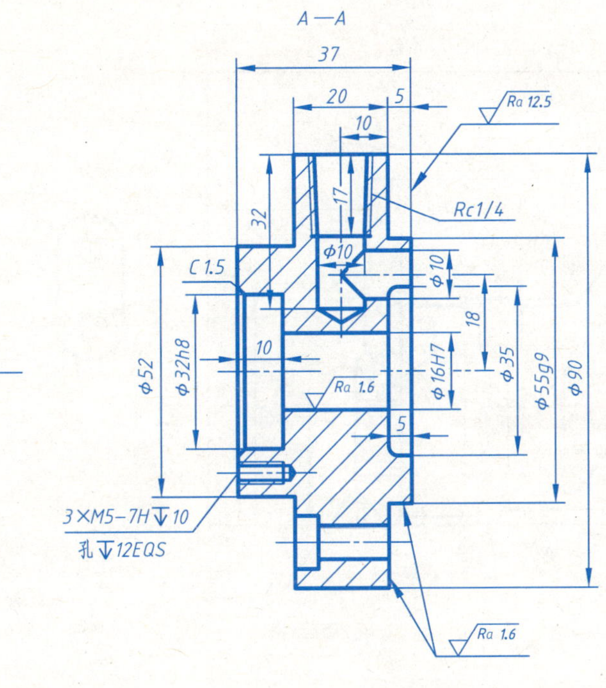

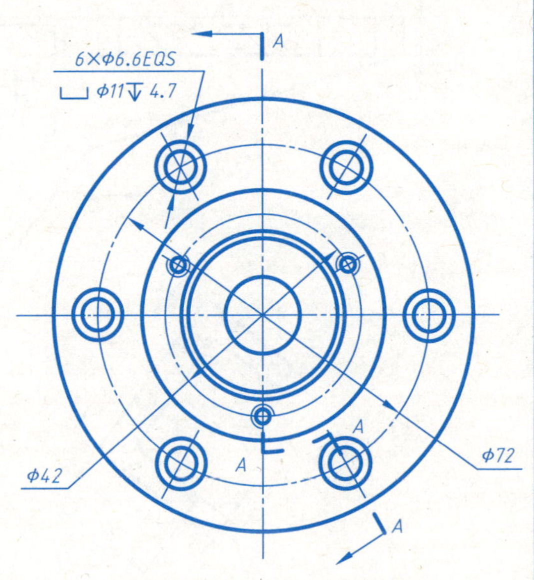

读图要求：

1. 在指定位置画出右视外形图（不画虚线）。
2. 主视图采用了＿＿＿＿＿＿剖视图。
3. 用“△”和文字在图中注明轴向和径向的主要尺寸基准。
4. 右端面上φ10圆柱孔的径向定位尺寸为＿＿＿＿＿＿。
5. Rc1/4是＿＿＿＿＿＿螺纹，大径尺寸为＿＿＿＿＿＿。
6. φ16H7是基＿＿＿＿制的＿＿＿＿孔，公差等级为＿＿＿＿＿。

技术要求：

1. 未注铸造圆角R1～R2。
2. 未注倒角C1。

Ra 6.3 (√)

制图			HT150				××××大学	
							油压缸端盖	
校对			比例		重量			
审核			共　张　第　张				图号	

7-8　读零件图，并完成题目要求

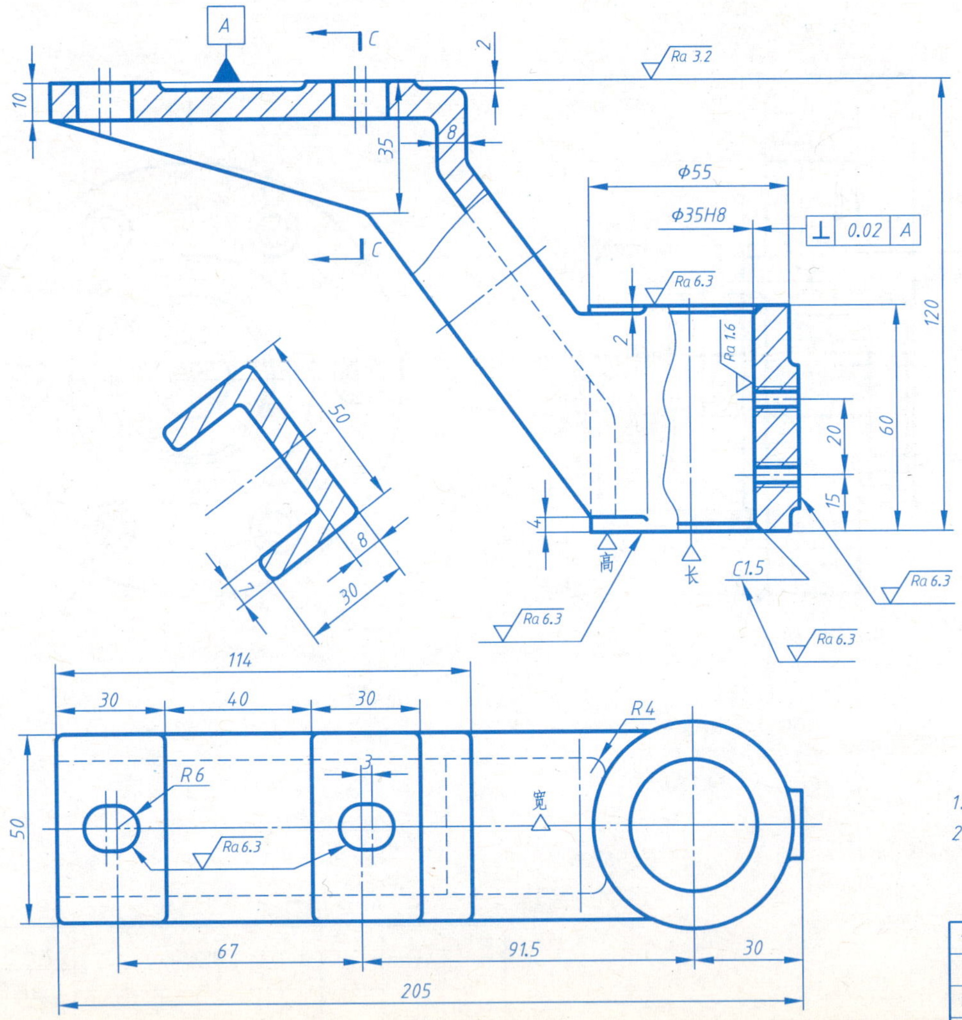

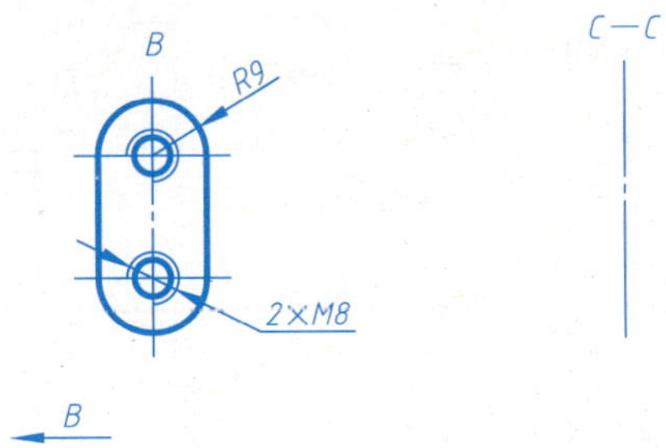

读图要求:

1. 在指定位置，补画 C—C 剖视图。
2. 用"△"和文字标出长、宽、高三个方向的主要尺寸基准。
3. 在标题栏上方补注其余表面（均为不加工）的表面粗糙度代号。

技术要求

1. 未注圆角 R1～R3。
2. 铸件不得有砂眼、裂纹 。

制图			HT150				××××大学	
							托架	
校对			比例	1:2	重量			
审核			共　张　第　张				图号	

班级　　　　姓名　　　　学号

7-9　读零件图，并完成题目要求

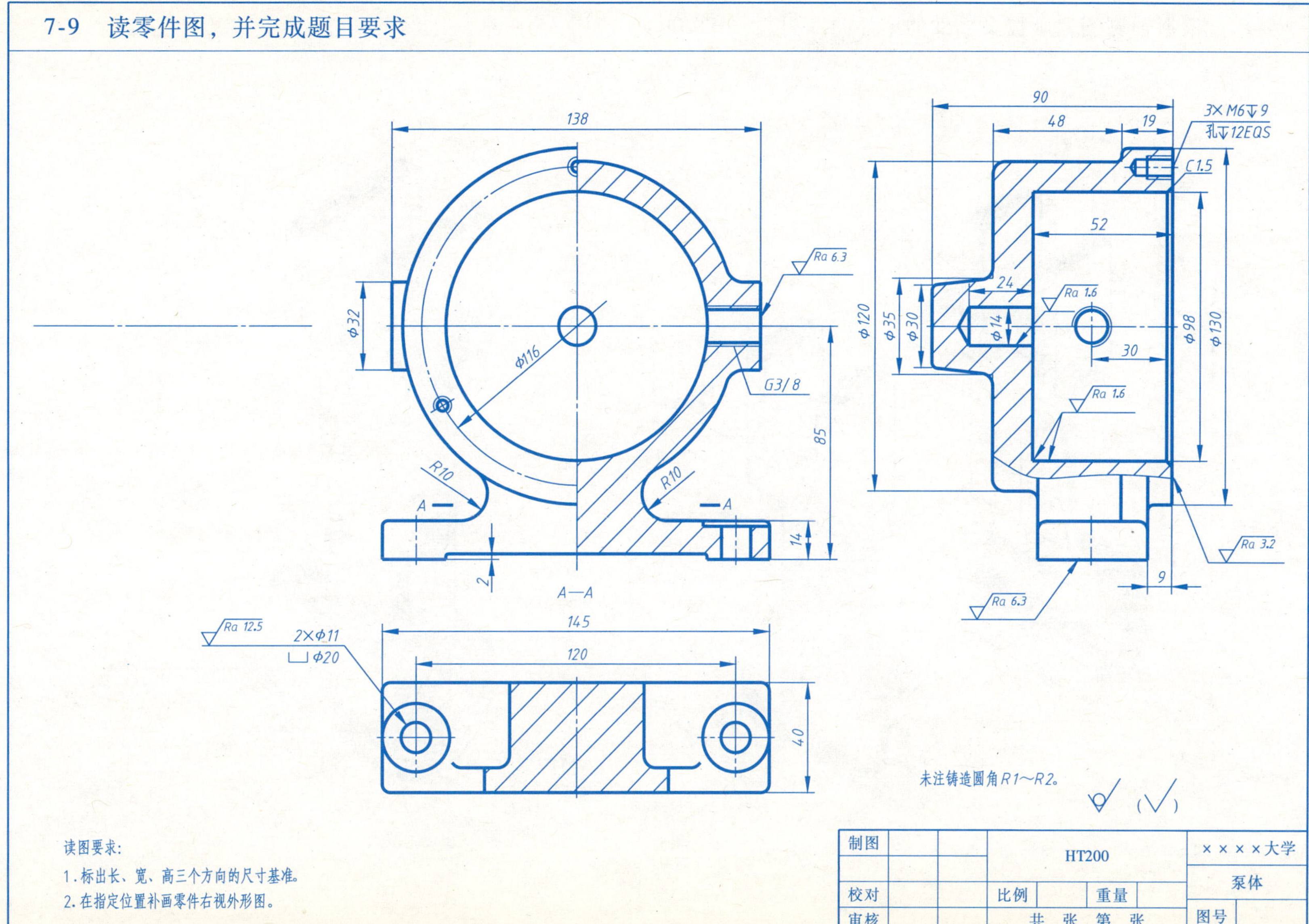

读图要求：

1. 标出长、宽、高三个方向的尺寸基准。
2. 在指定位置补画零件右视外形图。

7-10　根据轴测图，画拨叉零件的零件图（材料：HT200），使用A3图纸，比例1:1（图名：拨叉）

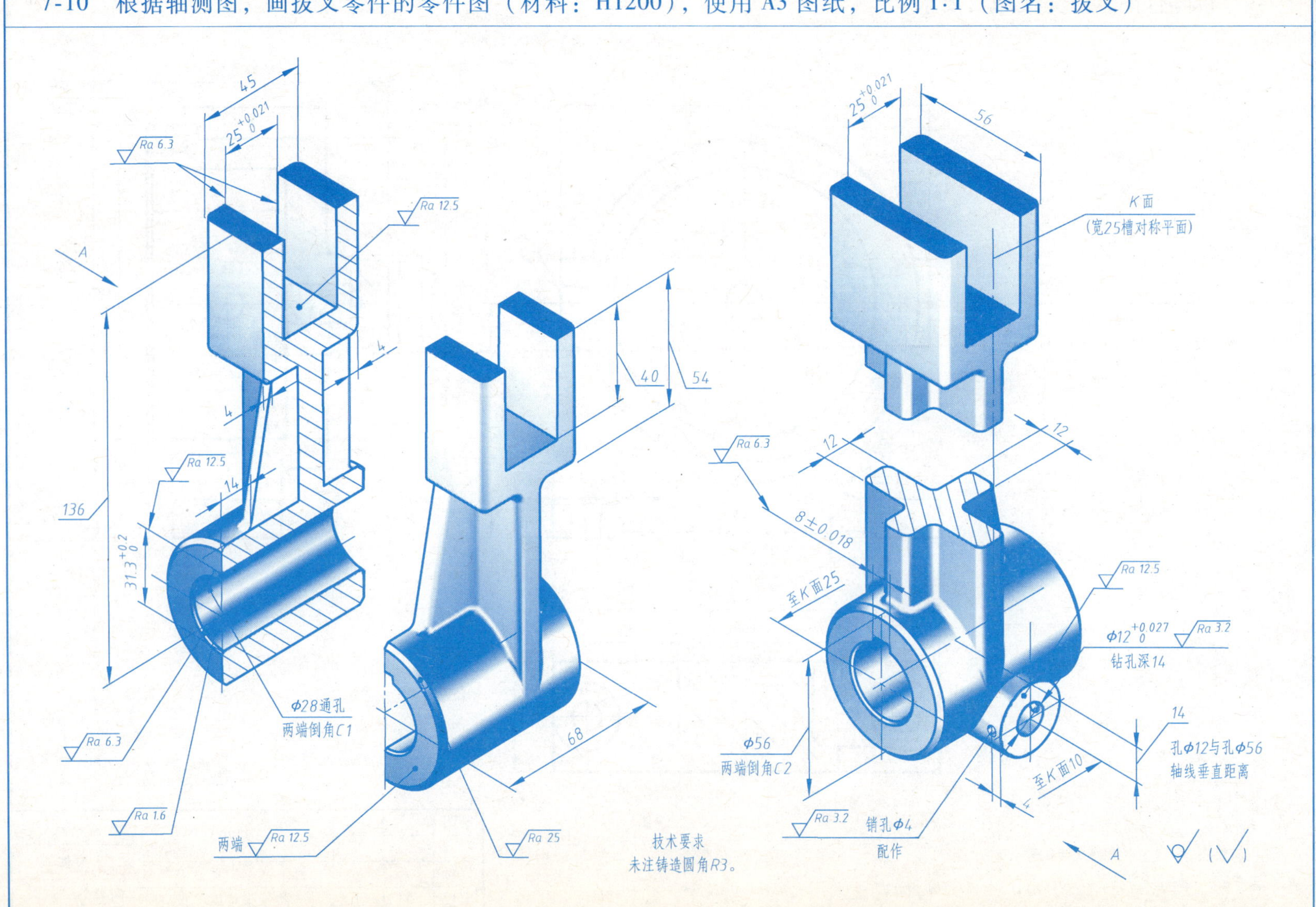

8-1　由零件图拼画装配图（用 A2 图纸，比例 2:1）

采用主视图、俯视图（或向视图）、左视图（或序号 4 零件的 A 向视图）表达，俯视图（或向视图）拆去零件 1、2。

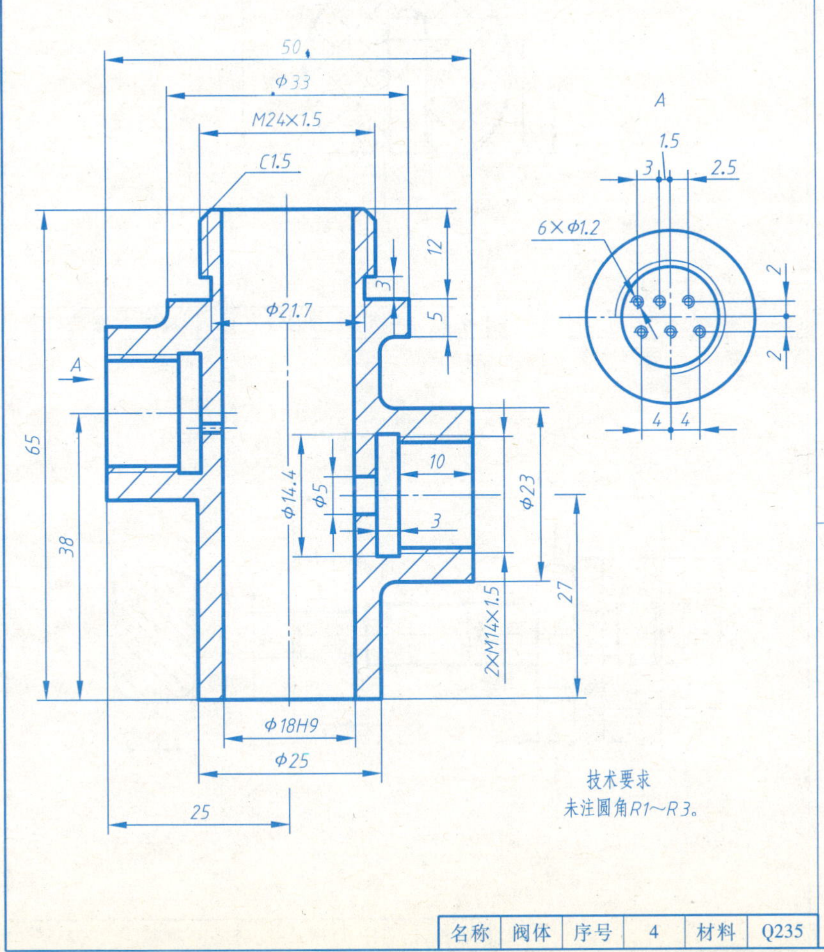

名称	阀体	序号	4	材料	Q235

工作原理

手动气阀是汽车上用的一种压缩空气开关机构。

当通过手柄球（件 1）和芯杆（件 2）将气阀杆（件 6）拉倒最上位置时（图示位置），储气筒与工作气缸接通。当气阀杆推倒最下位置时，工作气缸与储气筒的通道被关闭，此时工作气缸通过气阀杆中心的孔道与大气接通。气阀杆与阀体（件 4）孔是间隙配合，装有 O 形密封圈（件 5）以防止压缩空气泄漏。螺母（件 3）是固定手动气阀位置用的。

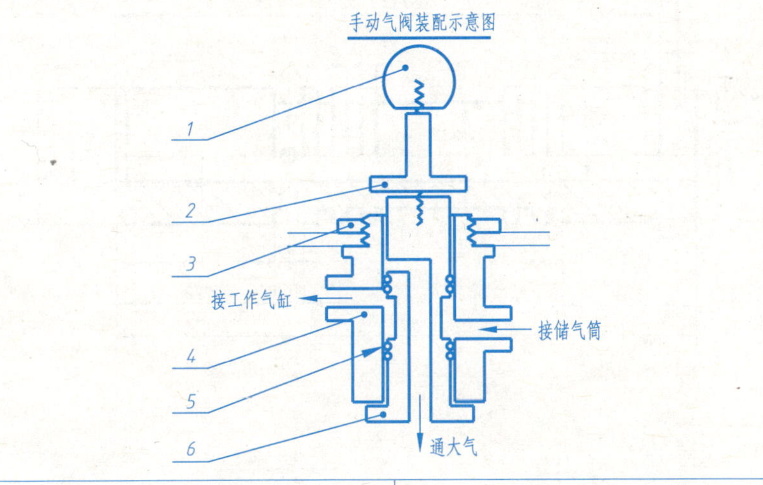

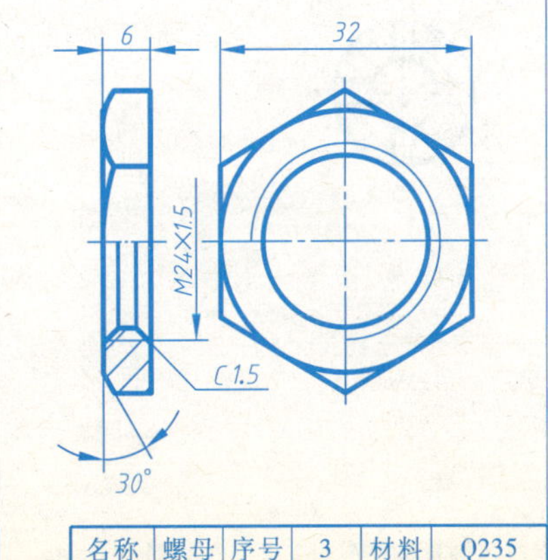

名称	螺母	序号	3	材料	Q235

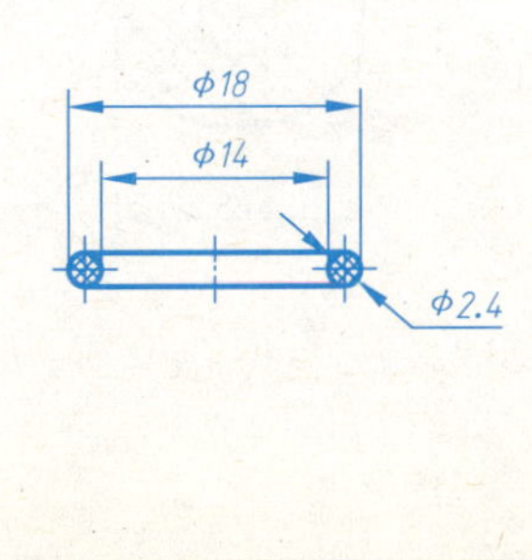

名称	O 形密封圈	序号	5	材料	橡胶

（续）8-1 由零件图拼画装配图（用A2图纸，比例2:1）

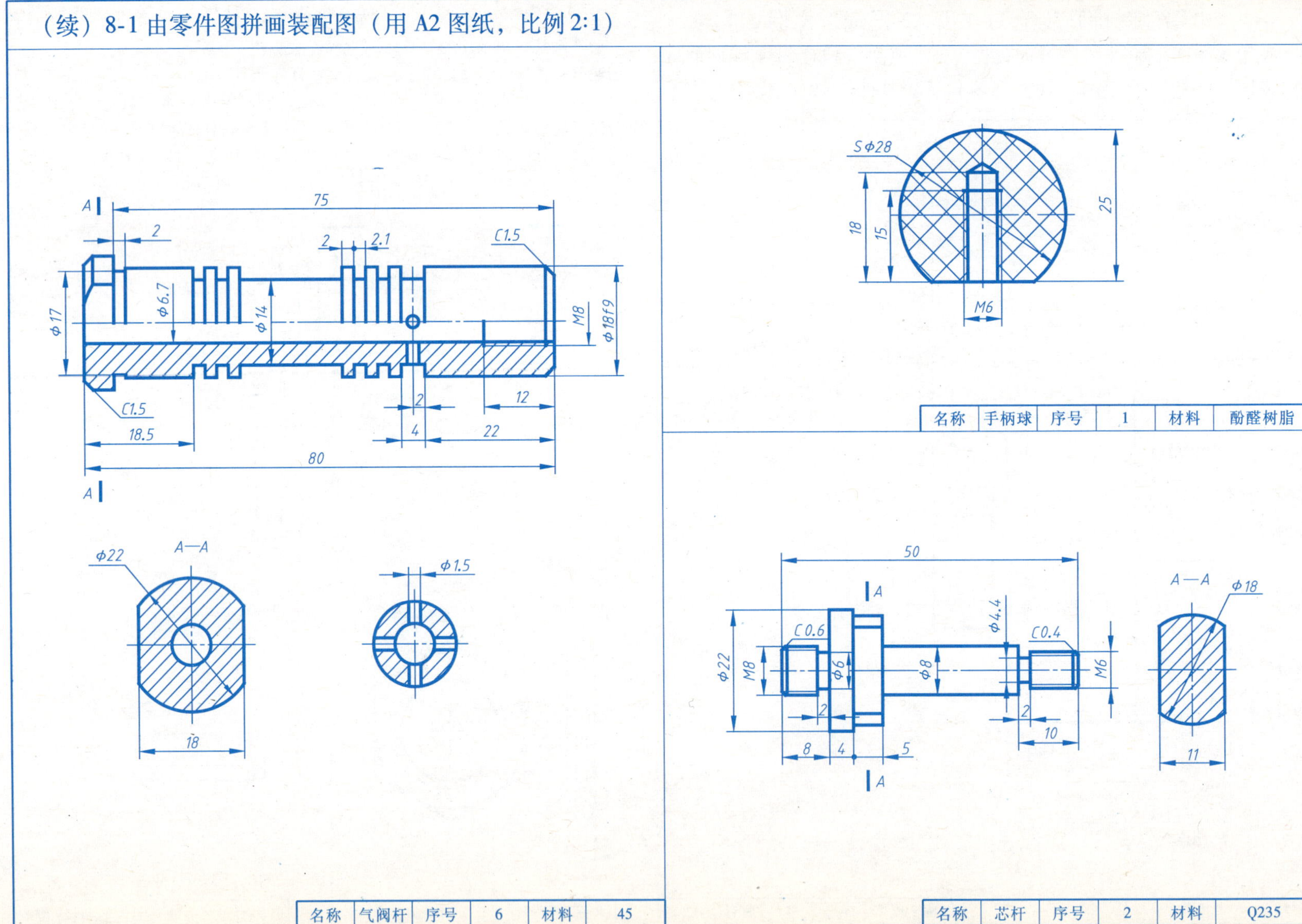

8-2　读夹线体装配图并拆画零件（按装配图中零件图形大小拆画）夹套 2 和衬套 3，并将装配图中与该零件相关的尺寸移到零件图中

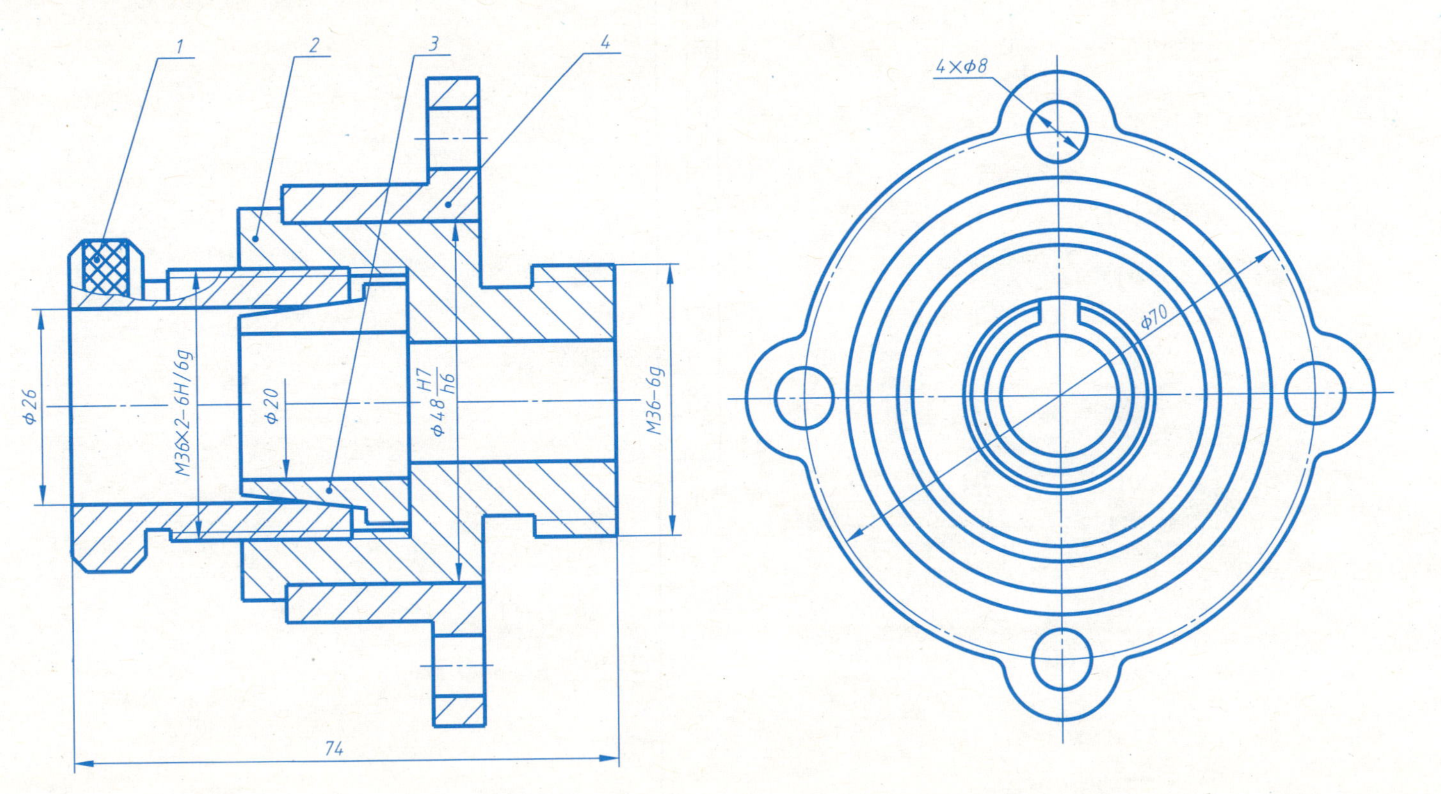

工作原理：

将线穿入衬套3中，然后旋转手动压套1，因螺纹M36×2的作用使手动压套向右移动，手动压套锥面的作用使衬套向中心收缩（衬套上有开槽），实现夹住线体，手动压套1、夹套2、衬套3可以一起在盘座4的φ48孔中旋转。

序号	名称	数量	材料	备注
4	盘座	1	45	
3	衬套	1	Q235	
2	夹套	1	Q235	
1	手动压套	1	Q235	

制图				××××大学
校对		比例 1:1	重量	夹线体
审核		共 1 张　第 1 张		图号

班级　　　　姓名　　　　学号

（续）8-2　读夹线体装配图并拆画零件（按装配图中零件图形大小拆画）夹套2和衬套3，并将装配图中与该零件相关的尺寸移到零件图中

序号	名称	数量	材料	比例
2				

序号	名称	数量	材料	比例
3				

8-3　读柱塞泵装配图并拆画零件泵体 1、螺塞 11 和管接头 13，并将装配图中与该零件相关的尺寸移到零件图中

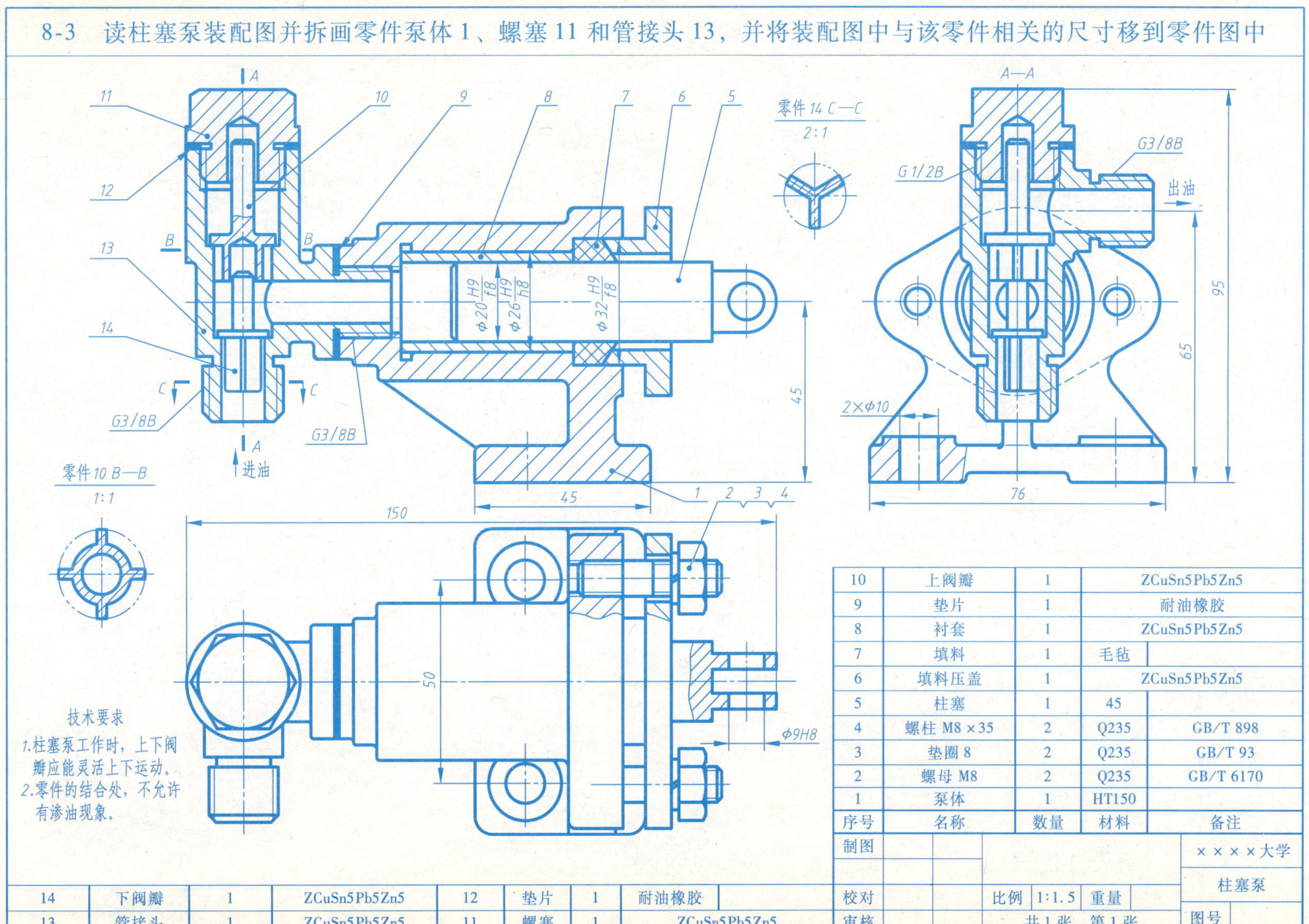

序号	名称	数量	材料	备注
10	上阀瓣	1	ZCuSn5Pb5Zn5	
9	垫片	1	耐油橡胶	
8	衬套	1	ZCuSn5Pb5Zn5	
7	填料	1	毛毡	
6	填料压盖	1	ZCuSn5Pb5Zn5	
5	柱塞	1	45	
4	螺柱 M8×35	2	Q235	GB/T 898
3	垫圈 8	2	Q235	GB/T 93
2	螺母 M8	2	Q235	GB/T 6170
1	泵体	1	HT150	

14	下阀瓣	1	ZCuSn5Pb5Zn5	12	垫片	1	耐油橡胶
13	管接头	1	ZCuSn5Pb5Zn5	11	螺塞	1	ZCuSn5Pb5Zn5

制图				××××大学
				柱塞泵
校对		比例	1:1.5　重量	
审核		共 1 张　第 1 张		图号

（续）8-3　读柱塞泵装配图并拆画零件泵体 1、螺塞 11 和管接头 13，并将装配图中与该零件相关的尺寸移到零件图中

序号	名称	数量	材料	比例
1				

（续）8-3　读柱塞泵装配图并拆画零件泵体 1、螺塞 11 和管接头 13，并将装配图中与该零件相关的尺寸移到零件图中

序号	名称	数量	材料	比例
13				

序号	名称	数量	材料	比例
11				

第 1 章　工程制图基本知识

班级　　　姓名　　　学号

1-3　在尺寸线两端画出箭头并标注尺寸数值（数值从图中 1:1 量取整数）

(1)

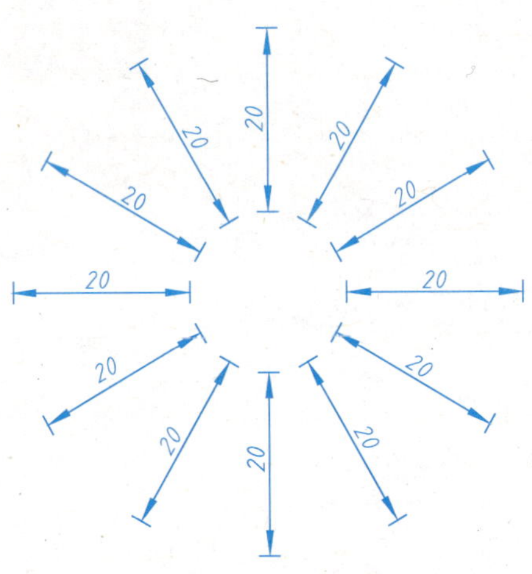

(2)

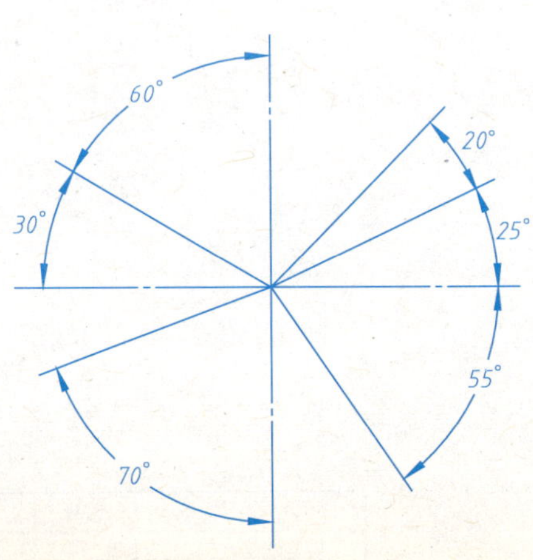

1-4　在下图中画出箭头并标注尺寸数值（数值从图中 1:1量取整数）

(1)

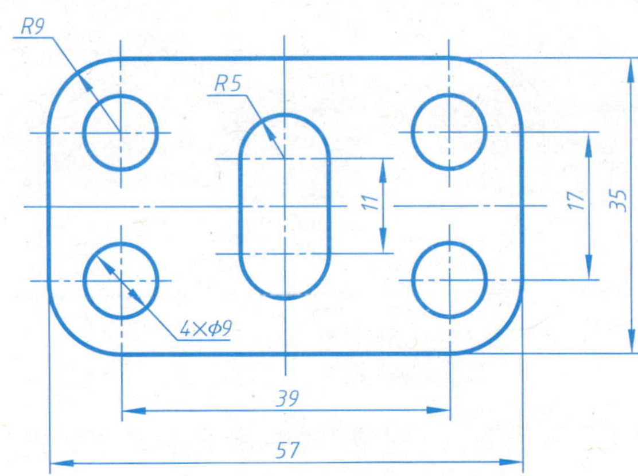

(2)

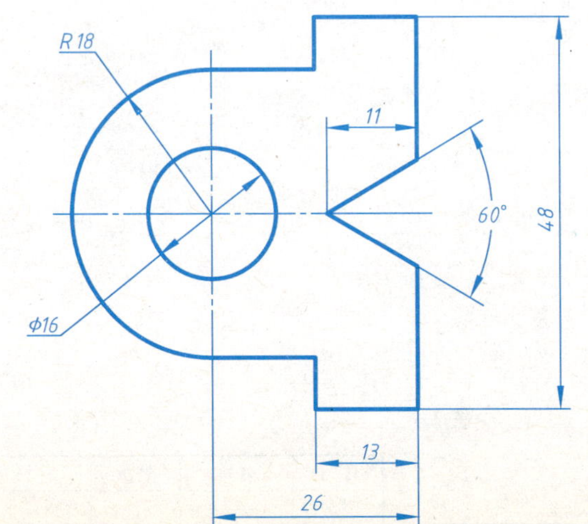

1-5　参照所示图形，在指定位置处按 2:1 画出图形（准确找出圆心和切点），不标注尺寸	1-6　使用绘图仪器和工具，在同一张 A3 图纸上画出下列图形
注：题解图中的尺寸是以作图时的实际尺寸标注的。	（2）吊钩：绘图比例 1:1，并标注尺寸

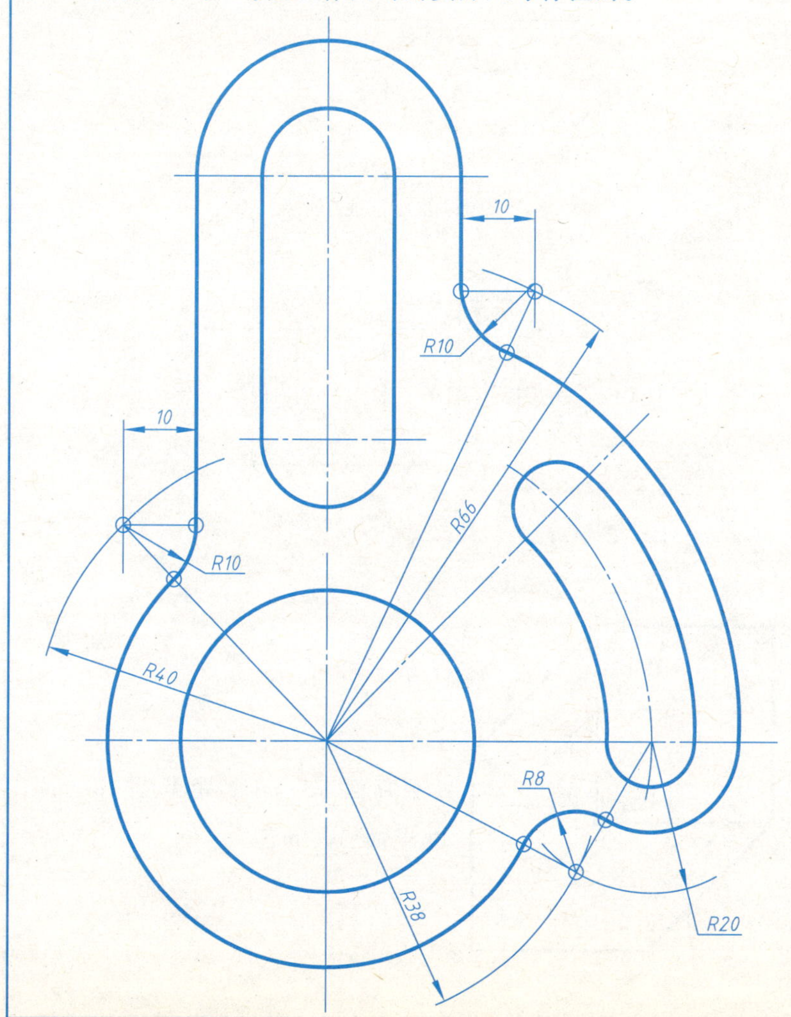

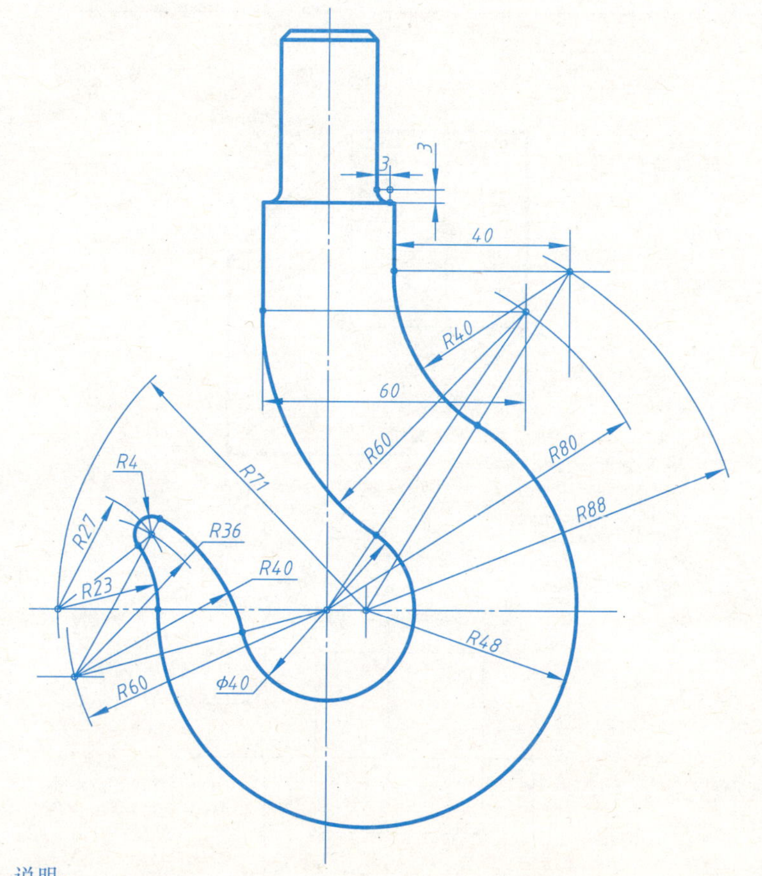

说明：

1. 图中所标注的尺寸是求连接圆弧圆心过程中所用到的实际尺寸，这些尺寸无需标注在吊钩图中。

2. 吊钩图中所要标注的尺寸在 1-6 的题目中已给出。

2-1　已知 A、B、C 三点在立体图中的位置，作出它们的三面投影

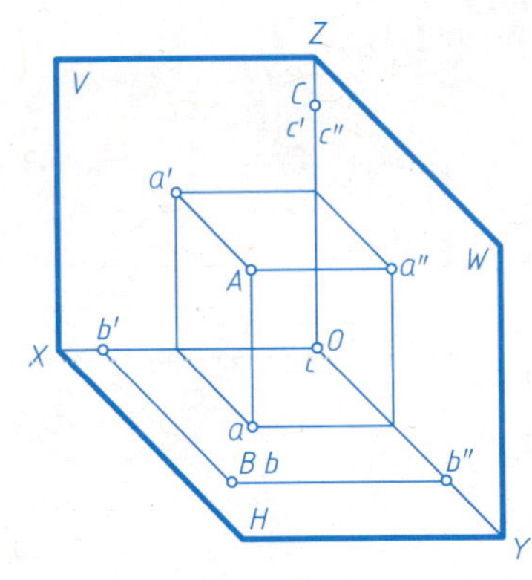

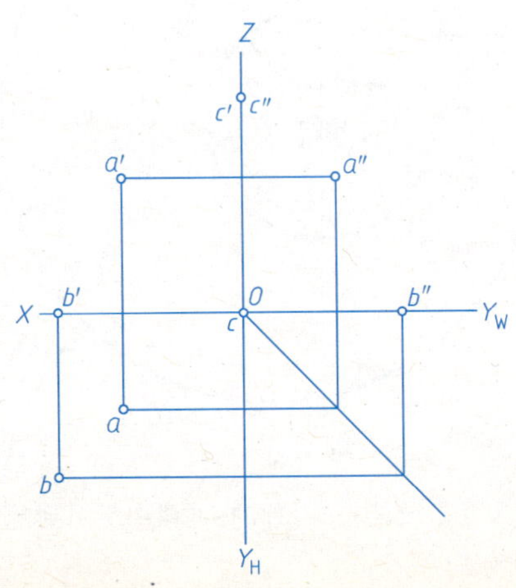

2-2　已知 $A(10, 18, 15)$、$B(18, 12, 0)$、$C(0, 0, 20)$ 三点，作出各点的三面投影，画出立体图，填写点 A 到三投影面的距离

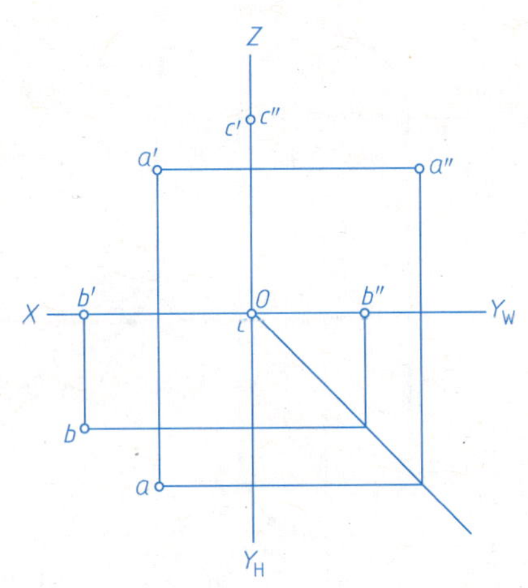

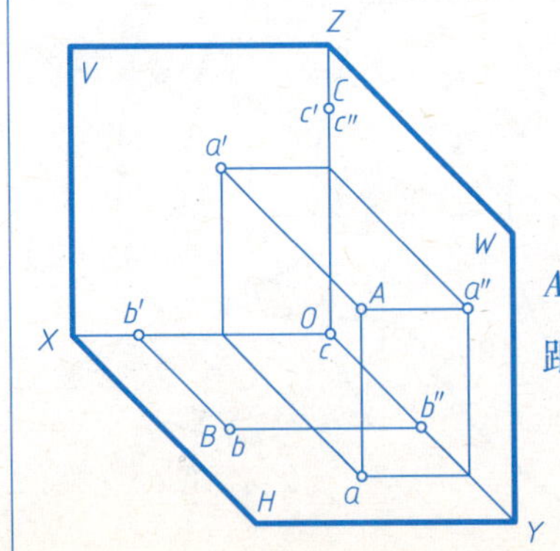

A 距 H 面 15 mm，距 V 面 18 mm，距 W 面 10 mm。

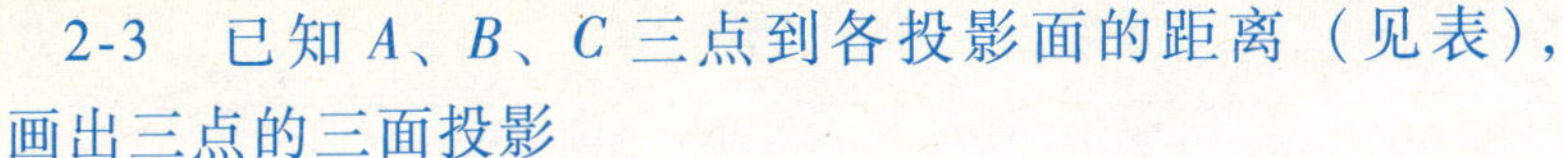

2-3　已知 *A*、*B*、*C* 三点到各投影面的距离（见表），画出三点的三面投影

	距H面	距V面	距W面
A	23	0	17
B	15	12	10
C	0	20	0

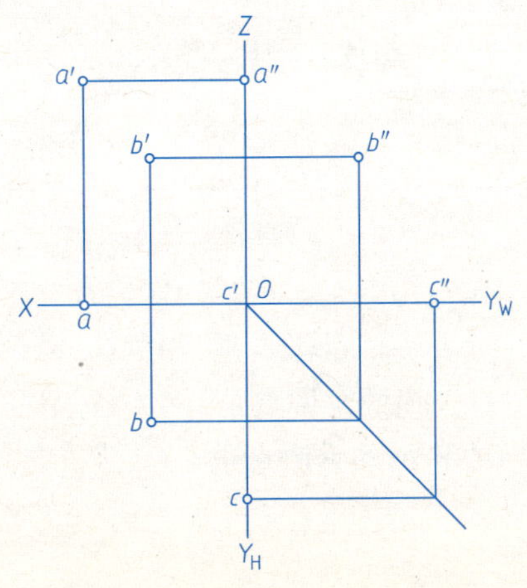

2-4　已知 *A*、*B*、*C* 三点的两面投影，画出它们的第三投影

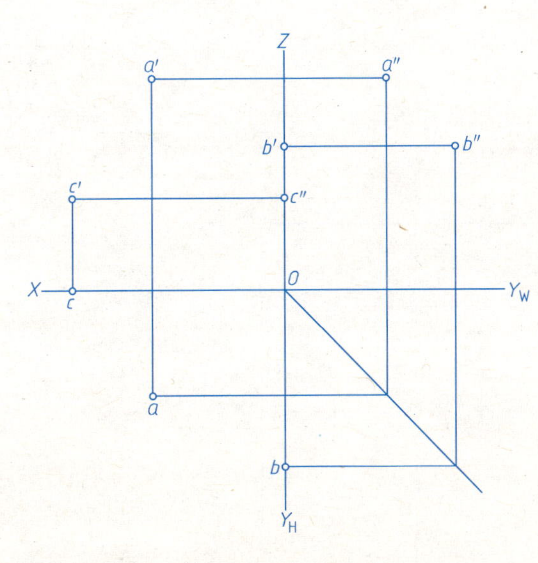

2-5　已知空间点 A、B，试作出它们的三面投影图，并写出点 A 和点 B 的相对位置

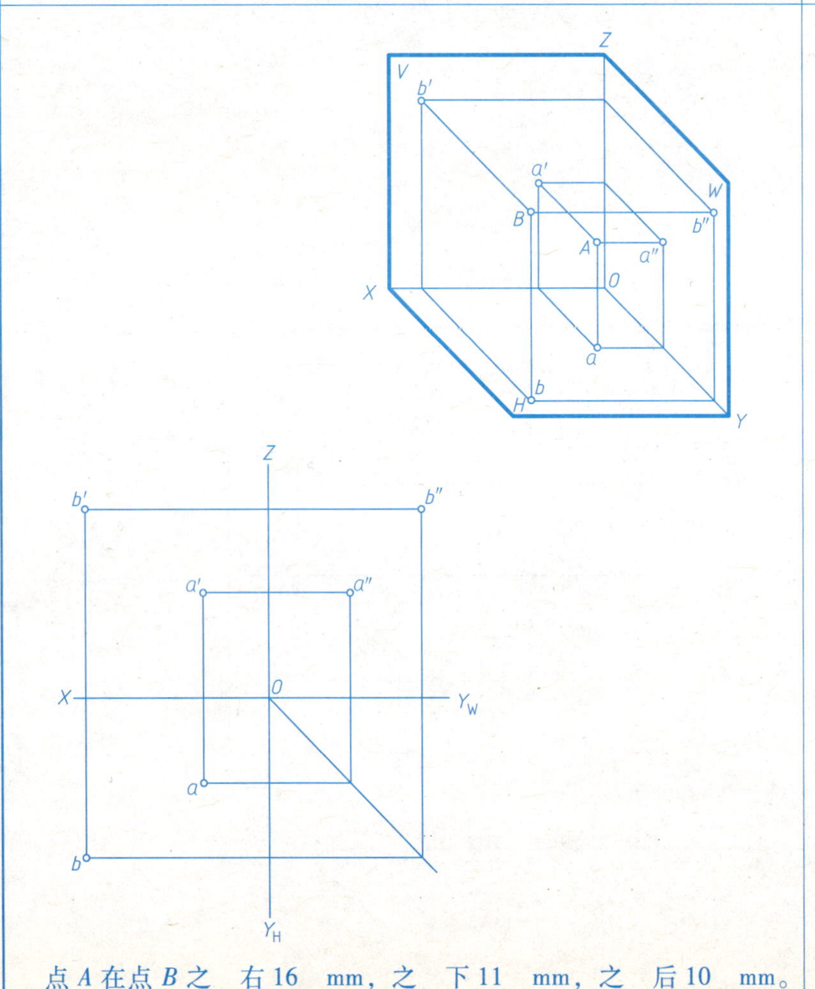

点 A 在点 B 之 右 16 mm，之 下 11 mm，之 后 10 mm。

2-6　已知点 B 在点 A 正下方 16mm，点 C 在点 B 正左方 12mm，点 D 在点 C 正前方 10mm，作出 B、C、D 的三面投影，指出其对三投影面的重影点（填空），并判断可见性

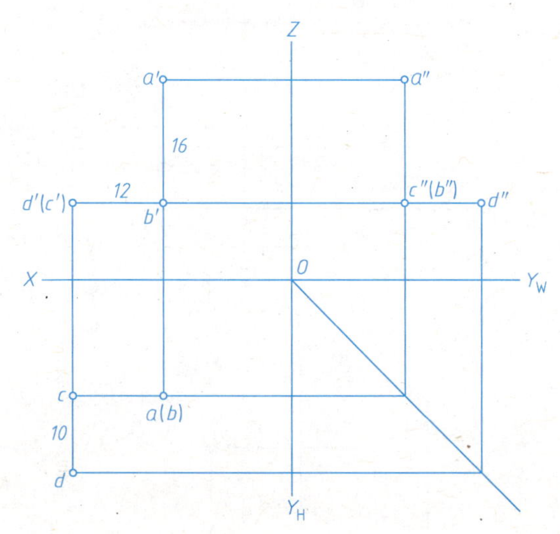

对 H 面的重影点是 A、B ；

对 V 面的重影点是 D、C ；

对 W 面的重影点是 C、B 。

2-7　作出直线的三面投影：

（1）已知端点 $A(19, 8, 5)$、$B(5, 21, 20)$

（2）已知 CD 的两投影

（1）

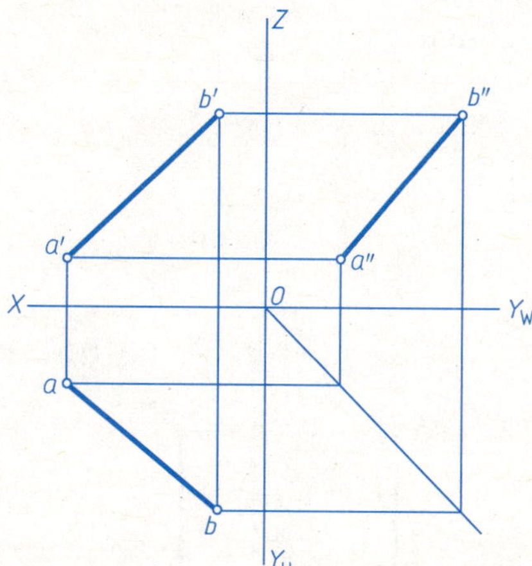

（2）

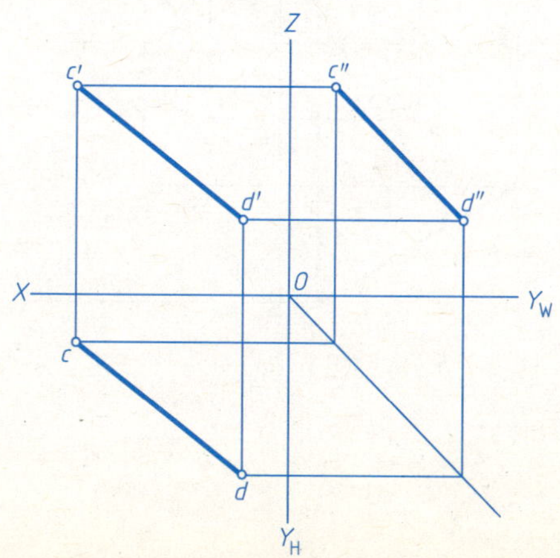

2-8　作出直线的三面投影：

（1）已知点 F 距 H 面为 23mm

（2）已知点 G 距离 V 面为 5mm

（1）

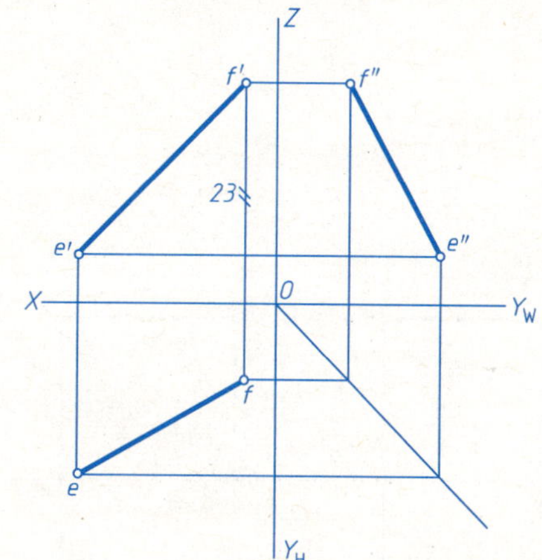

（2）

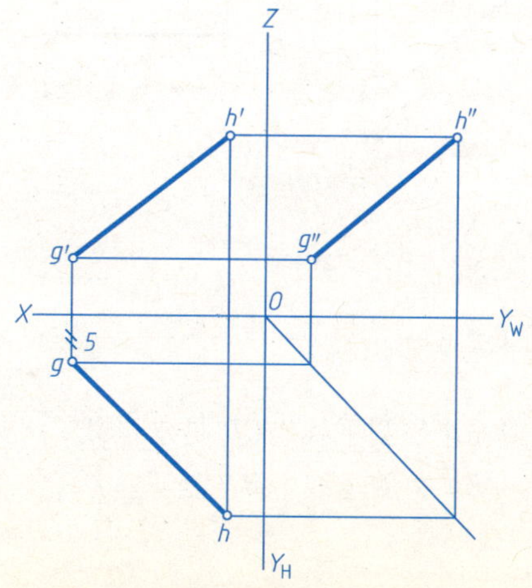

2-9　填写下列直线的分类名称

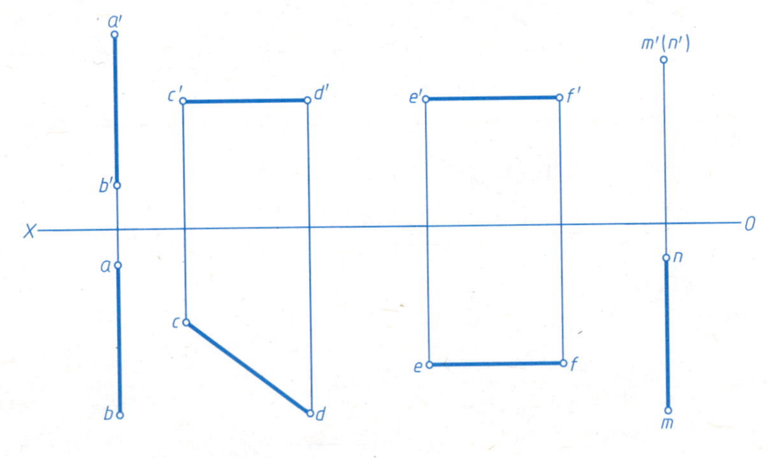

AB 是侧平线，*CD* 是水平线，
EF 是侧垂线，*MN* 是正垂线。

2-10　作直线的三面投影：

（1）过 *A* 点的两面投影 *a'* 和 *a*，作水平线 *AB*，*B* 点在 *A* 点之右之前，长 25mm，$\beta=30°$；

（2）过 *C* 点的两面投影 *c'* 和 *c''*，作铅垂线 *CD*，*D* 点在 *C* 点下方，长 20mm

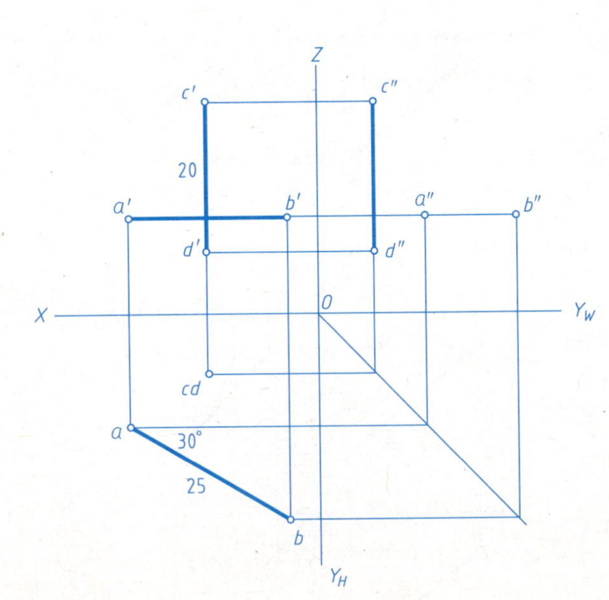

2-11　点 K 在直线 AB 上，已知 k，求 k' 和 k''	2-12　在 AB 上求一点 N，使 AN∶NB = 2∶3	2-13　已知点 K 位于直线 CD 上，已知点 K 的正面投影 k'，作出它的水平投影 k
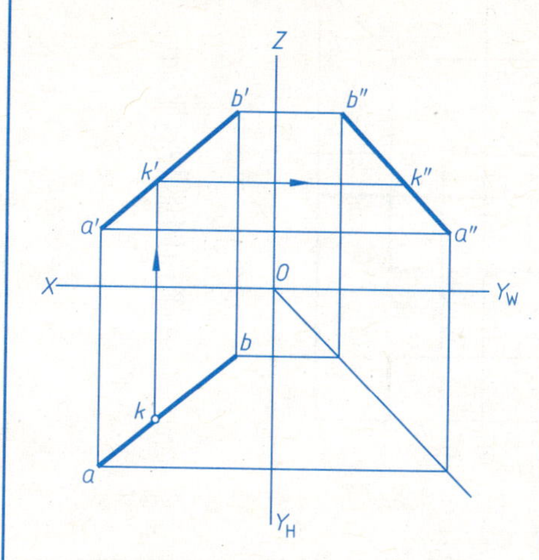	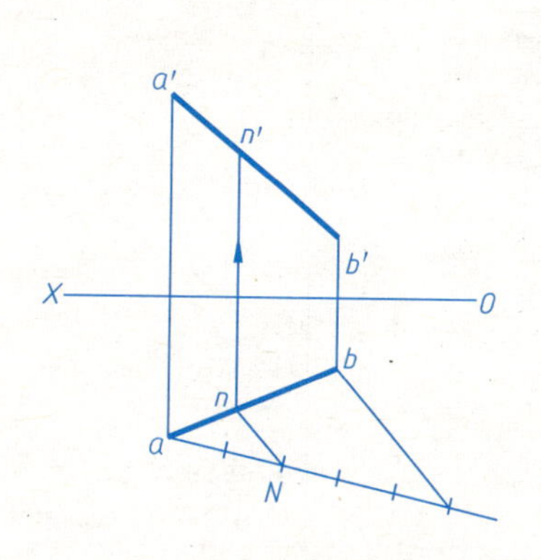	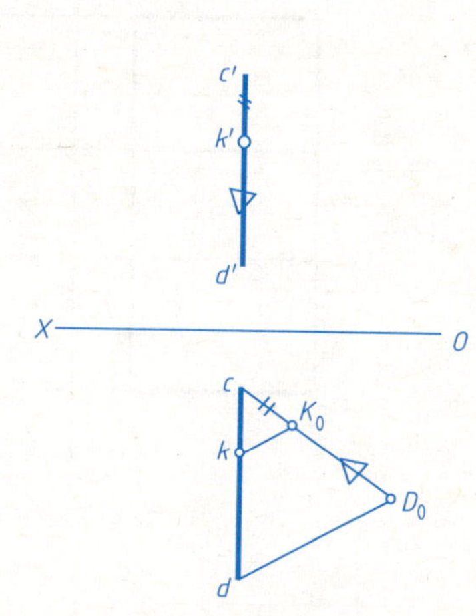

2-14　判断 AB 和 CD 两直线的相对位置，并填空（平行、相交、交叉）

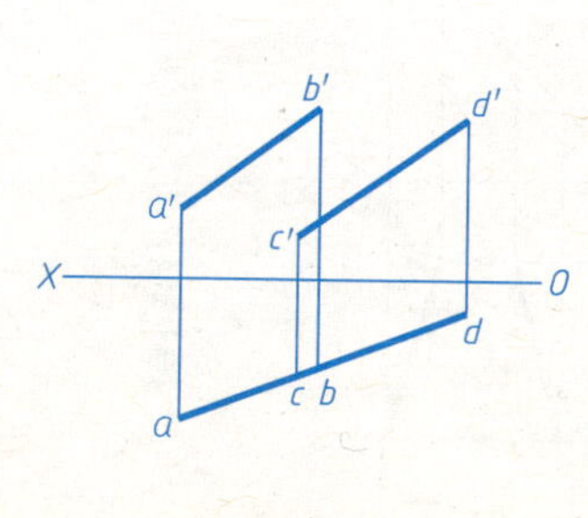

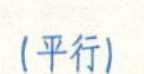
（平行）

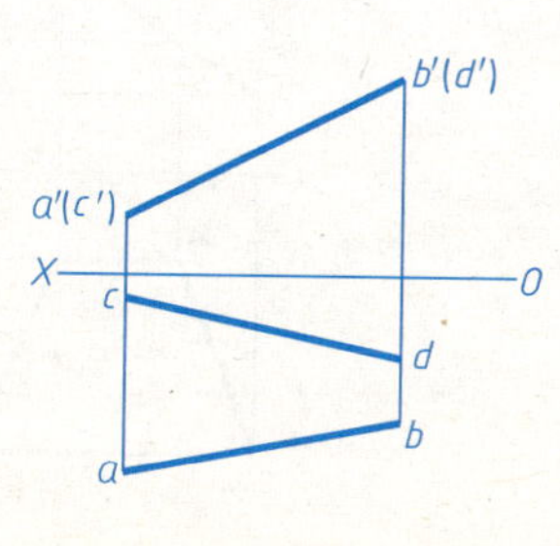

（相交）

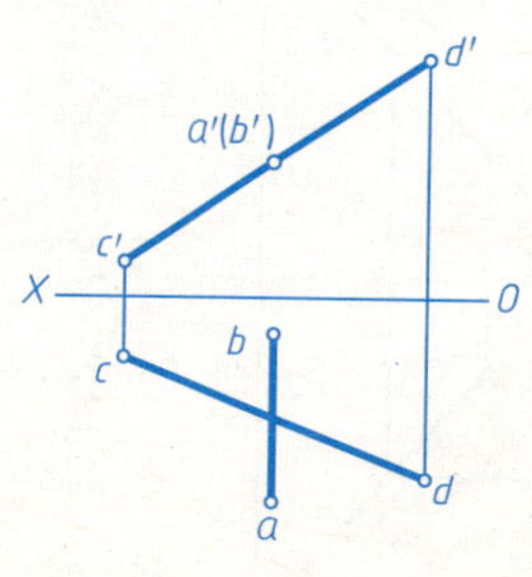

（相交）

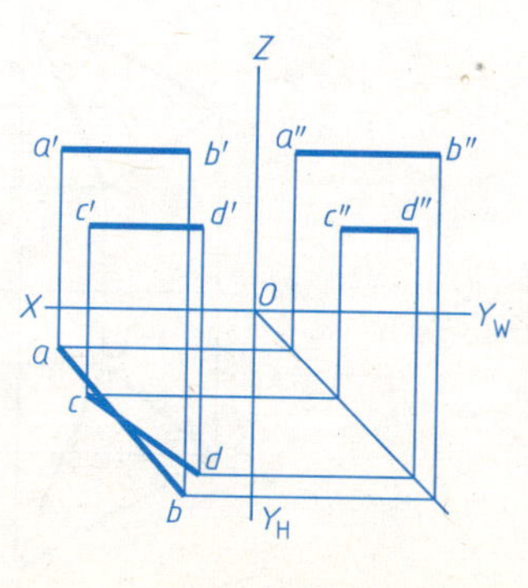

该题需作图判断

（交叉）

2-15　由平面图形的两投影，求作第三投影，并填写平面的分类名称

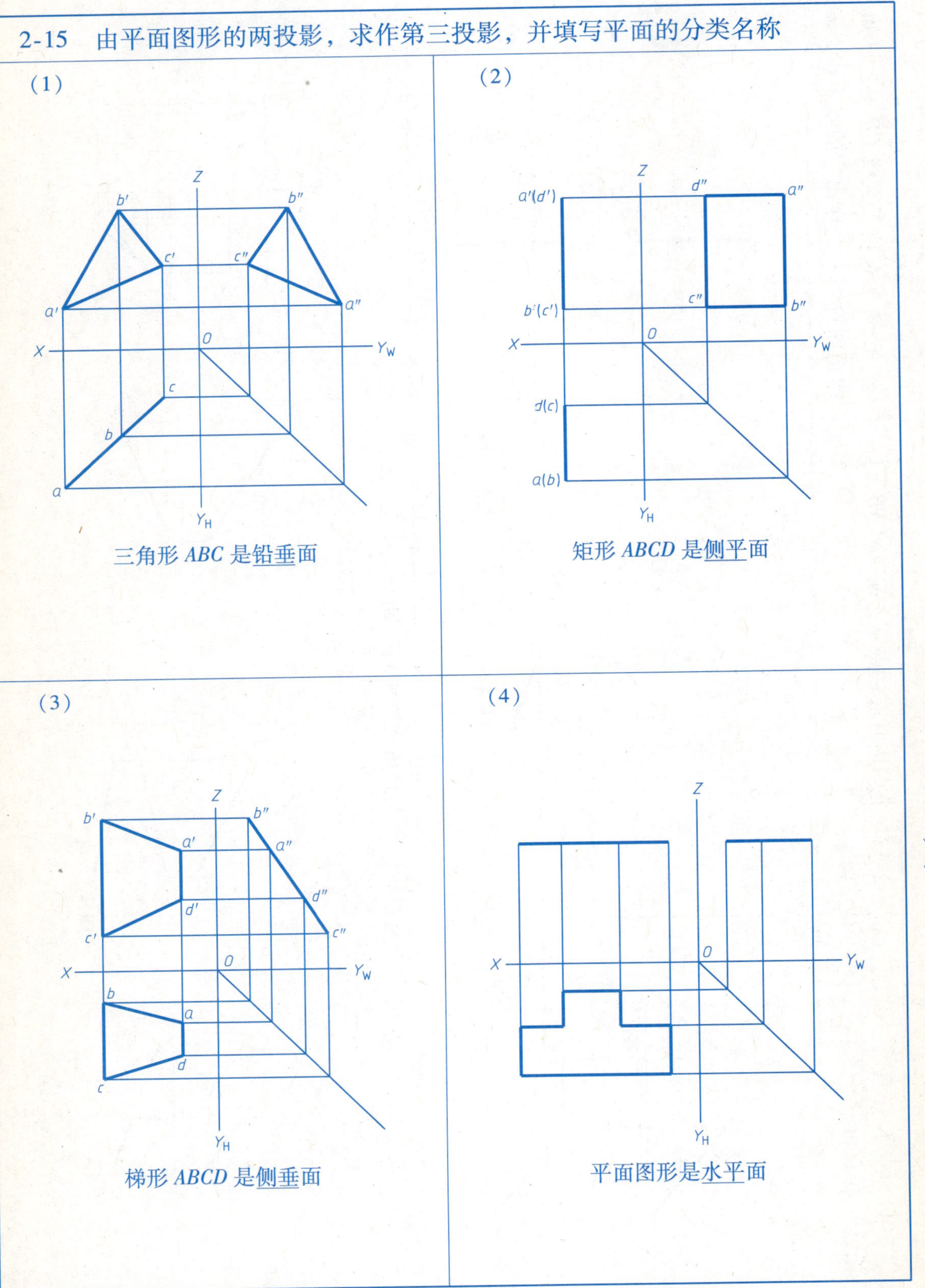

(1) 三角形 *ABC* 是铅垂面

(2) 矩形 *ABCD* 是侧平面

(3) 梯形 *ABCD* 是侧垂面

(4) 平面图形是水平面

2-16 作图判断点或直线是否在下列平面上，填写“在”或“不在”

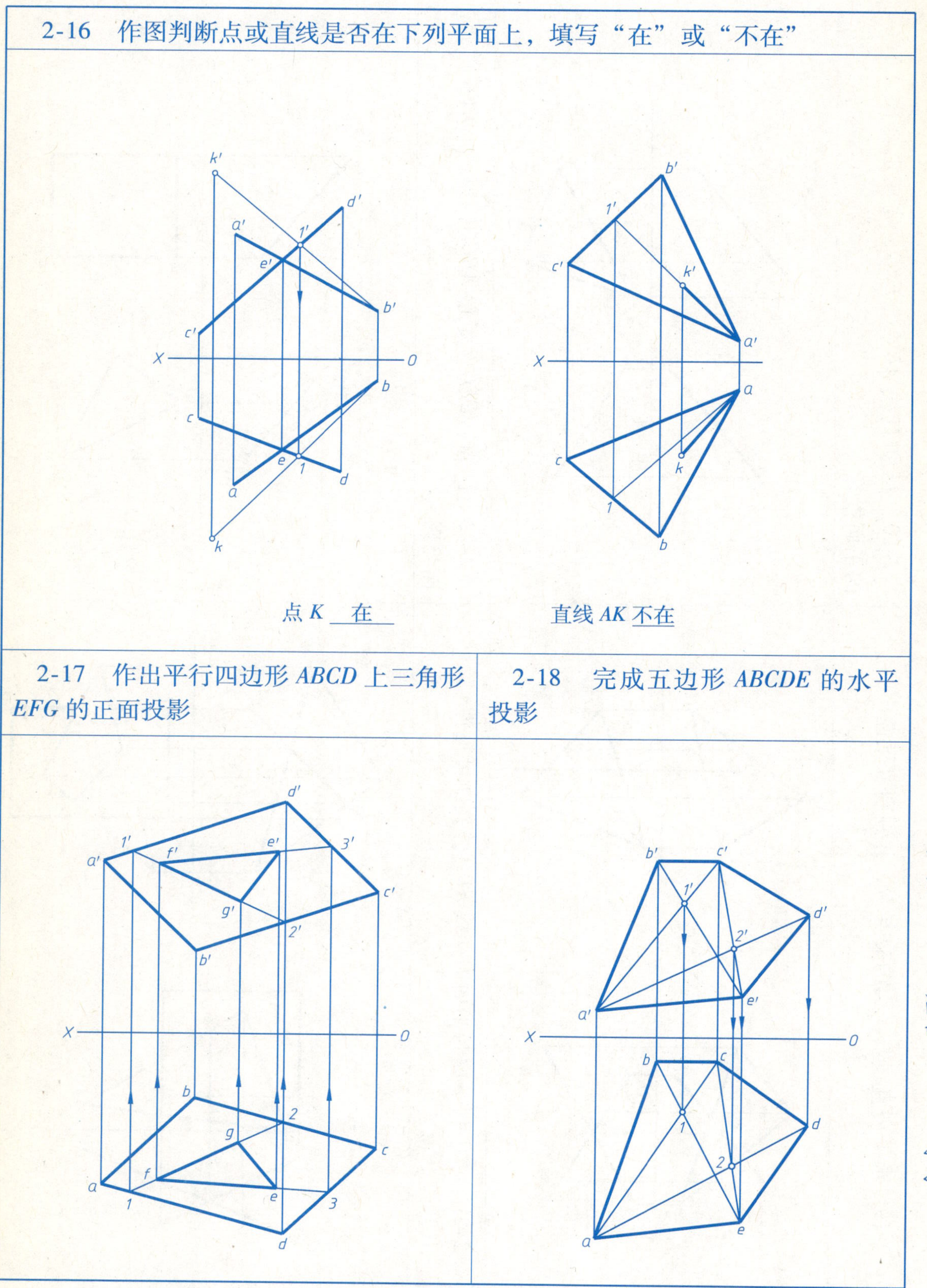

点 *K* 在

直线 *AK* 不在

2-17 作出平行四边形 *ABCD* 上三角形 *EFG* 的正面投影

2-18 完成五边形 *ABCDE* 的水平投影

2-19　求下列直线与平面的交点 M，并判别可见性

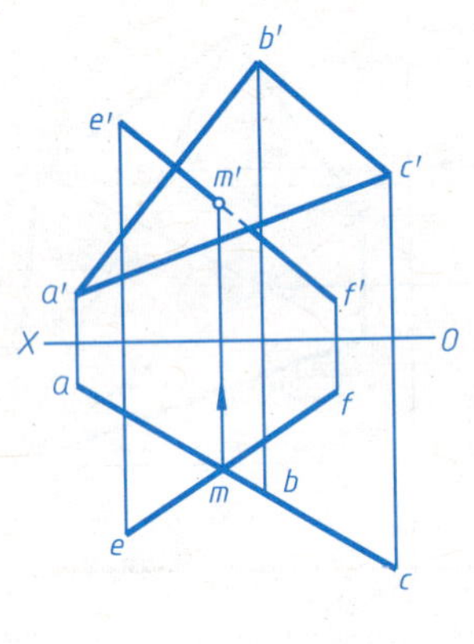

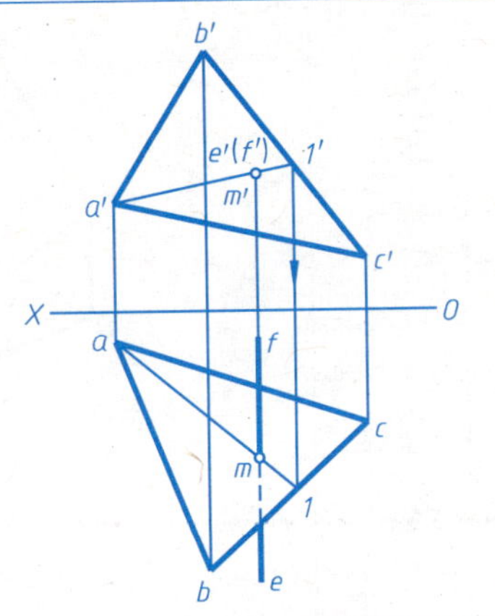

2-20　已知直线 AB // △EFG，完成正垂面△EFG 的正面投影

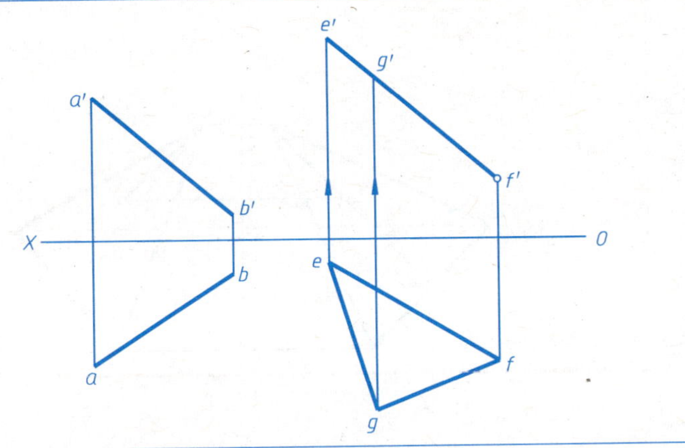

2-21　求下列平面与平面的交线 ST，并判断可见性

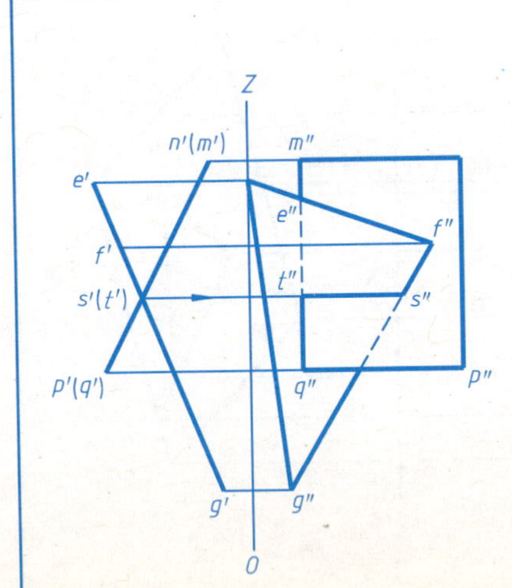

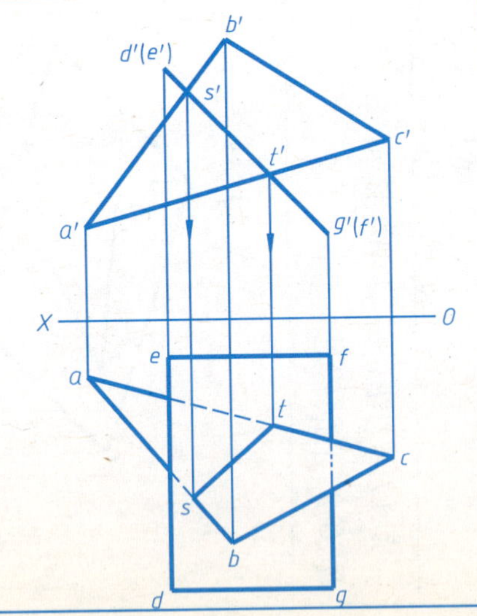

2-22　已知△EFG // 矩形 $ABCD$，完成△EFG 的正面投影

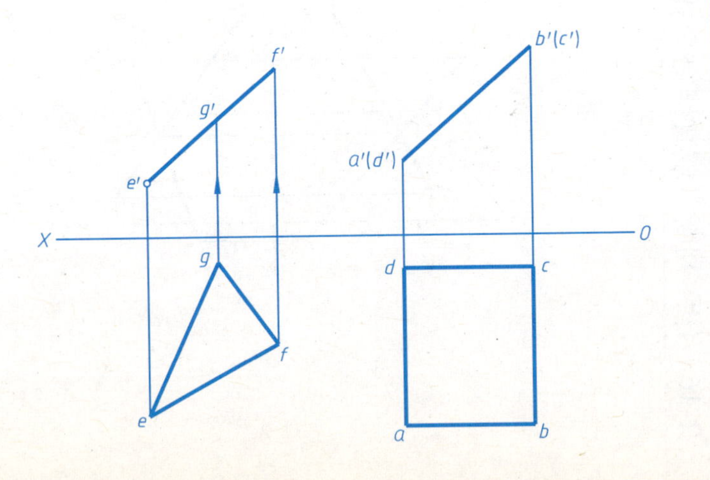

3-1　观察立体的三视图，在轴测图中找出对应的立体，并在括号内填写对应的序号

(5)	(4)	(3)	(10)	(12)	(7)
(2)	(1)	(6)	(8)	(11)	(9)

3-2　根据轴测图（立体图）画三视图，尺寸从图上按 1:1 量取

(1)

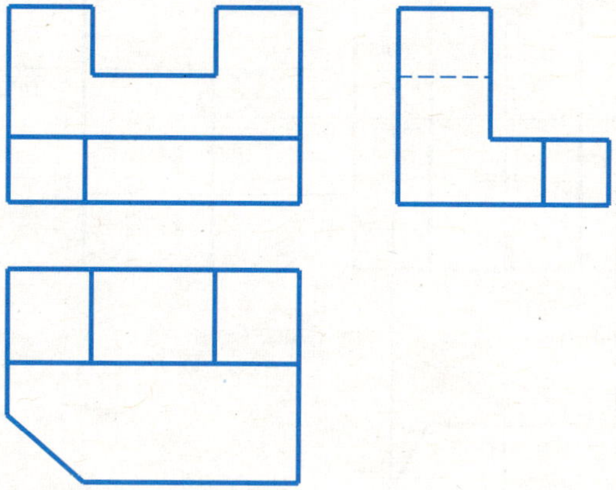

(2)

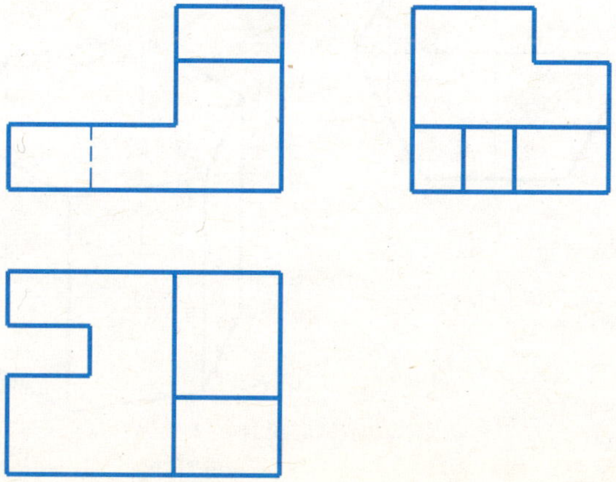

(3)

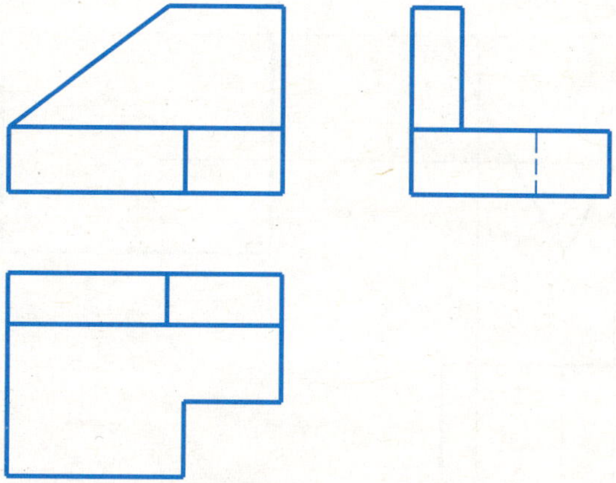

(4)

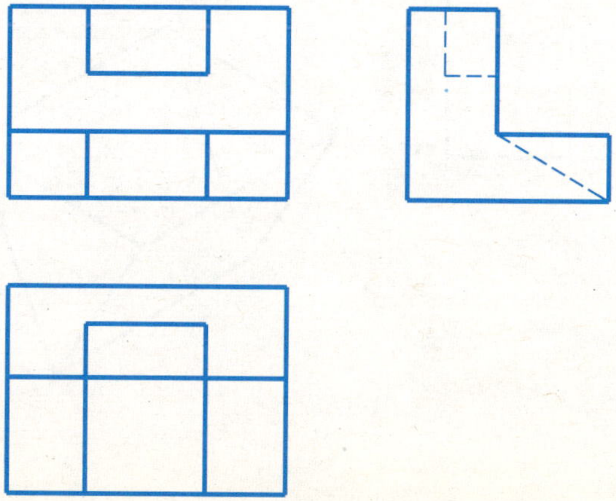

3-3　作出三棱柱的左视图，并作出表面上各点的正面投影和侧面投影

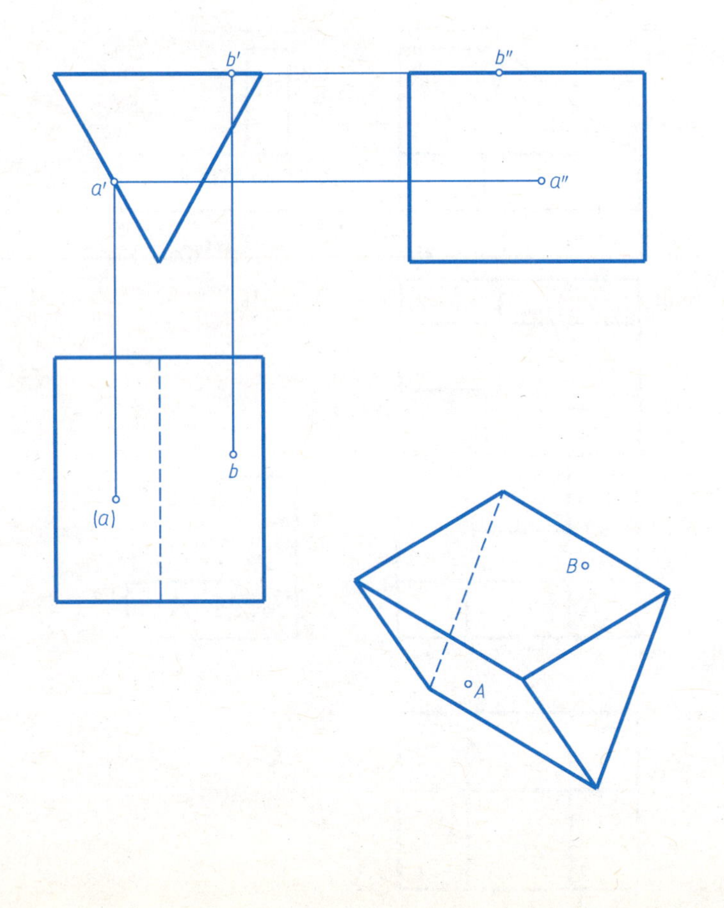

3-4　作出六棱柱的主视图，并作出表面上各点的正面投影和水平投影

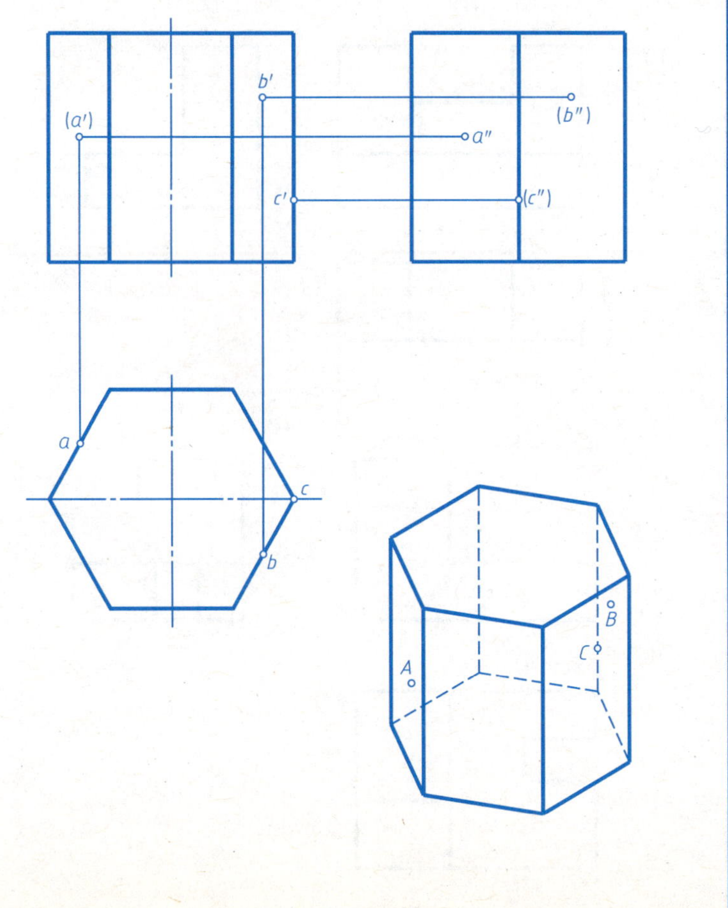

3-5　作出三棱锥的左视图，并作出表面上各点的其余两面投影

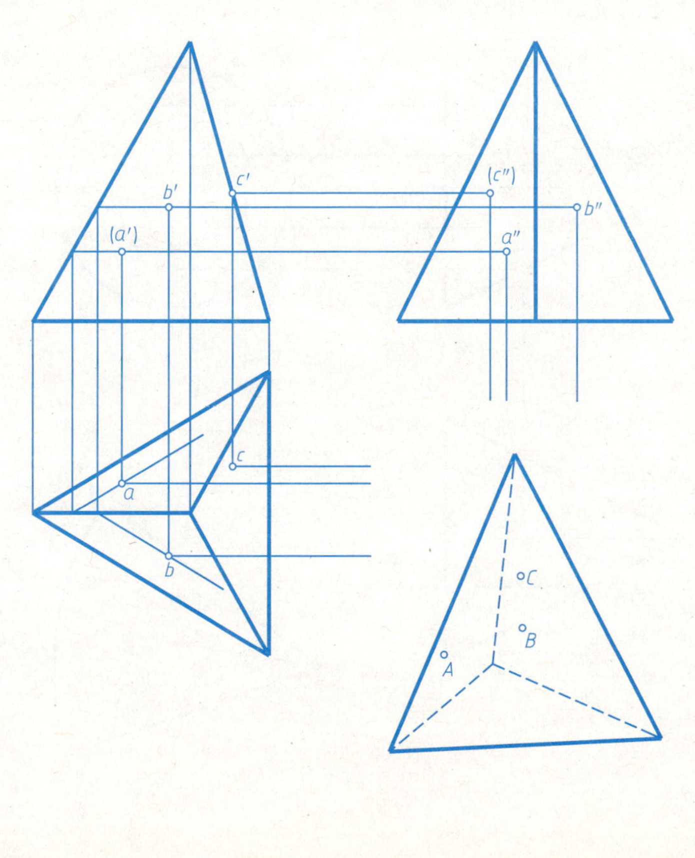

3-6　作出三棱锥的左视图，并作出表面上各点的其余两面投影

3-7　作出半圆柱体的俯视图，并作出表面上各点的其余两面投影

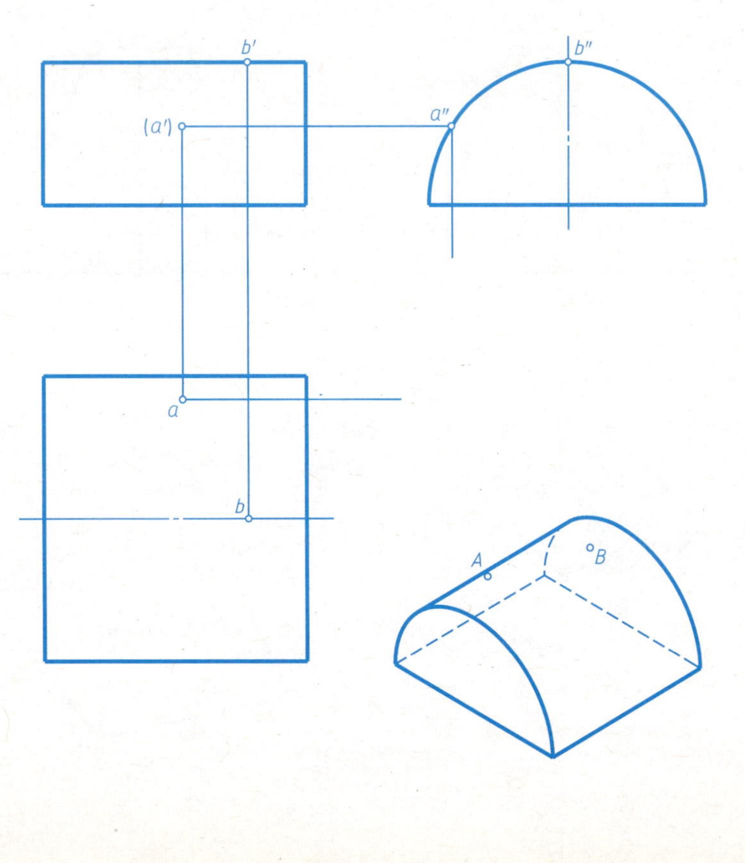

3-8　画出圆锥体的俯视图，并作出表面上各点的其余两面投影

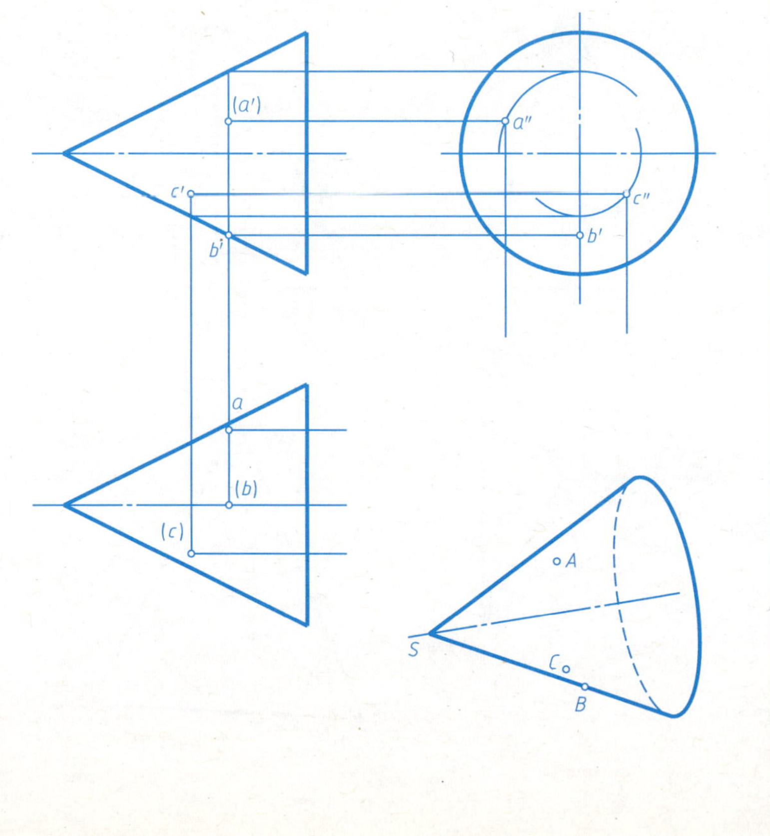

3-9　作出半球的左视图，并作出表面上各点的其余两面投影

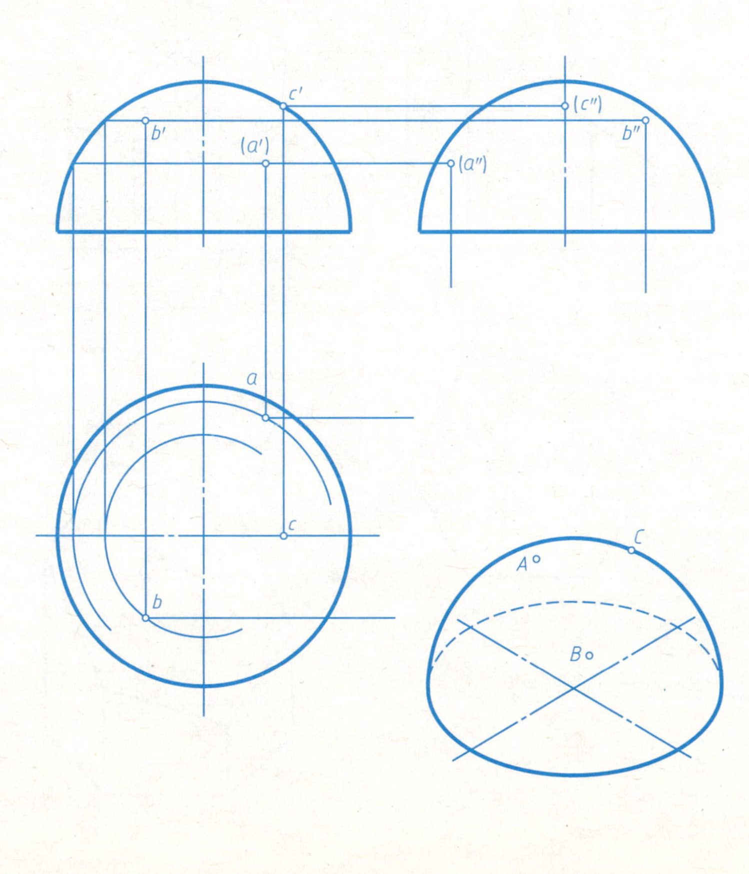

3-10　完成同轴回转体的主视图和俯视图，并补画左视图

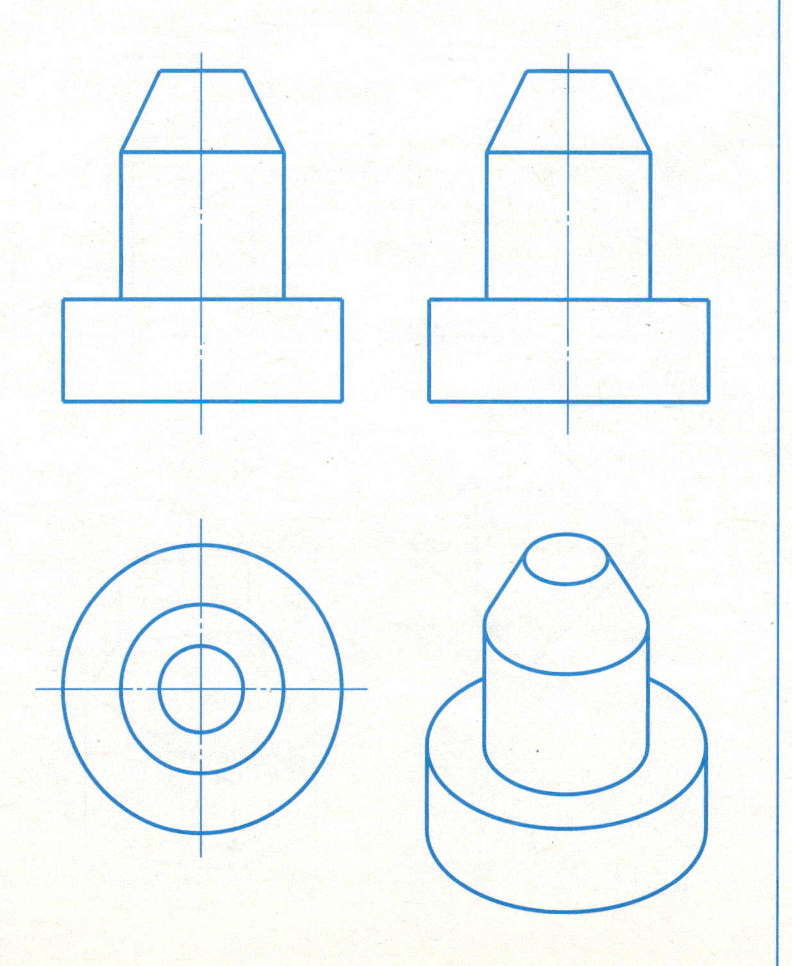

班级　　　　姓名　　　　学号

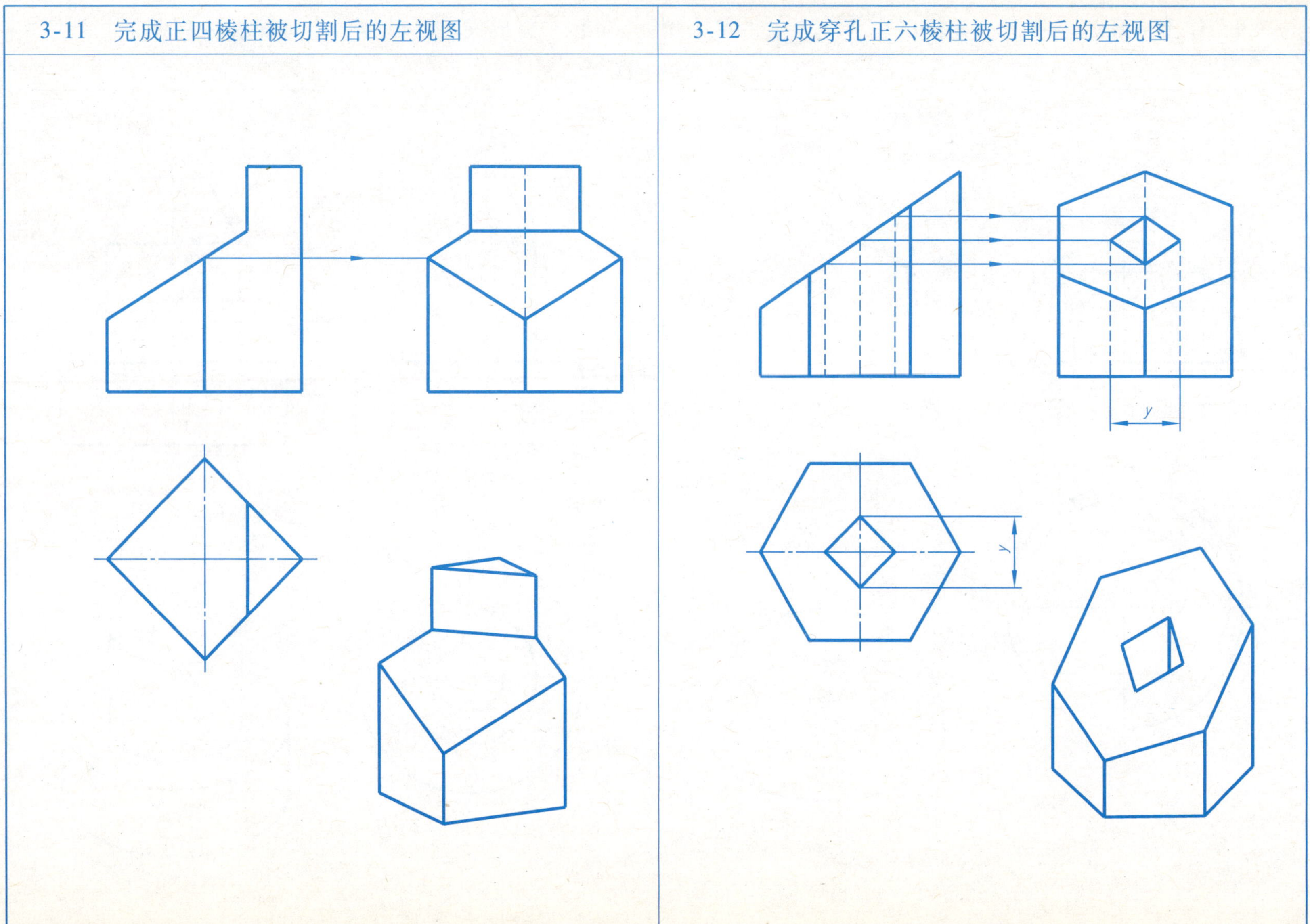

3-13　完成三棱锥被切割后的俯视图，并补画左视图

3-14　补画四棱柱被切割后的俯视图

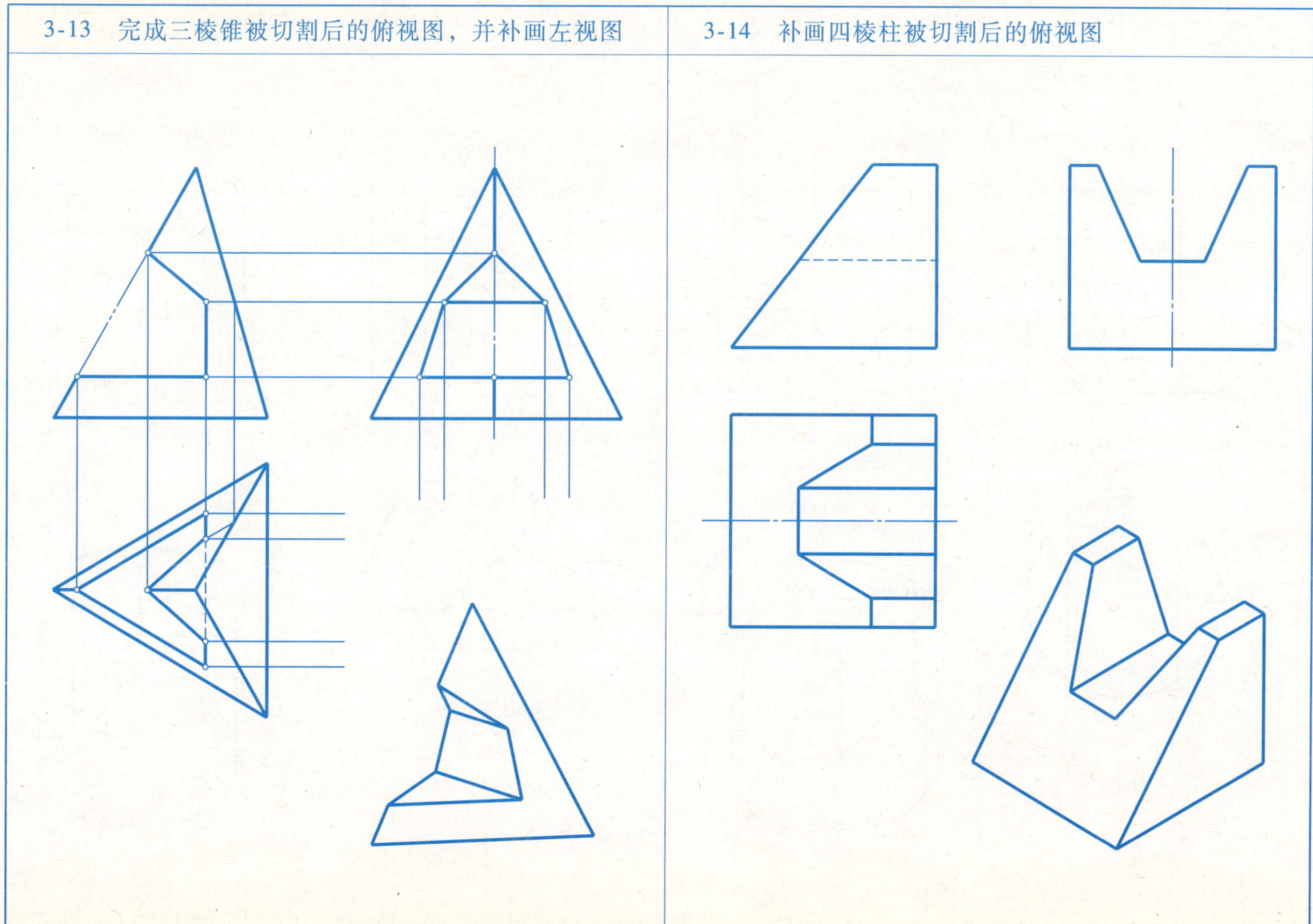

3-15　完成圆柱体被切割后的左视图	*3-16　完成圆管被切割后的左视图
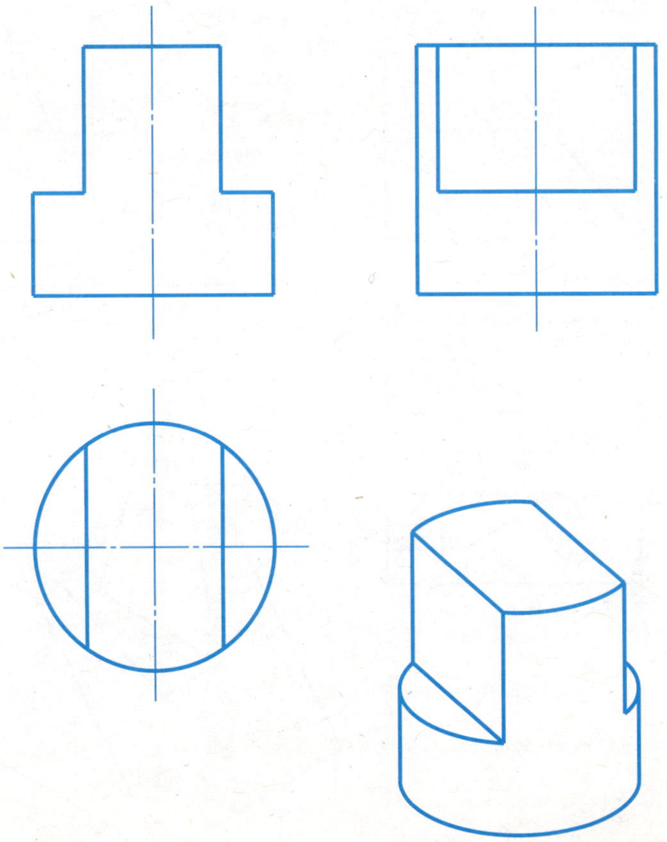	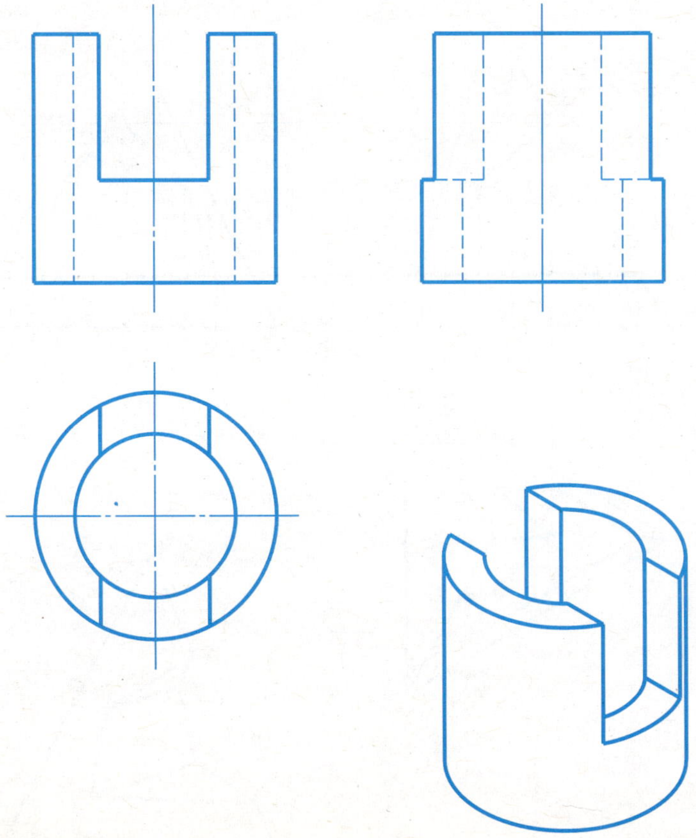

3-17　完成圆柱体被切割后的俯视图

3-18　完成圆柱体被切割后的左视图

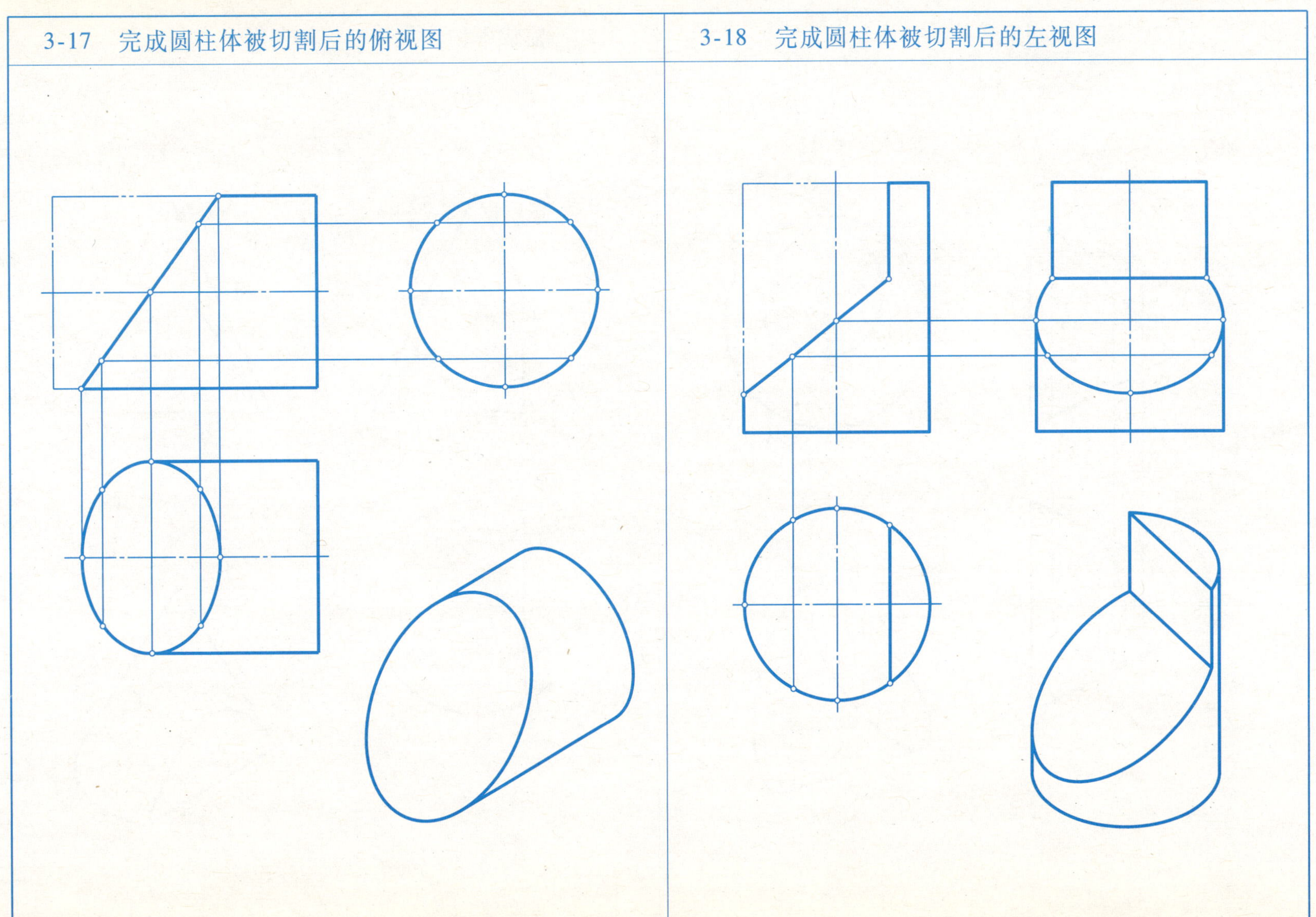

3-19　完成圆锥体被切割后的俯视图和左视图。

3-20　完成圆锥体被切割后的左视图

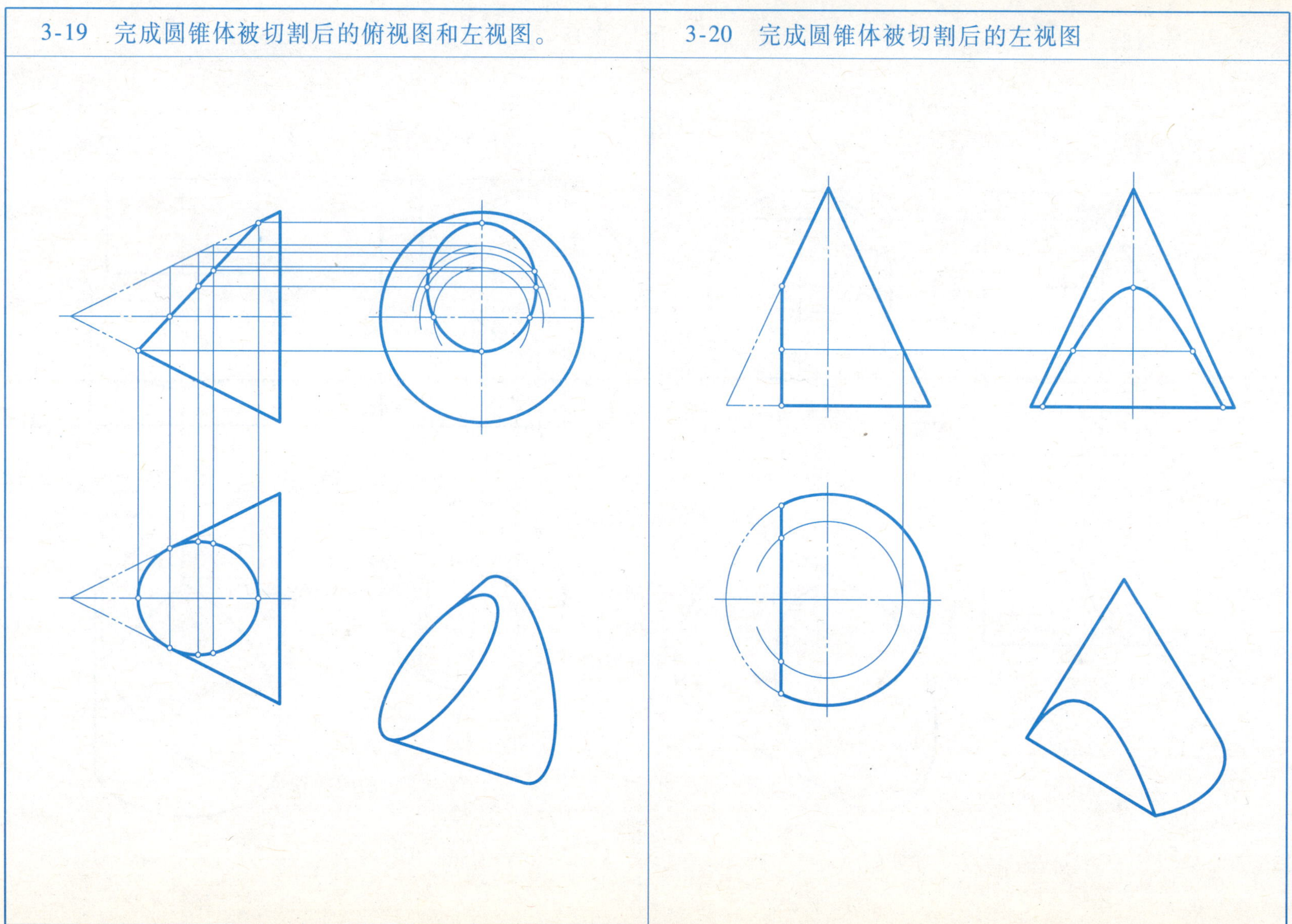

3-21　完成圆锥体被切割后的俯视图和左视图

3-22　完成半球被切割后的主视图和俯视图。

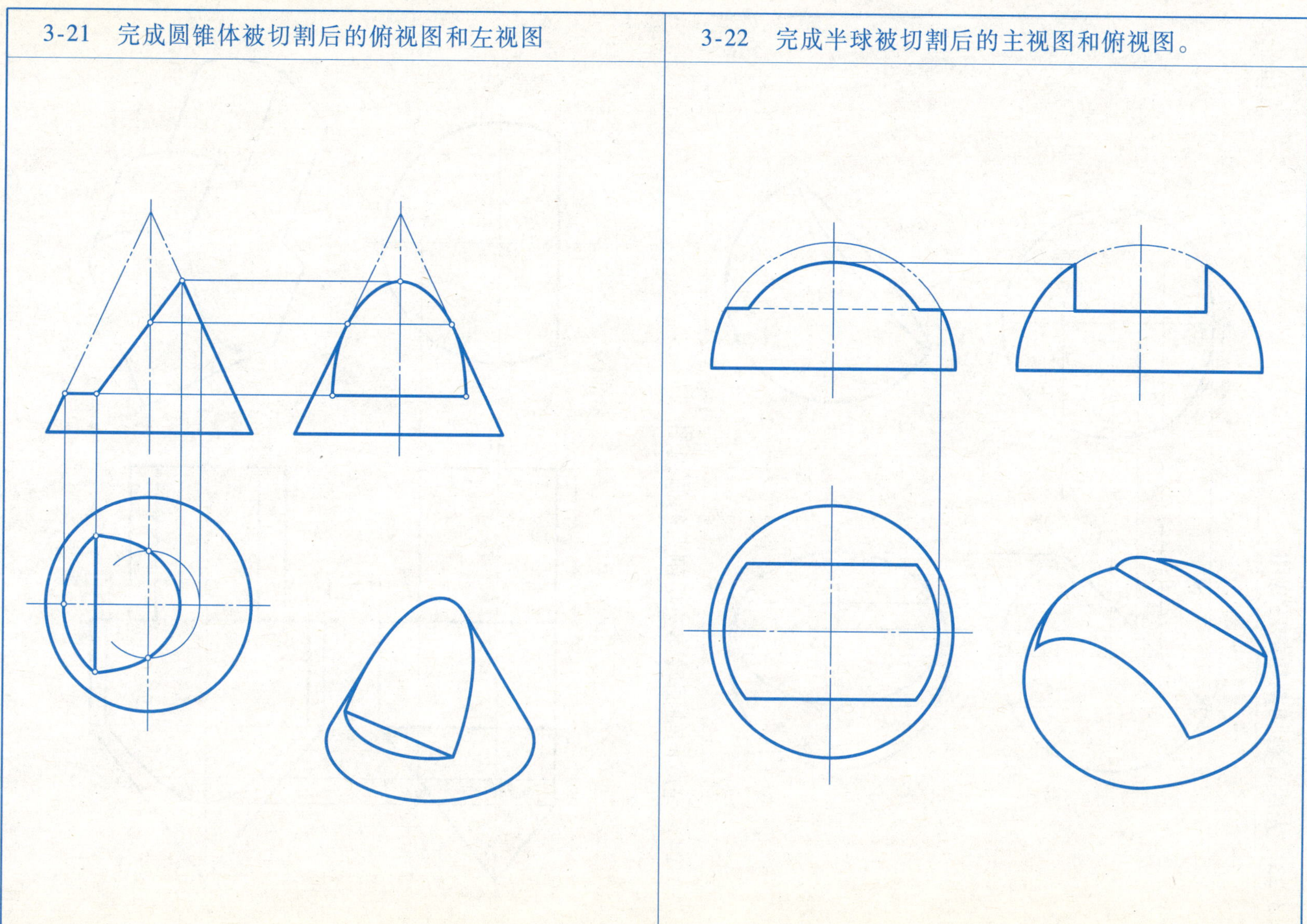

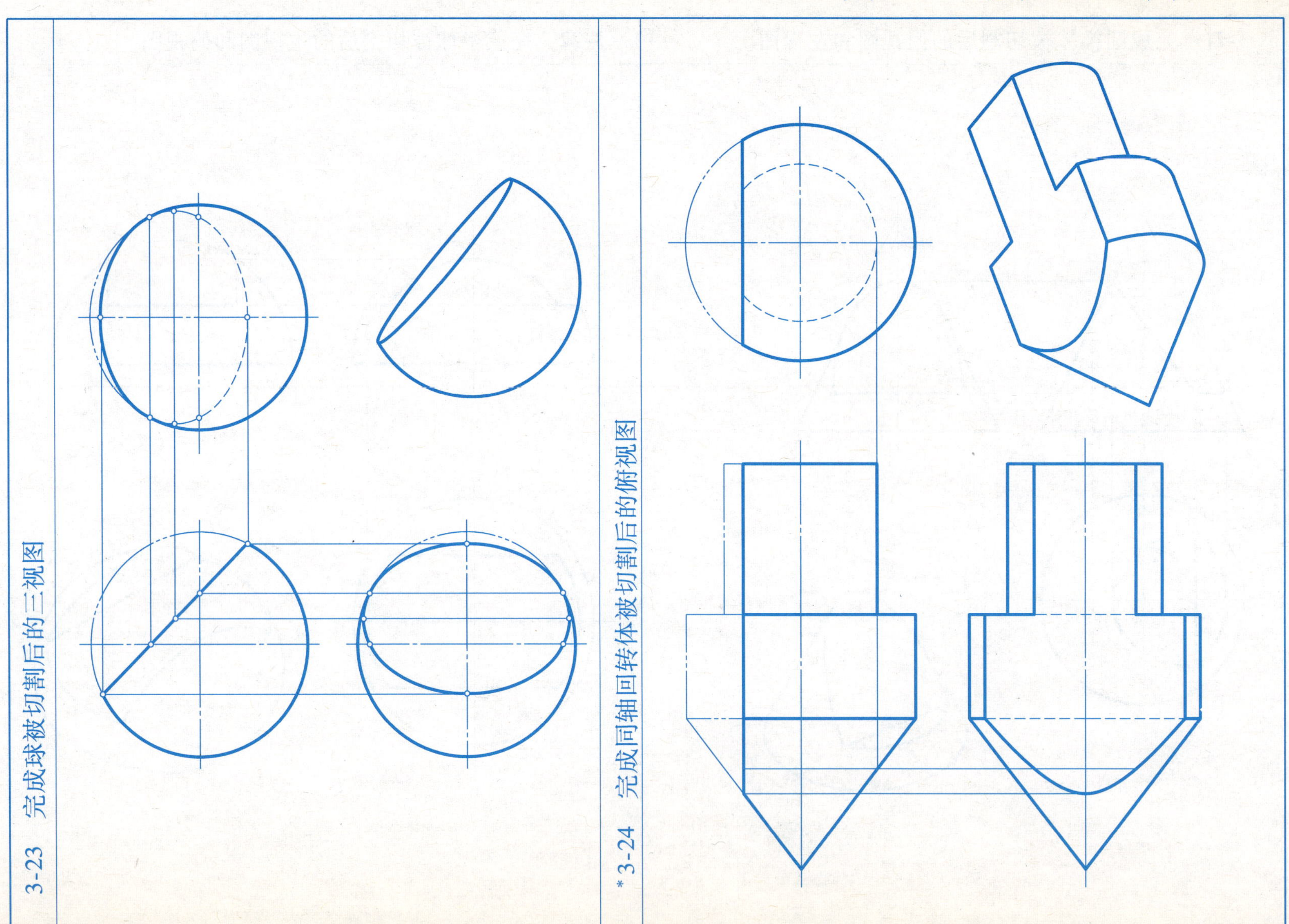

3-23　完成球被切割后的三视图

*3-24　完成同轴回转体被切割后的俯视图

3-25　完成两圆柱相贯的三视图

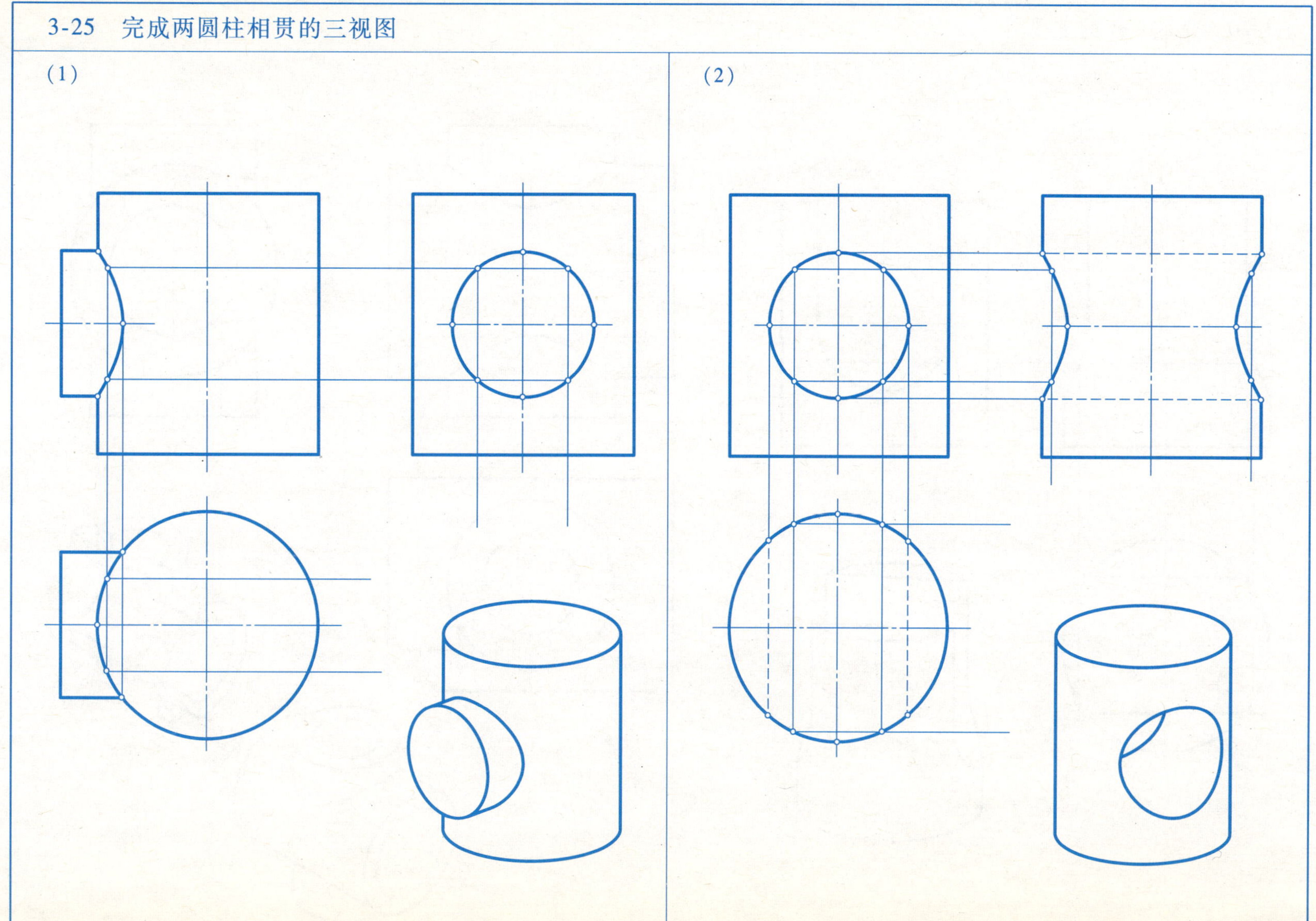

3-26　完成立体的主视图

(1)　　　　　　　　　　(2)

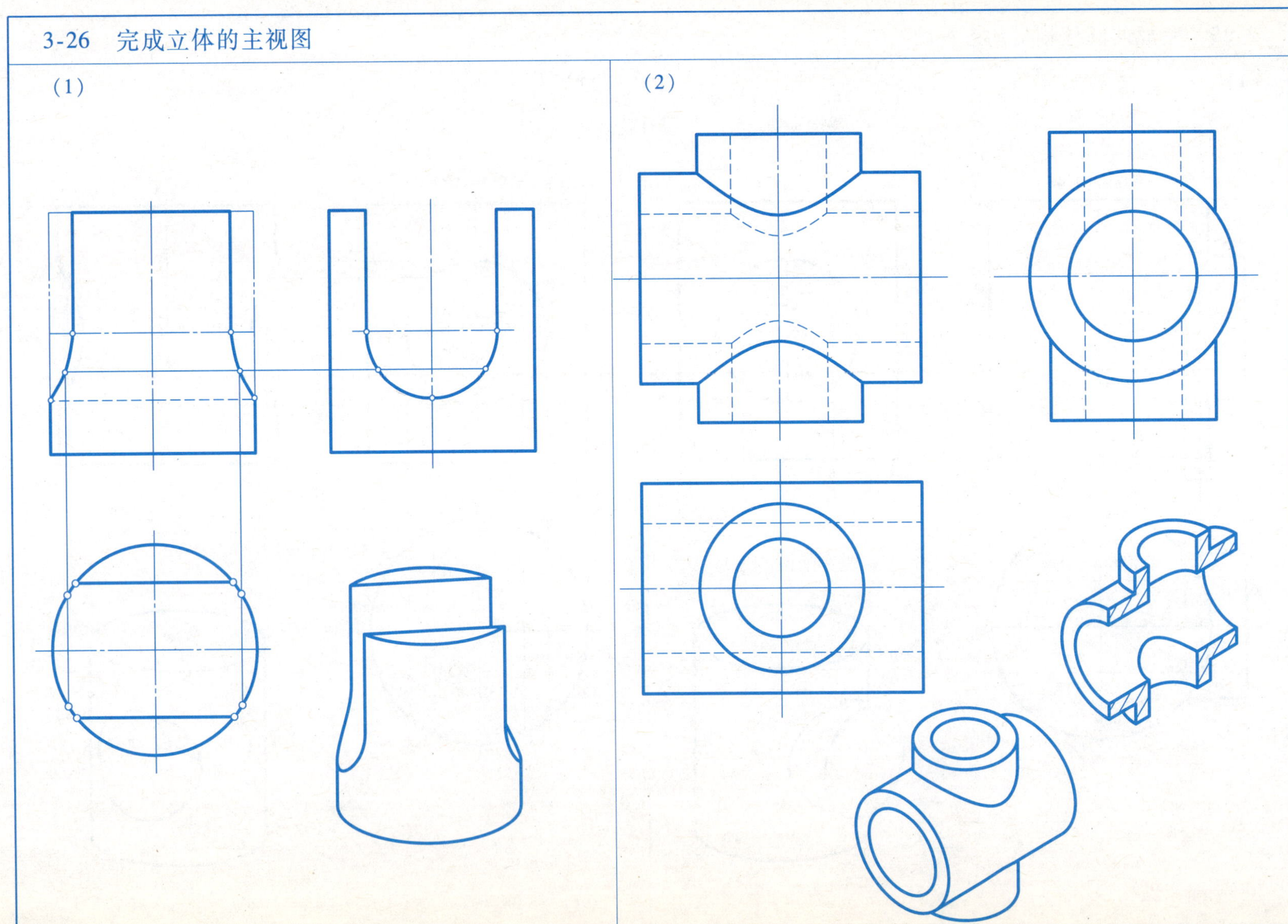

3-27　完成圆柱与圆台相贯的俯视图和左视图

3-28　完成立体的主视图和左视图

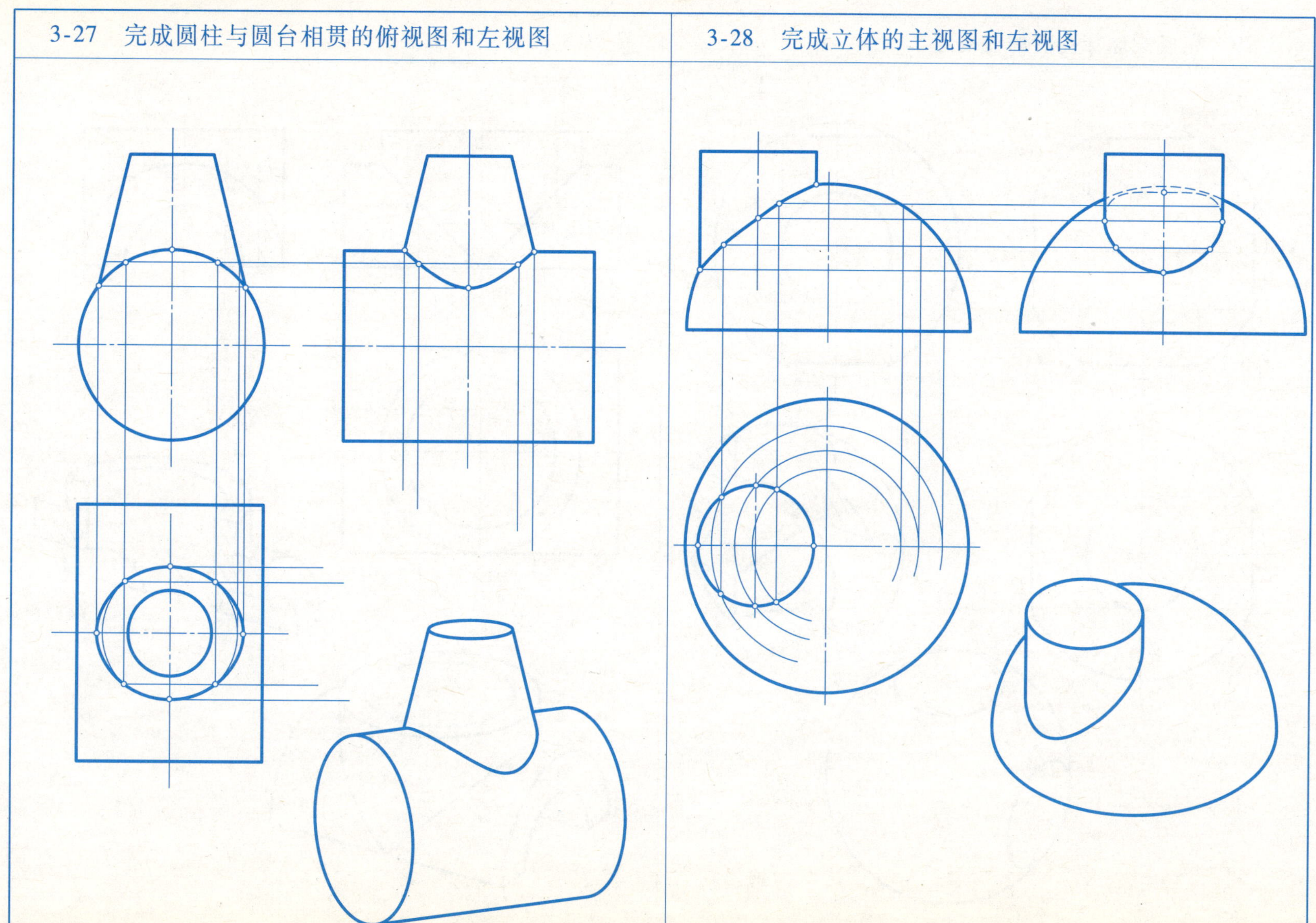

3-29 完成圆球穿孔后的三视图

3-30 补画立体的主视图

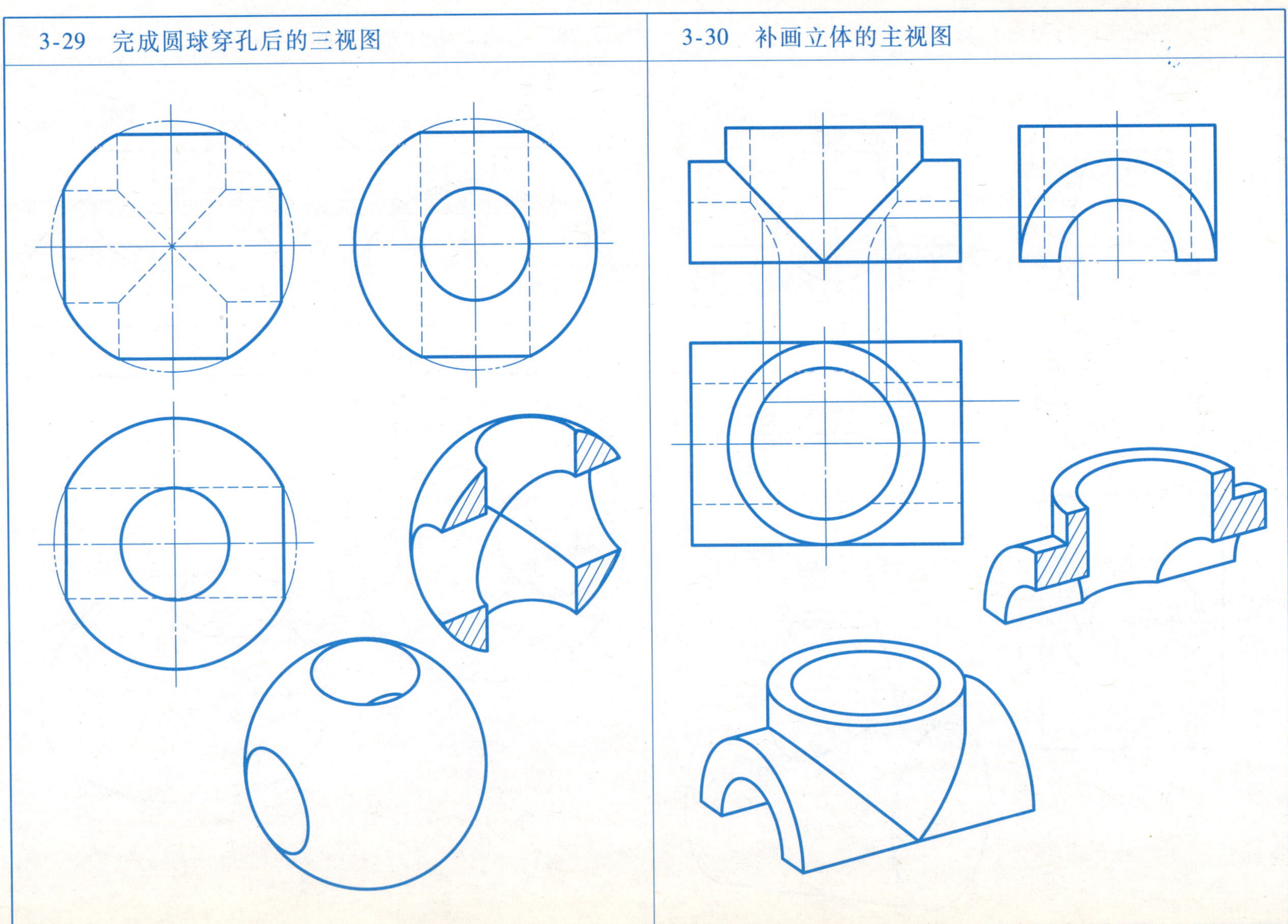

3-31　补全组合相贯体的主视图

*3-32　补全组合相贯体的主视图和俯视图。

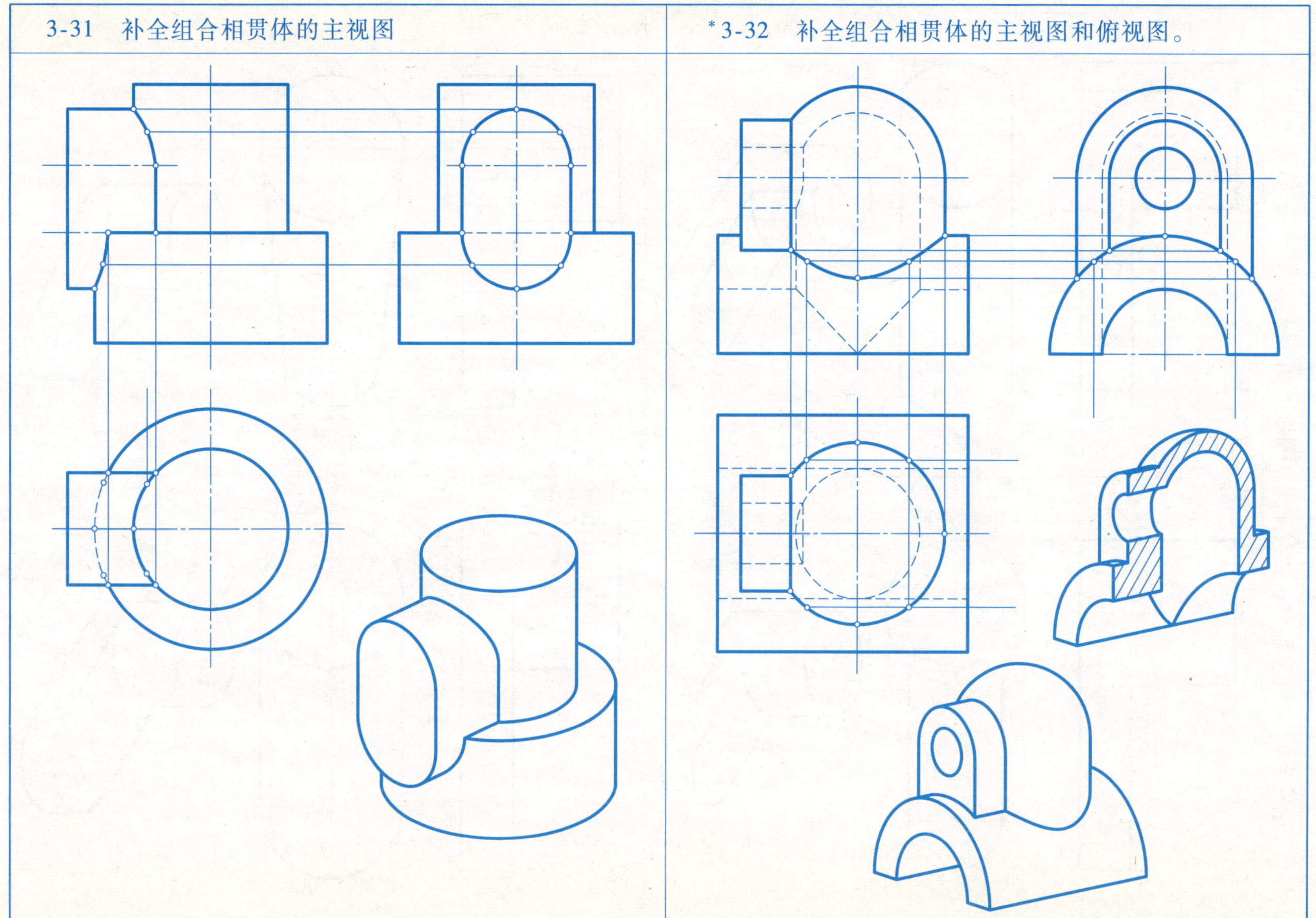

4-1　分析表面连接关系，补画主视图中缺少的图线。

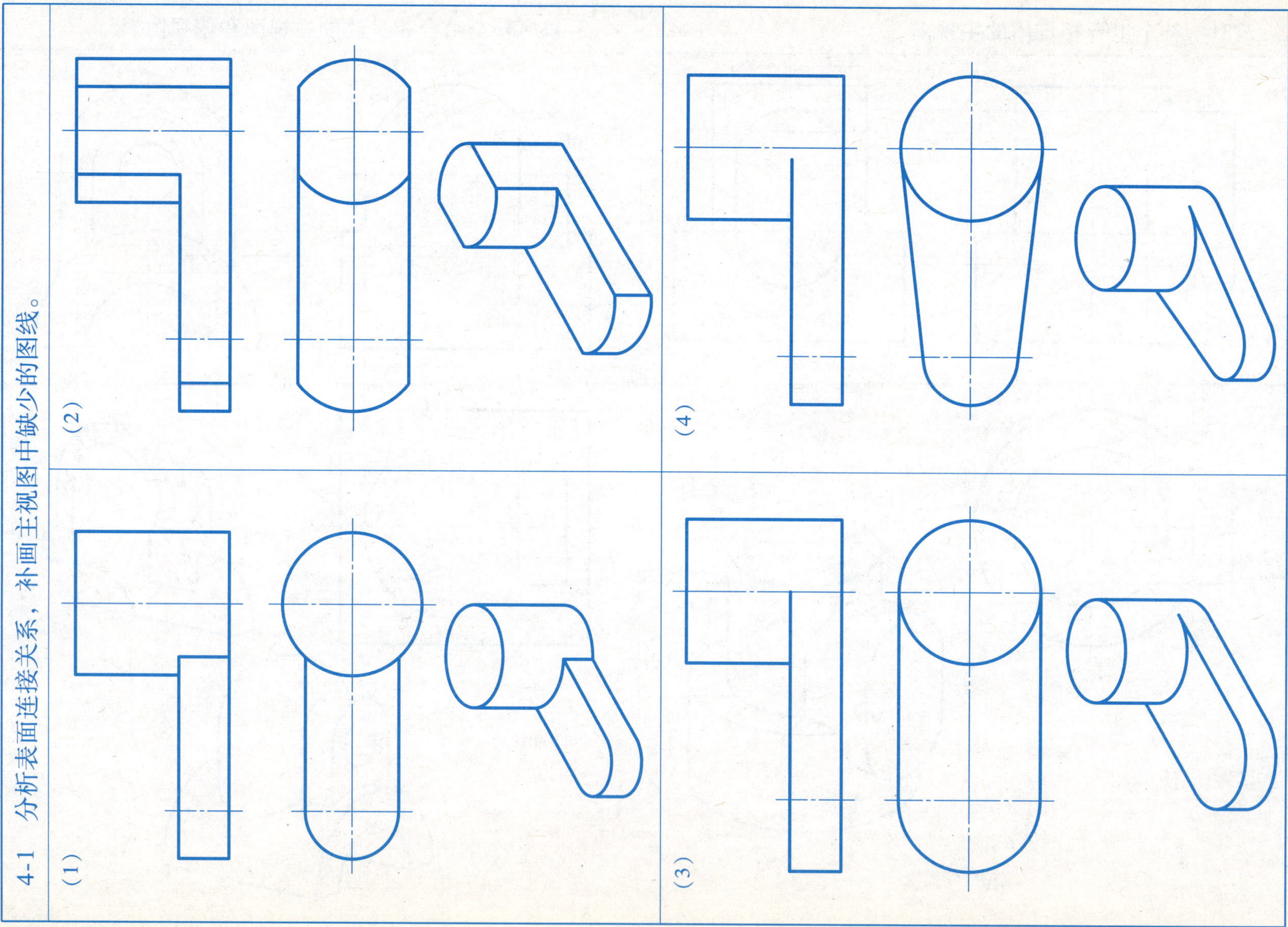

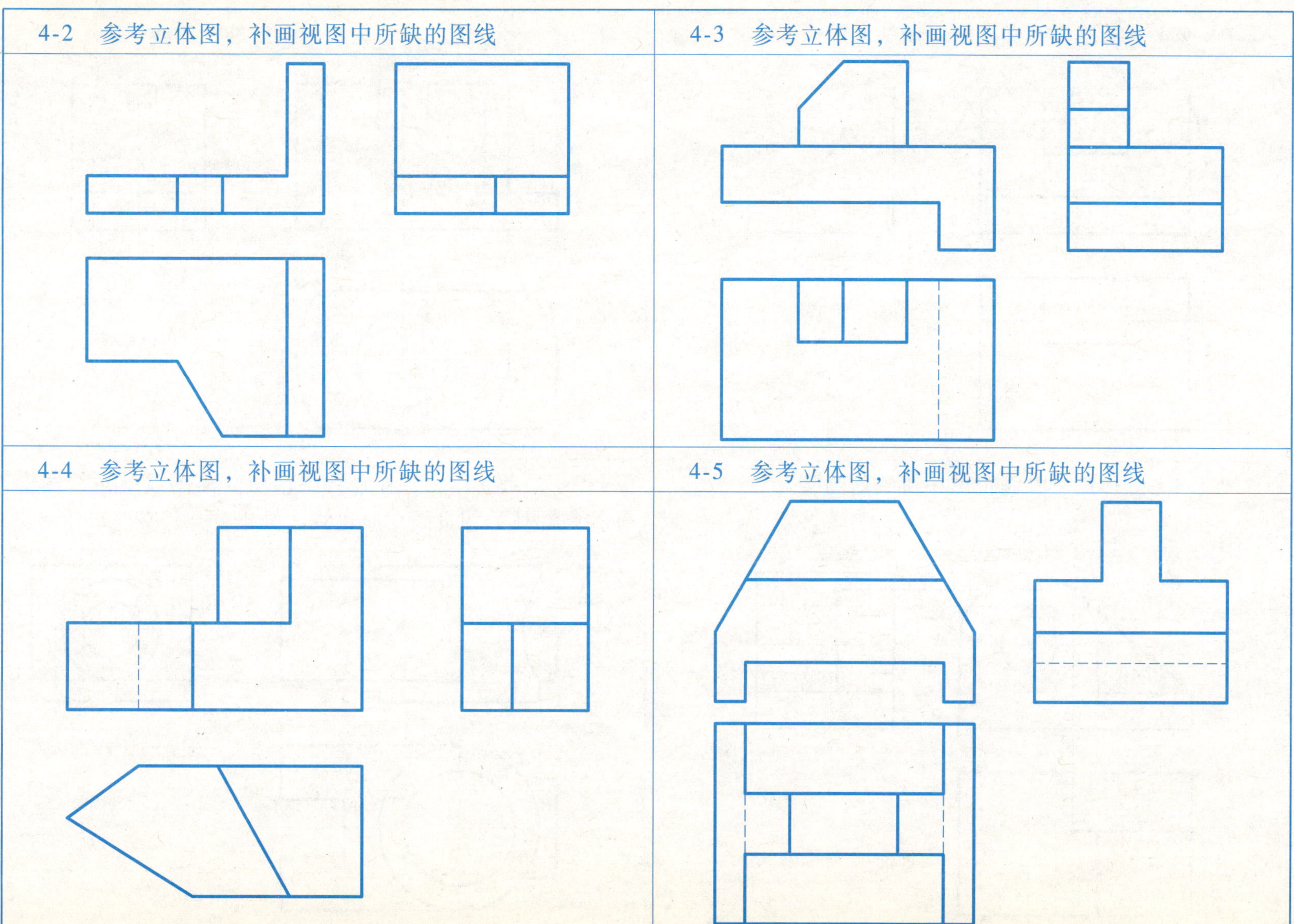
4-2　参考立体图，补画视图中所缺的图线
4-3　参考立体图，补画视图中所缺的图线
4-4　参考立体图，补画视图中所缺的图线
4-5　参考立体图，补画视图中所缺的图线

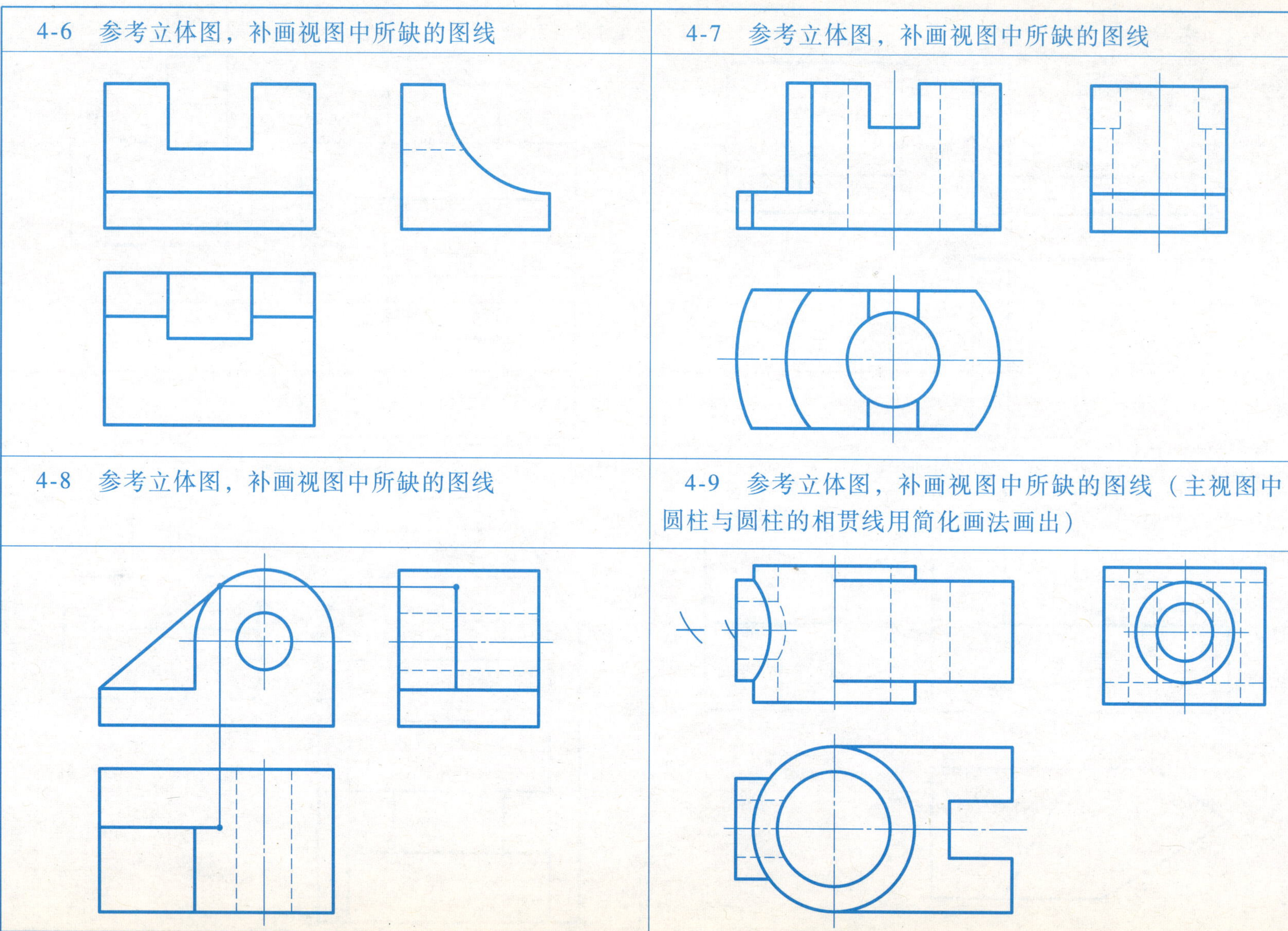

4-6　参考立体图，补画视图中所缺的图线

4-7　参考立体图，补画视图中所缺的图线

4-8　参考立体图，补画视图中所缺的图线

4-9　参考立体图，补画视图中所缺的图线（主视图中圆柱与圆柱的相贯线用简化画法画出）

4-10　根据立体图，正确选择主视图的投射方向，并根据尺寸 1:1 画出三视图

（不注尺寸，图中孔为通孔）

（1）

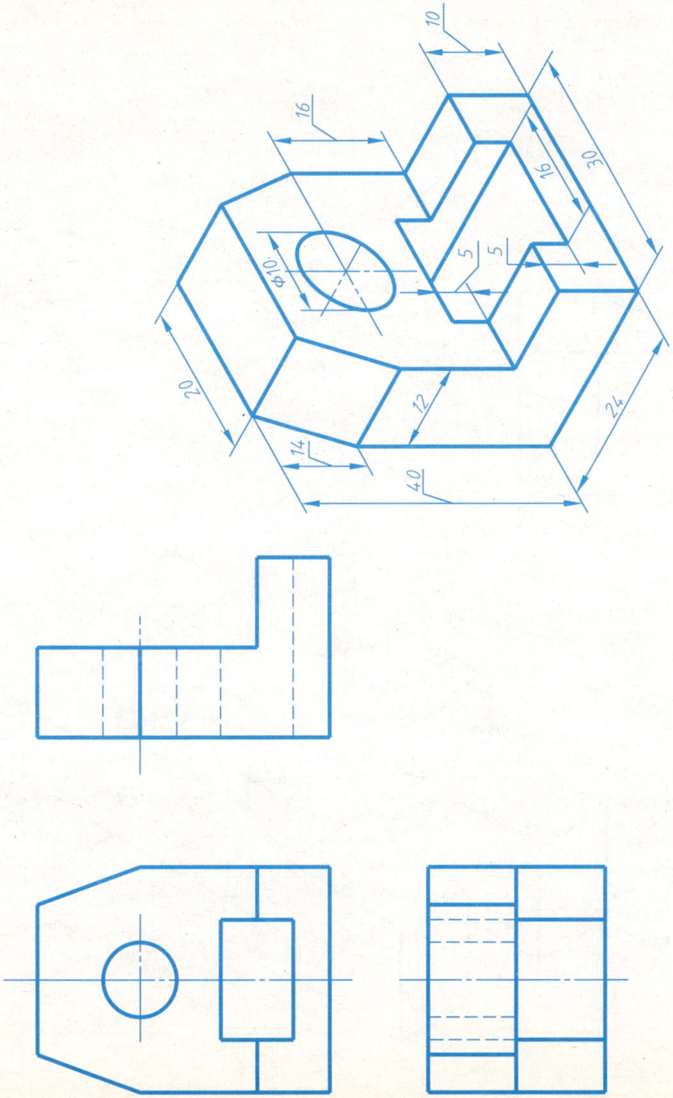

（2）

（续）4-10　根据立体图，正确选择主视图的投射方向，并根据尺寸 1:1 画出三视图（不注尺寸，图中孔为通孔）

(3)

（续）4-10　根据立体图，正确选择主视图的投射方向，并根据尺寸 1:1 画出三视图（不注尺寸，图中孔为通孔）

（4）

4-11　想象出立体的形状，并补画出左视图

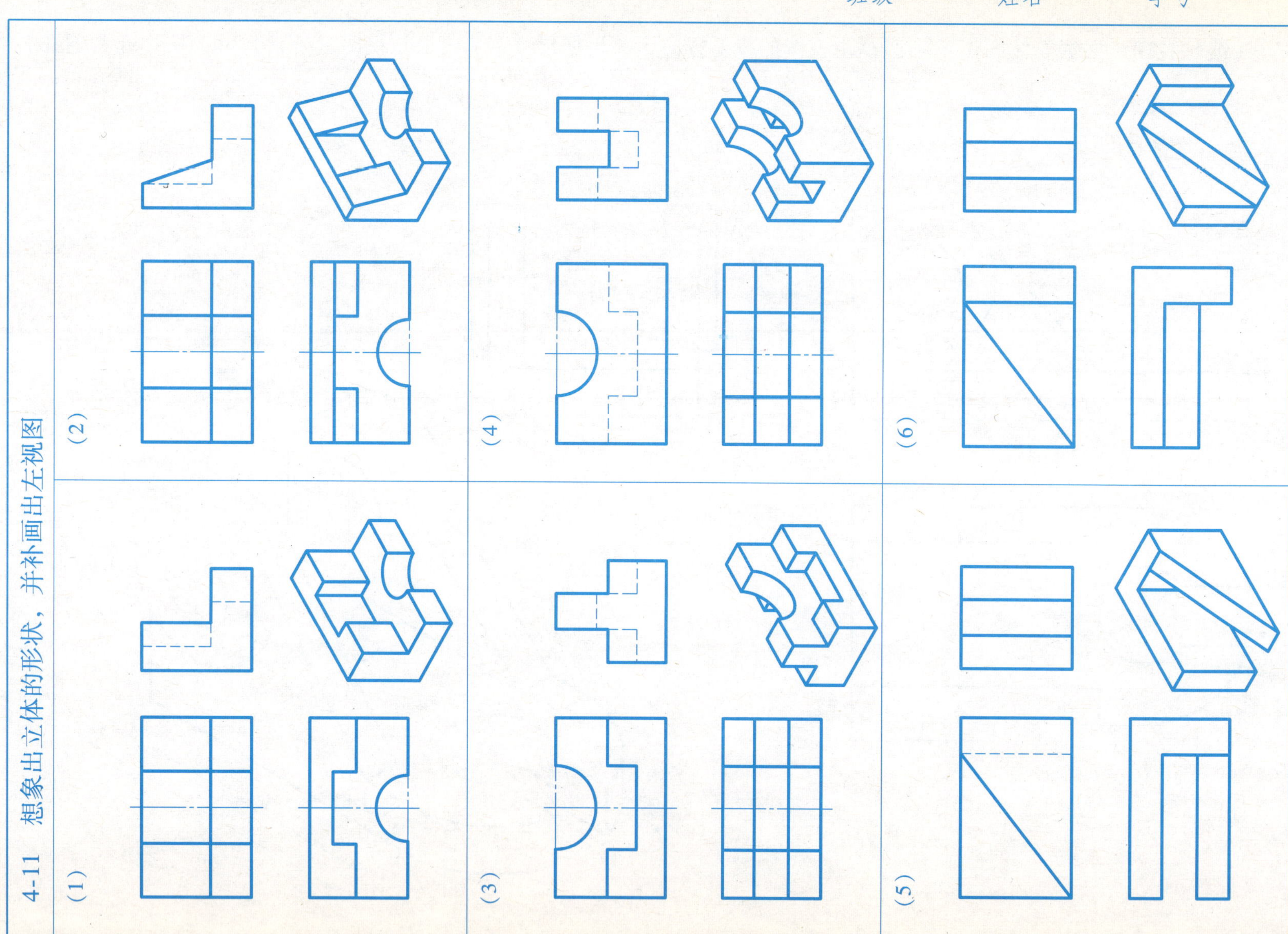

4-12　想象出立体的形状，并补画出第三视图

（续）4-12　想象出立体的形状，并补画出第三视图

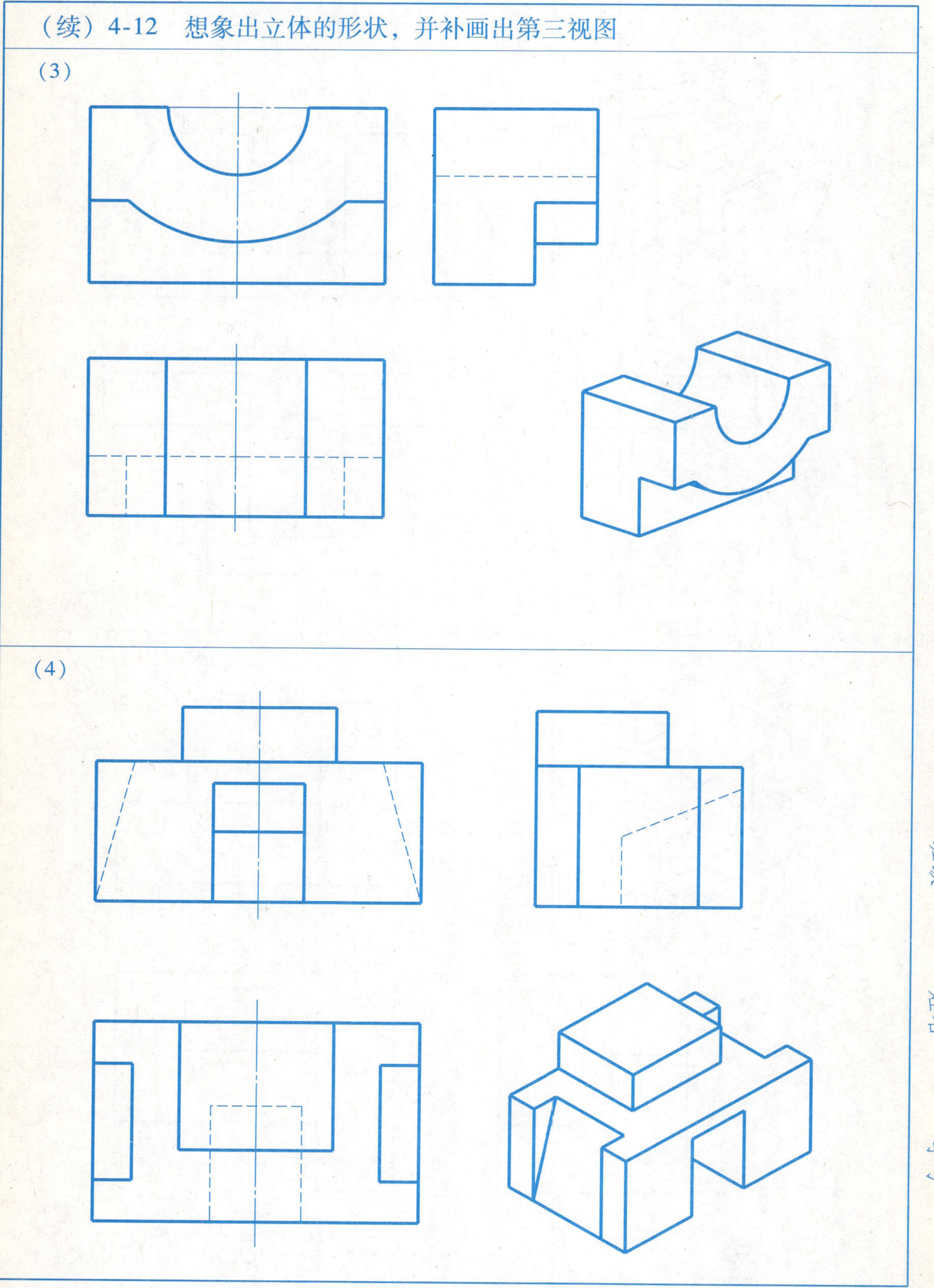

4-13　根据立体的两个视图，补画出第三视图

4-14 根据立体的两个视图，补画出第三视图

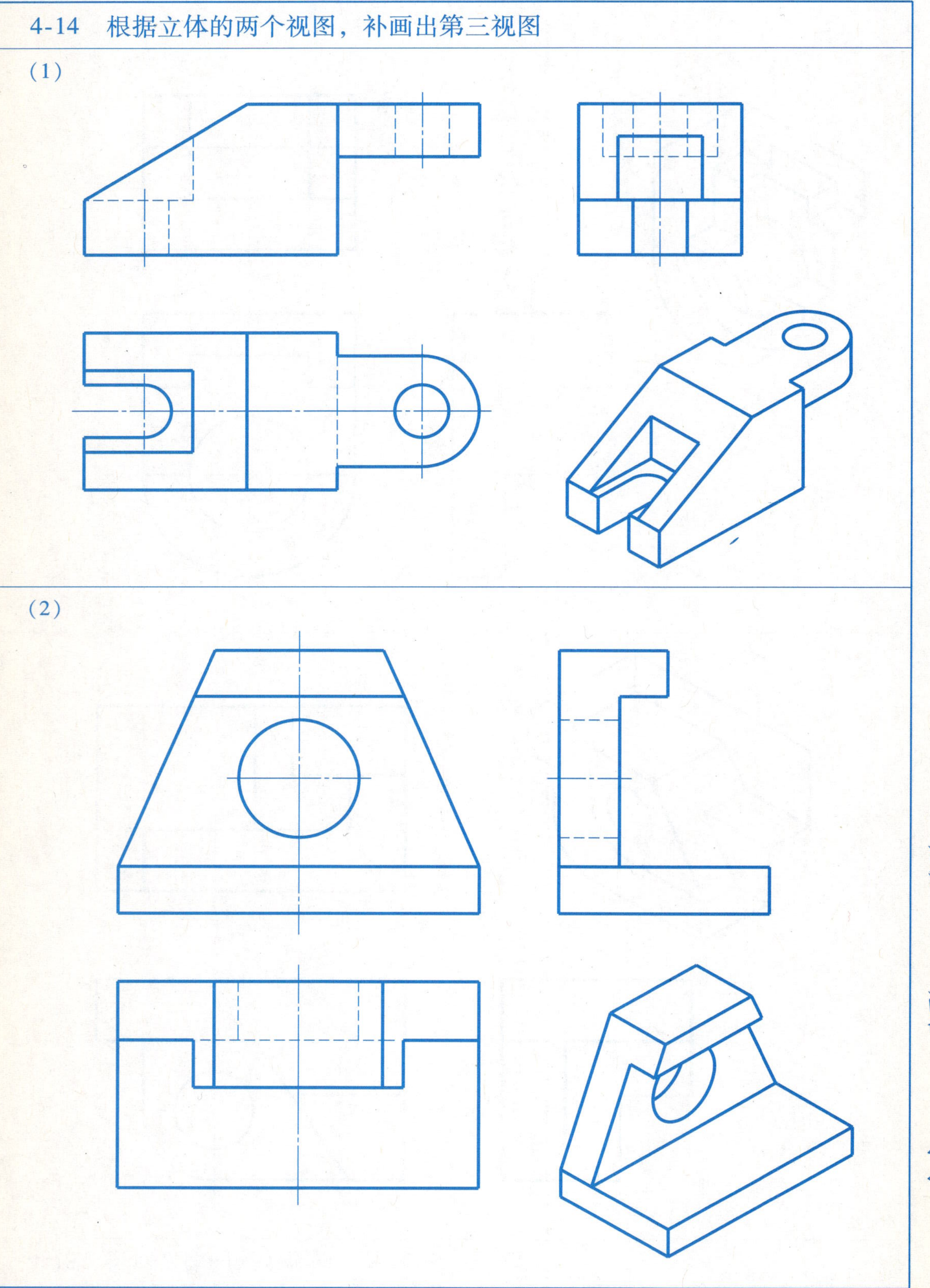

4-15 根据立体的两个视图，补画出第三视图

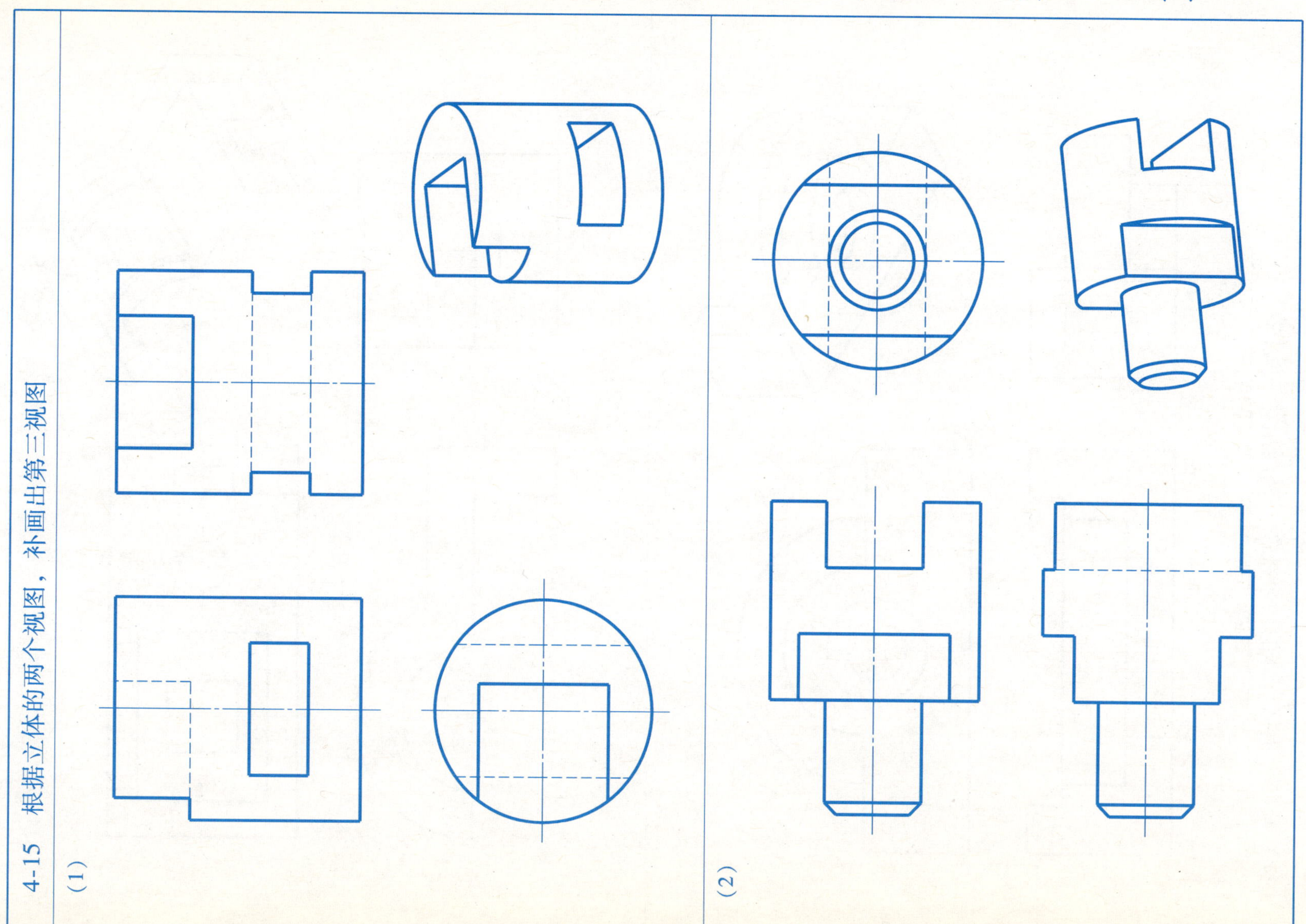

班级　　　　姓名　　　　学号

（续）4-15　根据立体的两个视图，补画出第三视图

4-16　根据立体的主视图和俯视图，补画出左视图

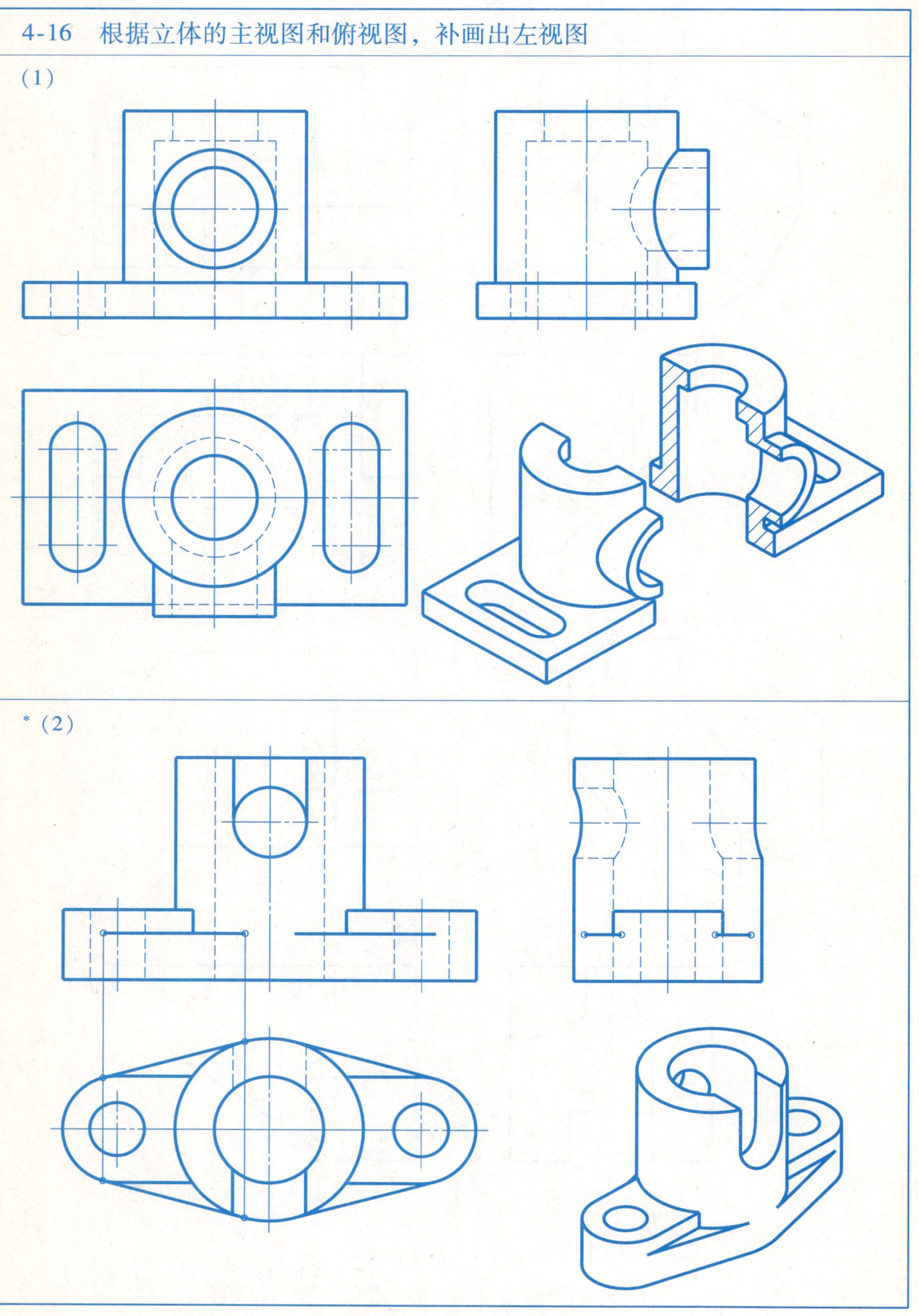

4-17　读懂两视图，补画第三视图

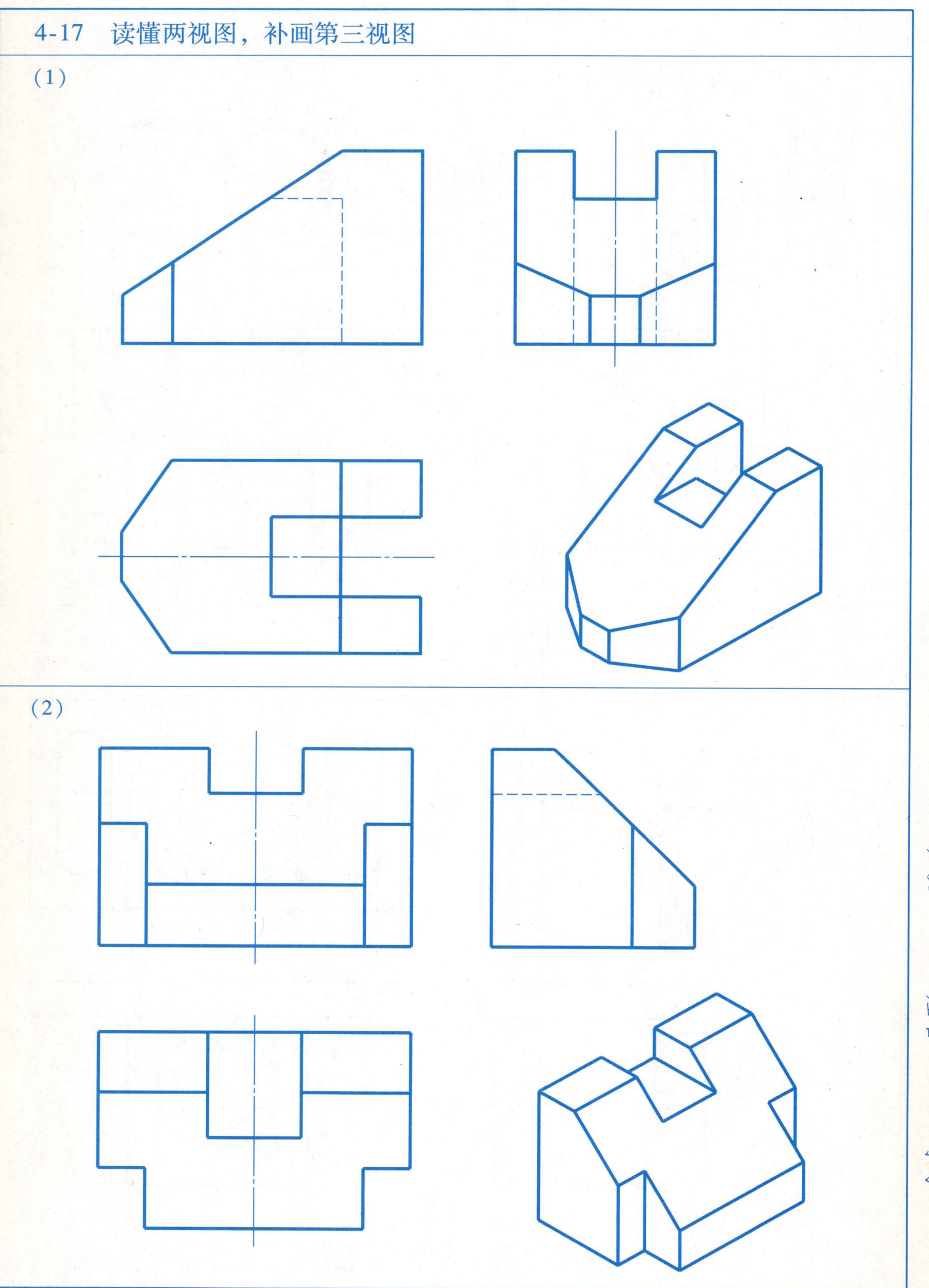

班级　　　　姓名　　　　学号

4-18 读懂两视图，补画第三视图

（1）

（2）

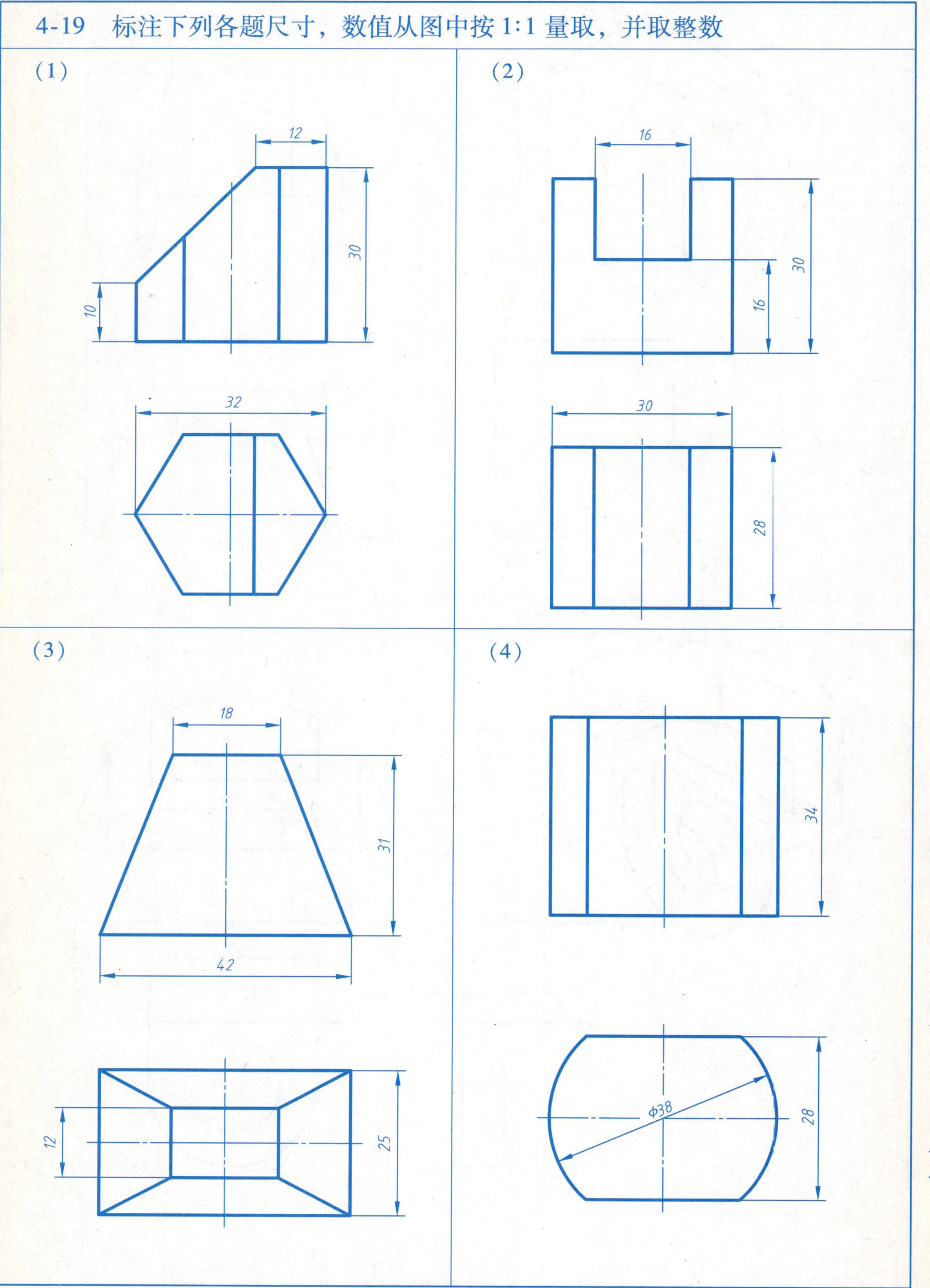
4-19 标注下列各题尺寸，数值从图中按 1:1 量取，并取整数
(1)
12
30
10
32
(2)
16
30
16
30
28
(3)
18
31
42
12
25
(4)
34
Φ38
28

4-20 标注下列各题尺寸，数值从图中按1:1量取，并取整数

(1)

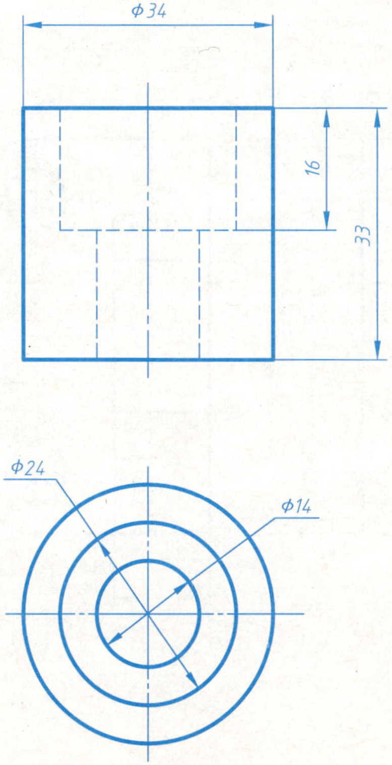

(2)

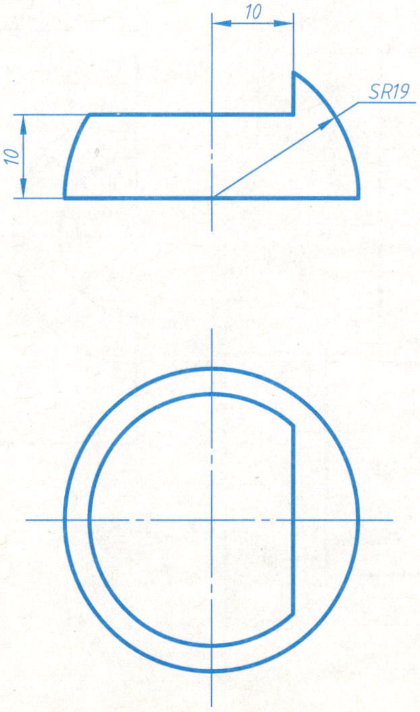

(3)

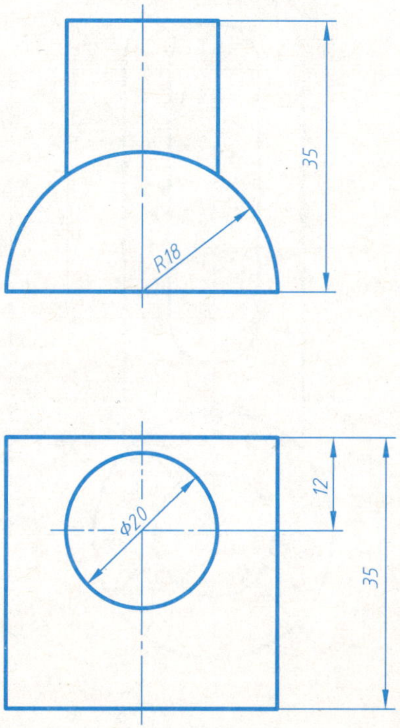

4-21 标注下列各题尺寸，数值从图中按 1:1 量取，并取整数

(1)

(2)

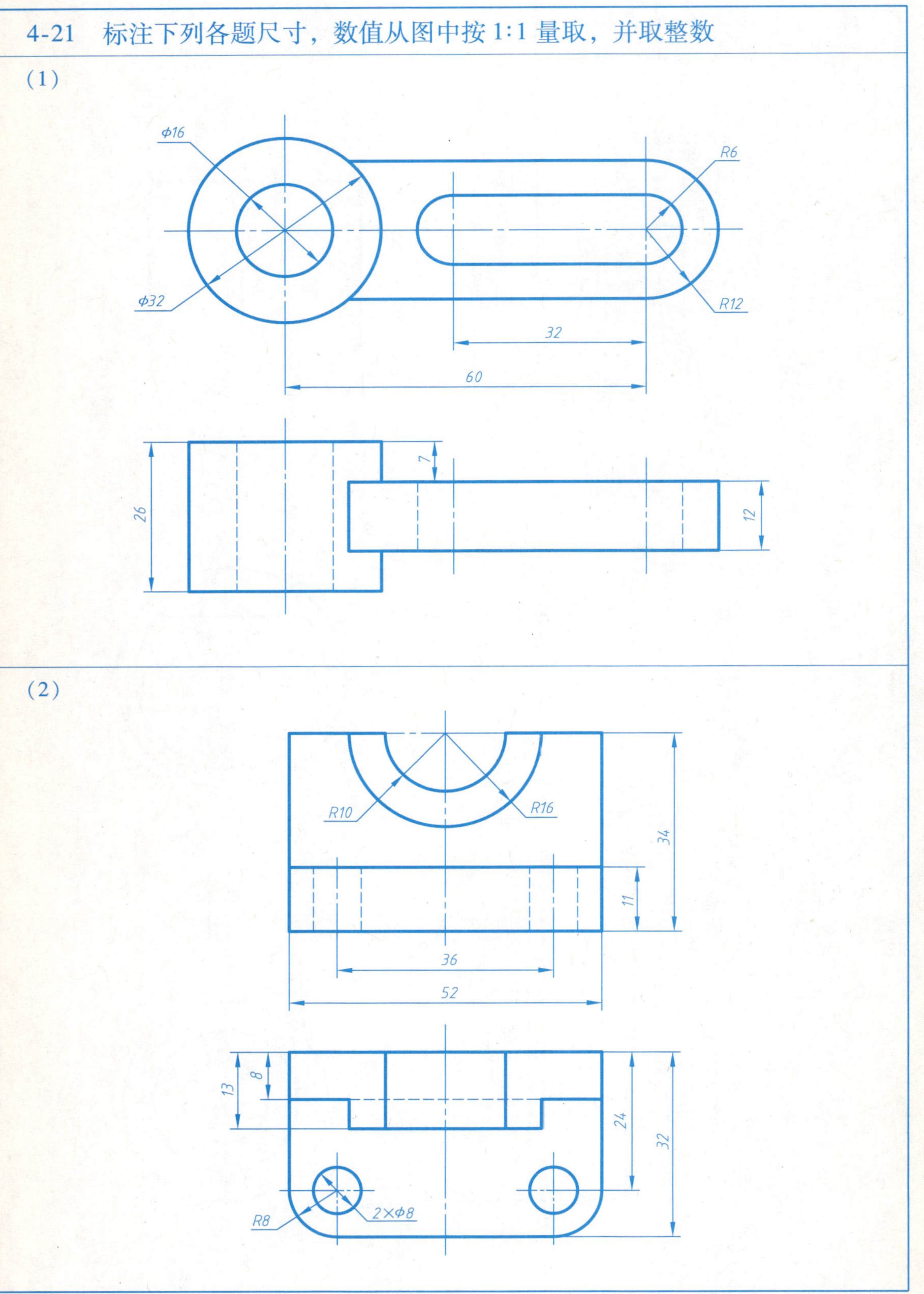

4-22　补画出左视图，并标注尺寸，尺寸数值从图中按1:1量取，取整数

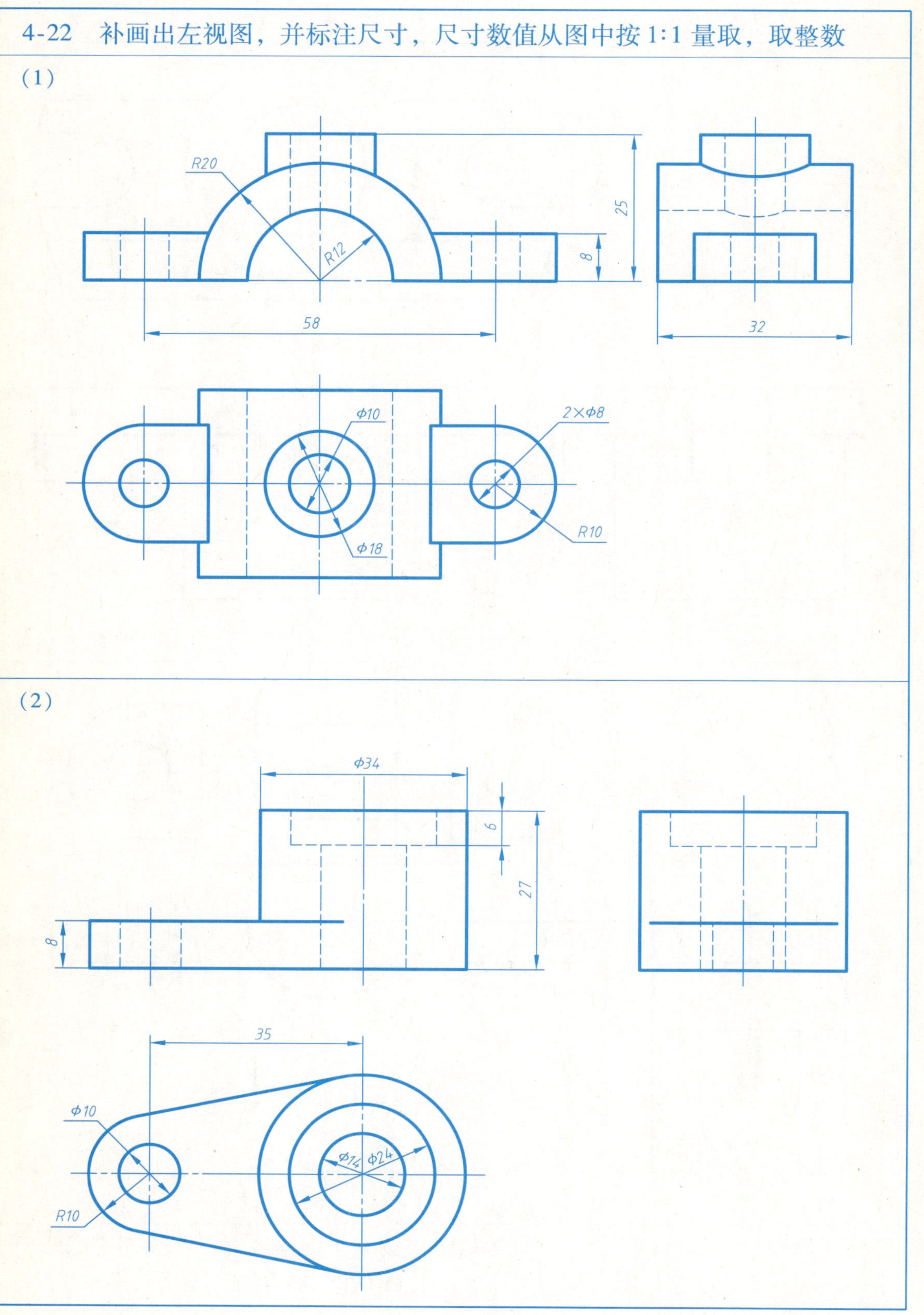

4-23　画三视图：采用 1:1 的比例，将第（1）题与第（2）题的三视图画在同一张 A3 图纸上，并标注尺寸（图中孔均为通孔，图名：组合体三视图 1、2）

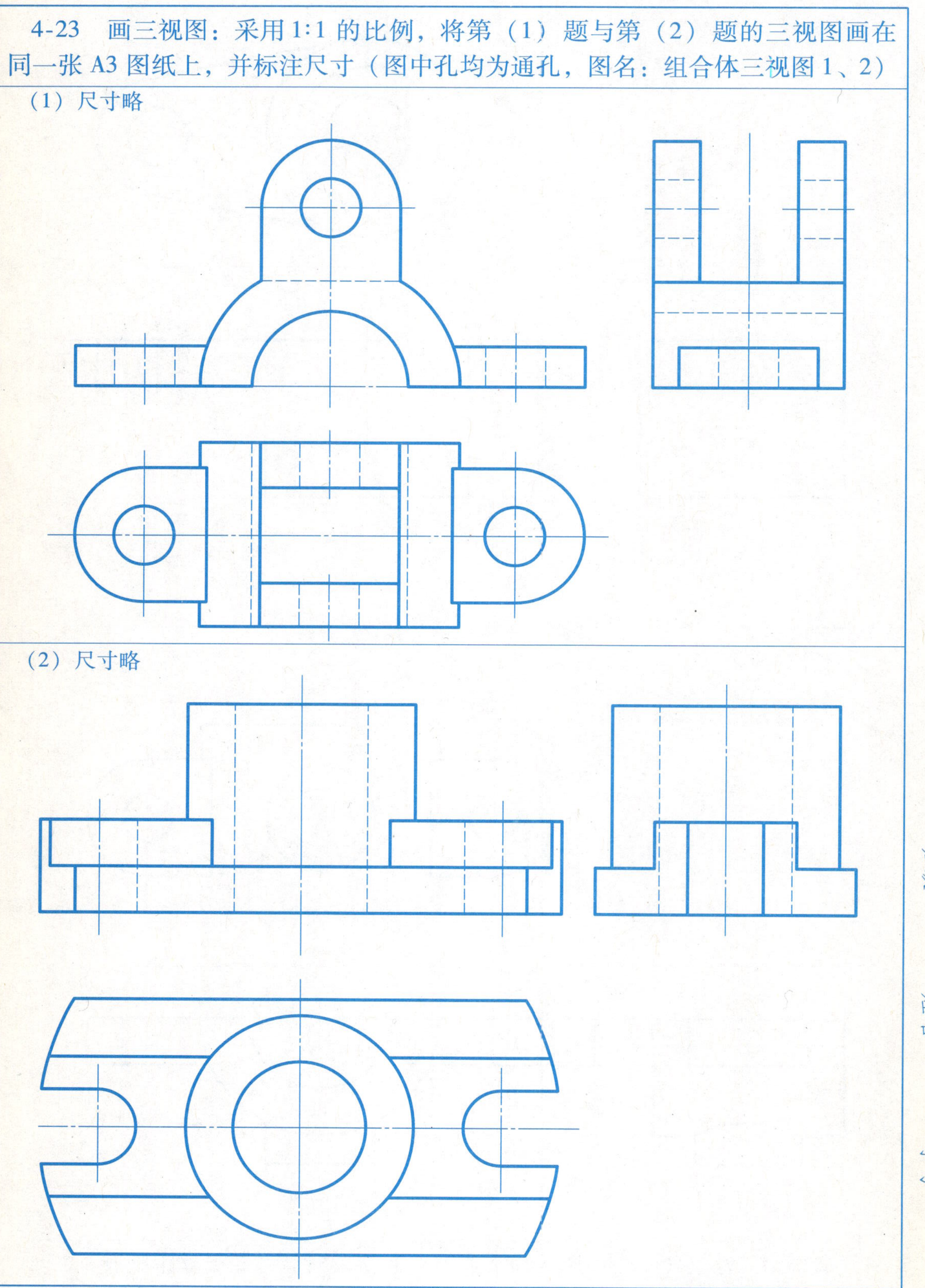

4-24　采用 1:2 的比例，用 A3 图纸画出所示立体的三视图，并标注尺寸（图中孔均为通孔，图名：组合体三视图 3）

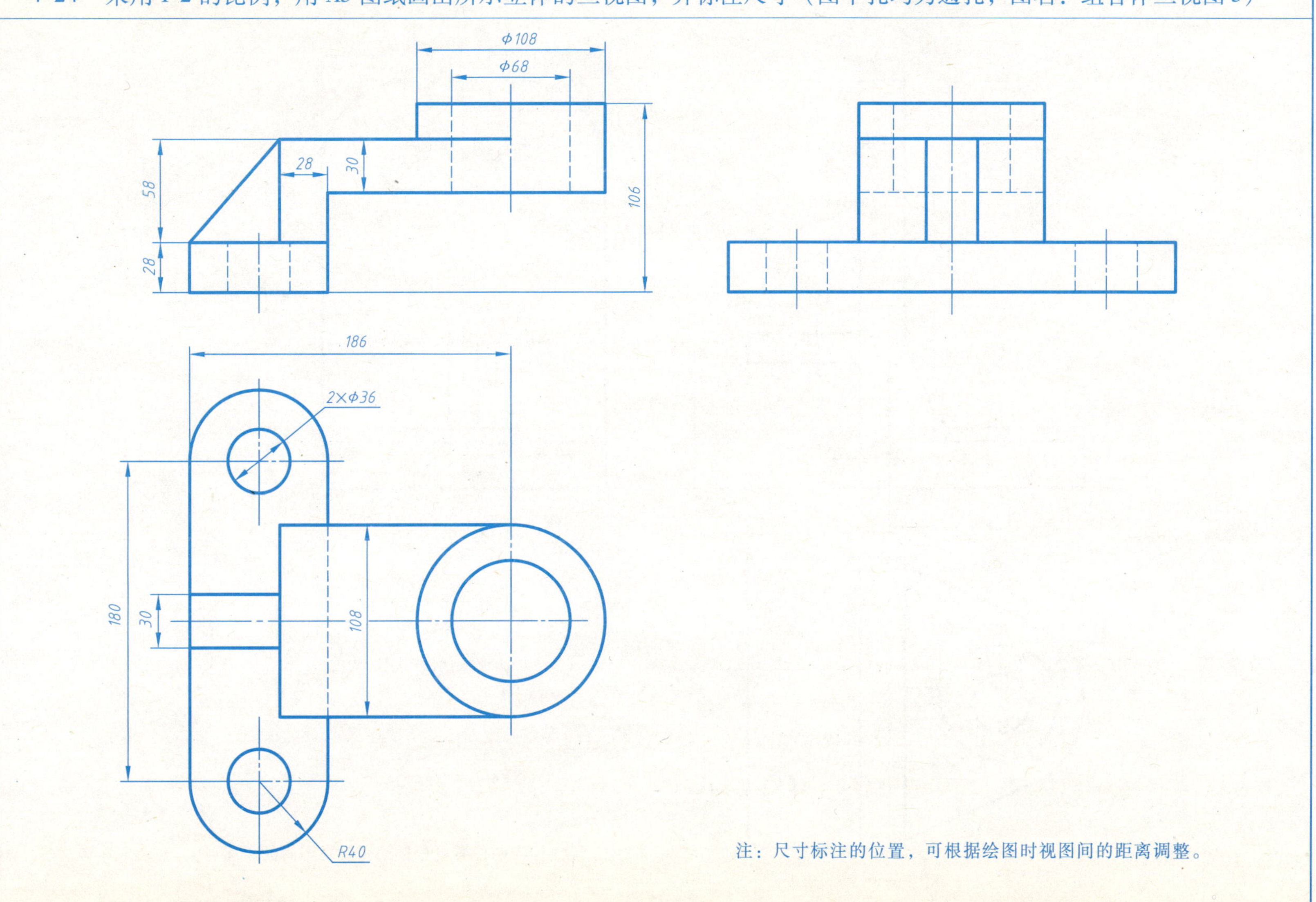

注：尺寸标注的位置，可根据绘图时视图间的距离调整。

4-25　采用1:2的比例，用A3图纸画出所示立体的三视图，并标注尺寸（图中孔均为通孔，图名：组合体三视图4）

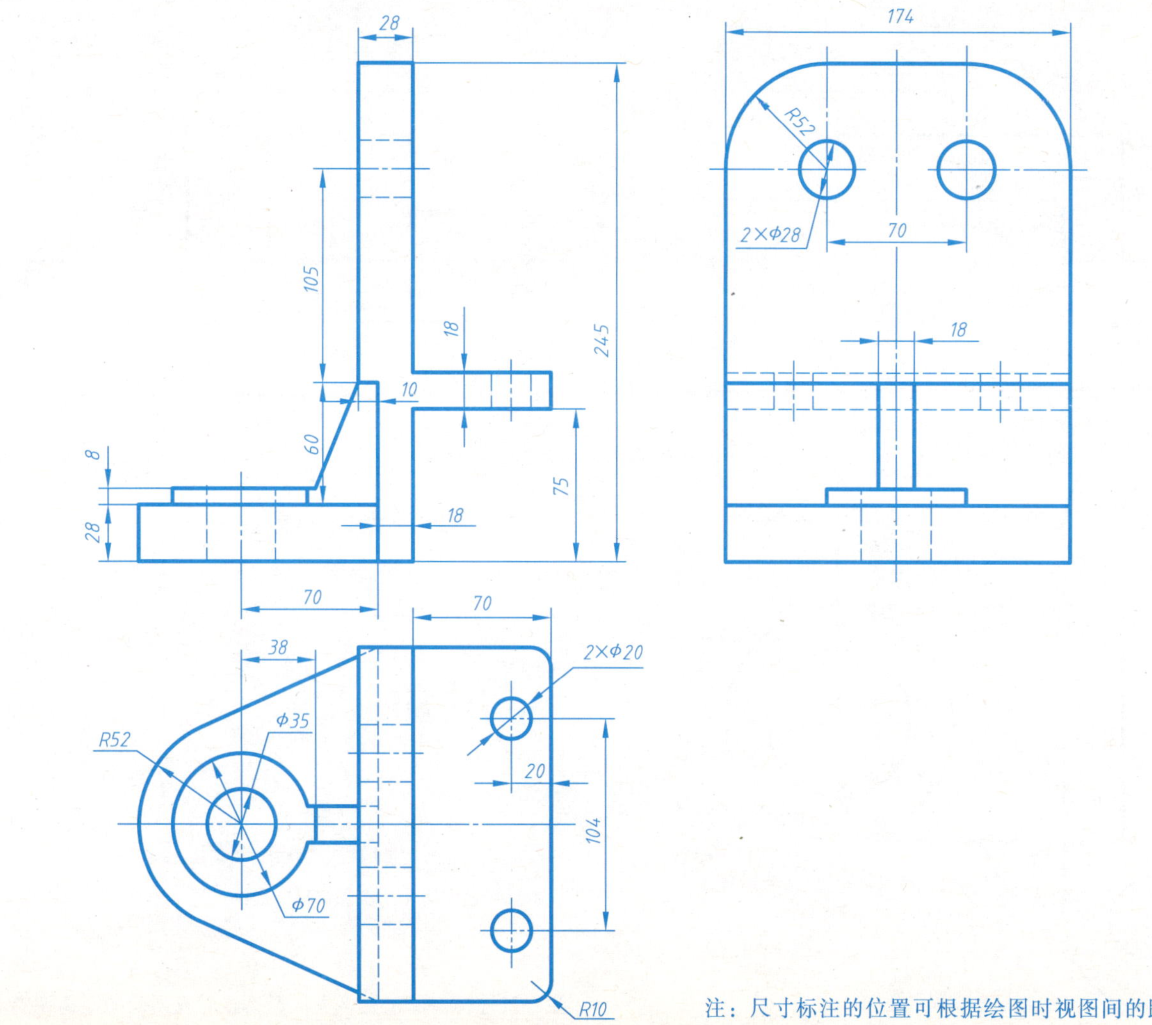

注：尺寸标注的位置可根据绘图时视图间的距离调整。

4-26　采用 2:1 的比例，用 A3 图纸画出立体的三视图，并标注尺寸（图中孔均为通孔，图名：组合体三视图 5）

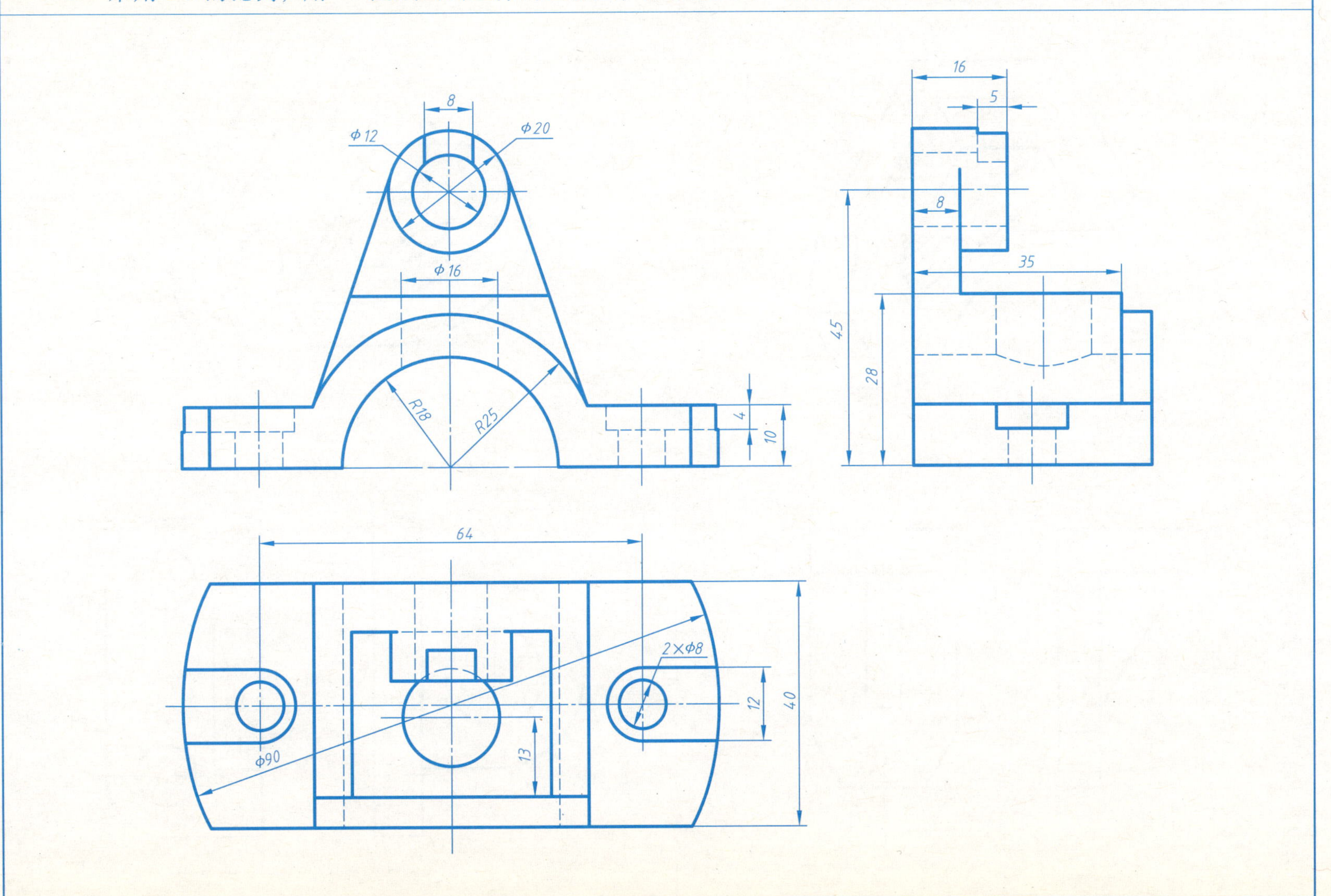

4-27　画出下列立体的正等轴测图

（续）4-27　画出下列立体的正等轴测图

(3)

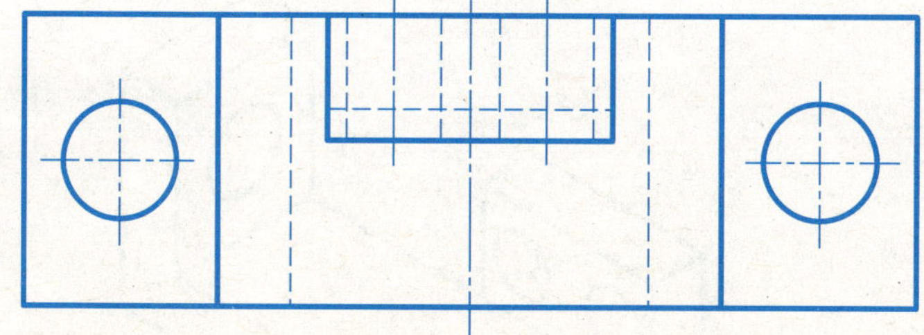

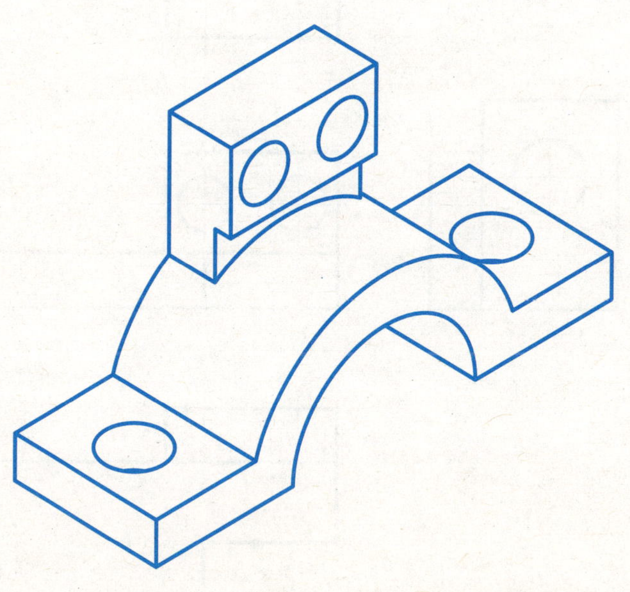

5-1　按基本视图配置关系补画机件右视图、仰视图和后视图（画出虚线）

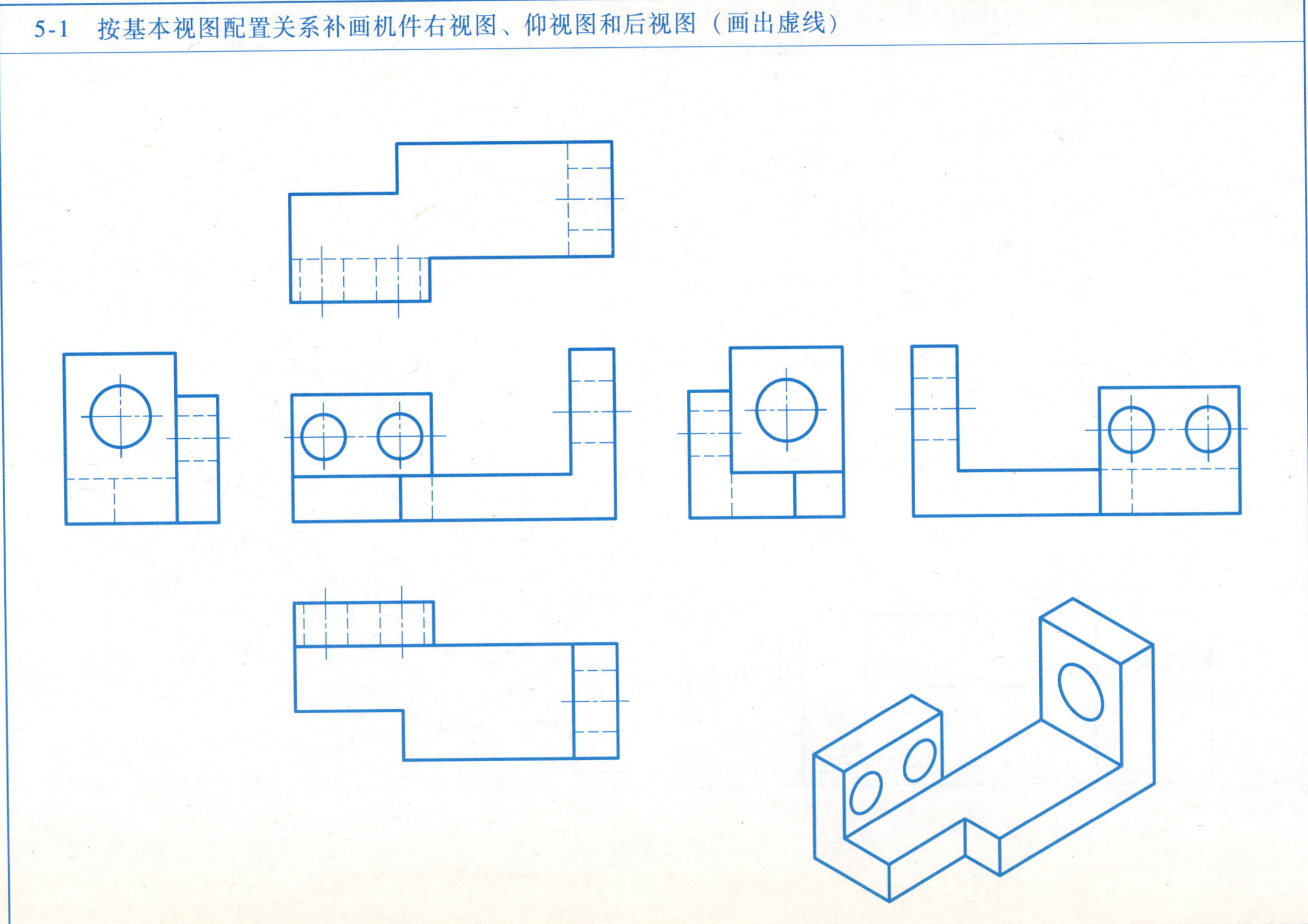

5-2　作出机件的左视图和右视图（画出虚线）

5-3　读懂机件的六个视图，并对向视图的投射方向及名称进行标注（左上方的视图为主视图）

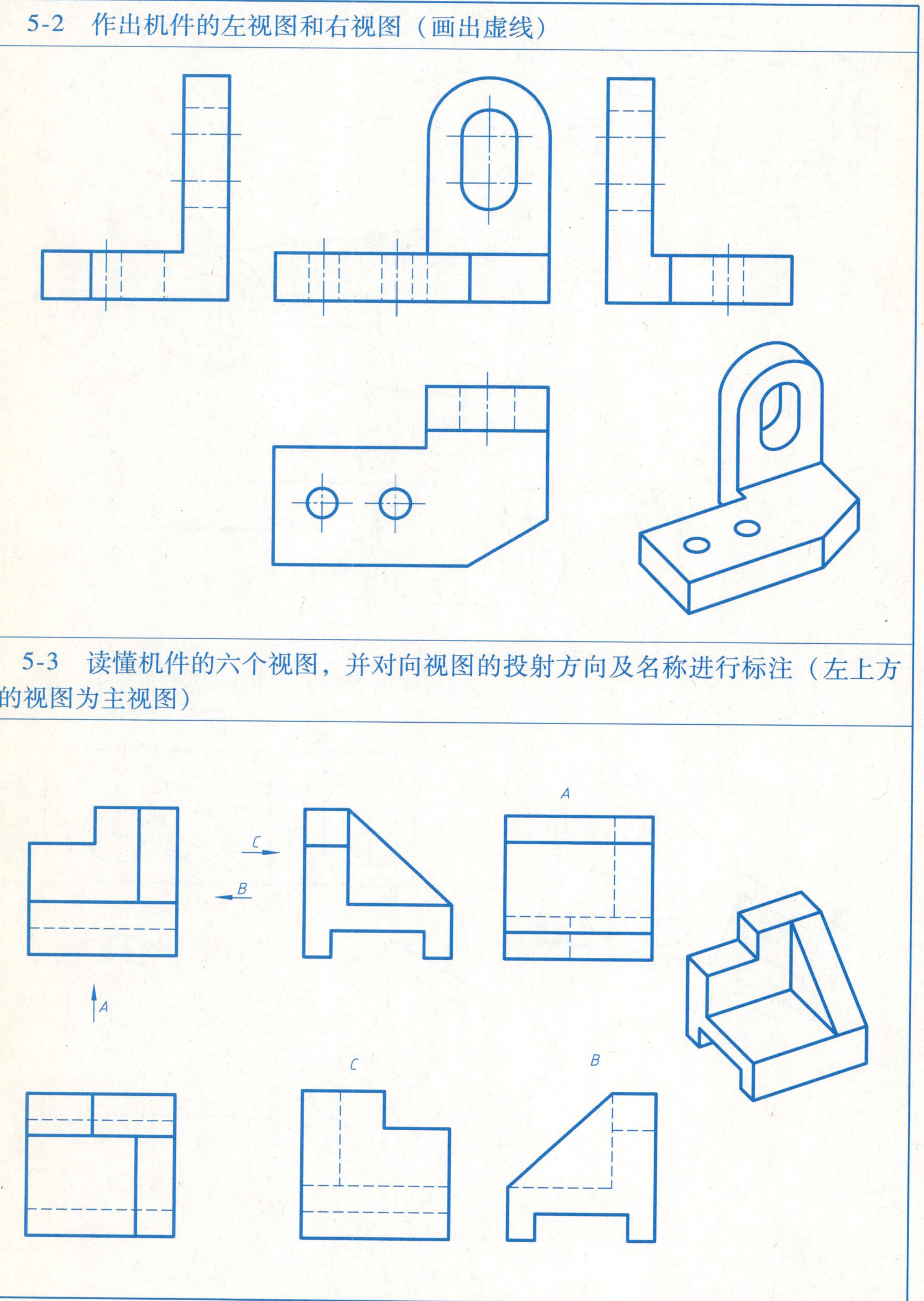

5-4 读懂机件形状，补画出 A 向局部视图

5-5 在指定位置画出斜视图及局部视图

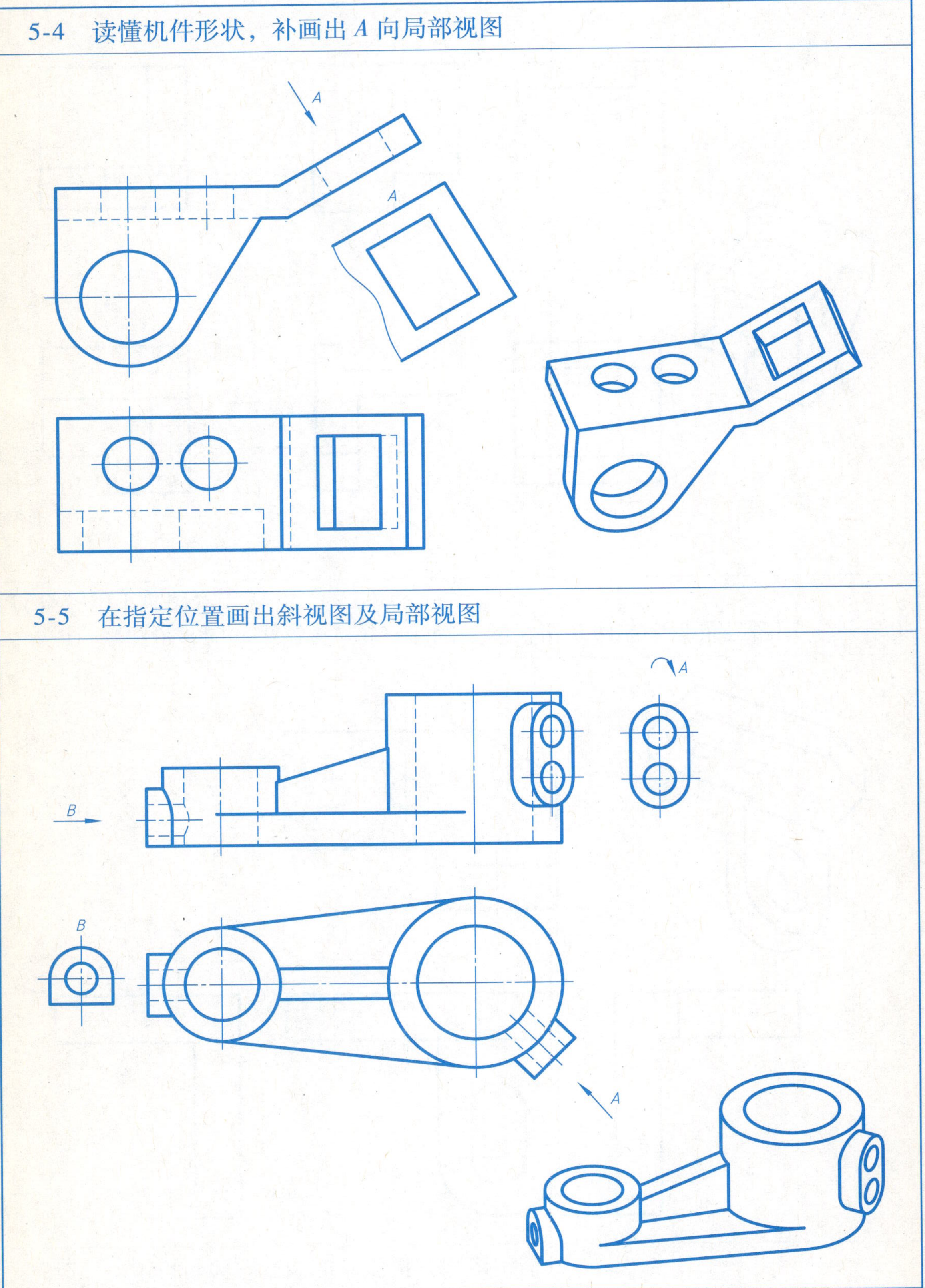

班级　　　姓名　　　学号

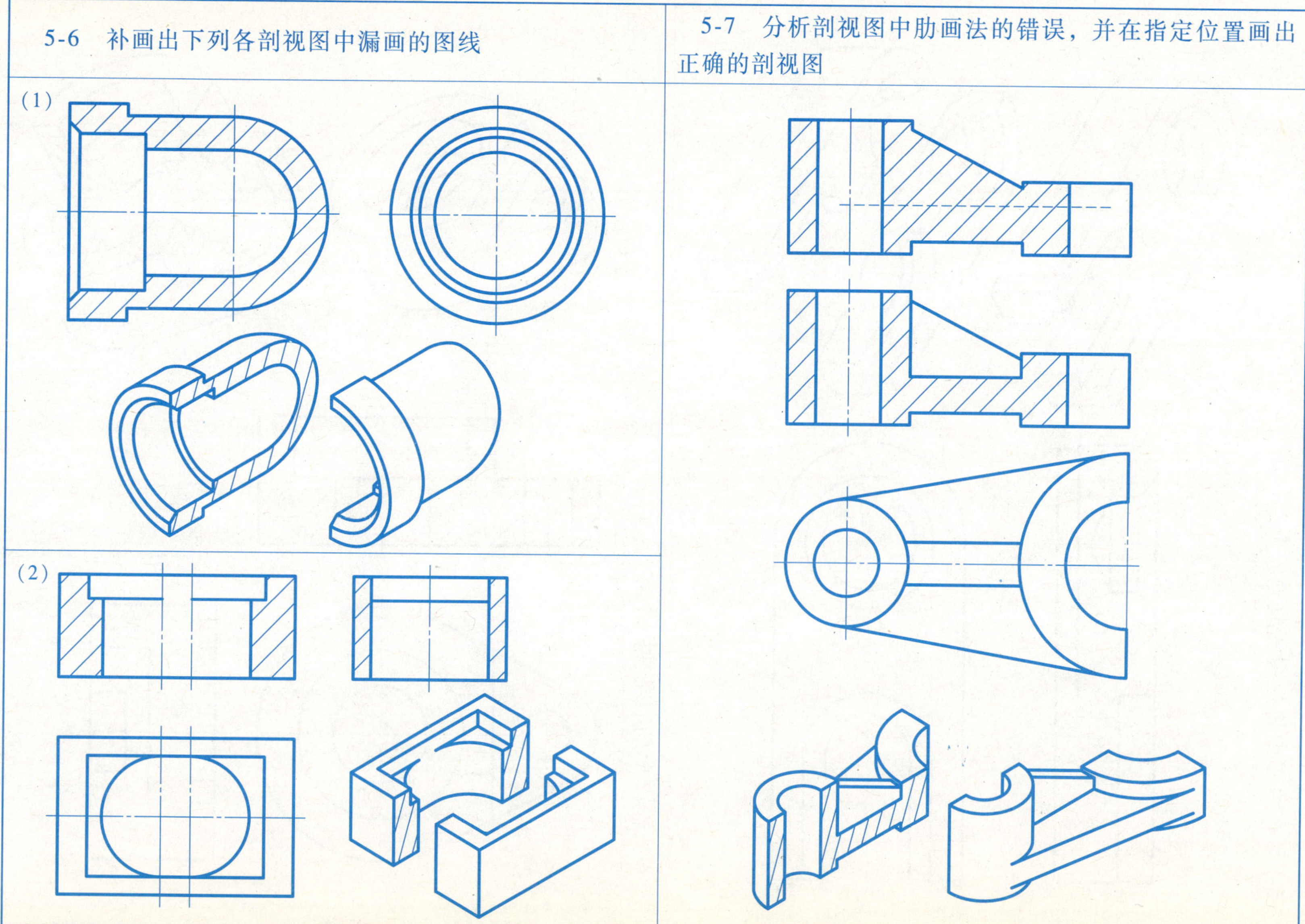

5-6　补画出下列各剖视图中漏画的图线

(1)

(2)

5-7　分析剖视图中肋画法的错误，并在指定位置画出正确的剖视图

5-8　在原图中将主视图改画成全剖视图

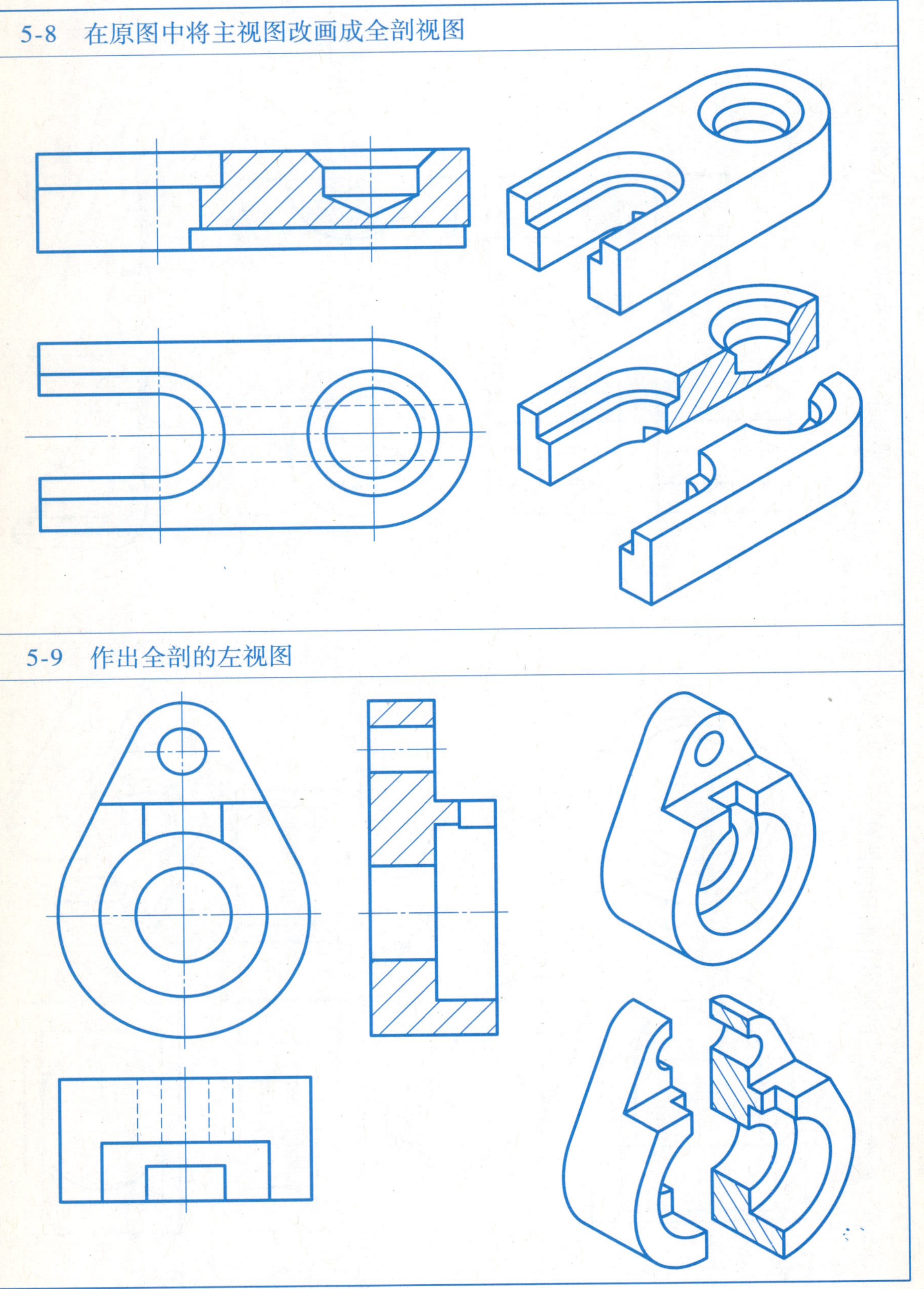

5-9　作出全剖的左视图

5-10　在指定位置将主视图画成全剖视图

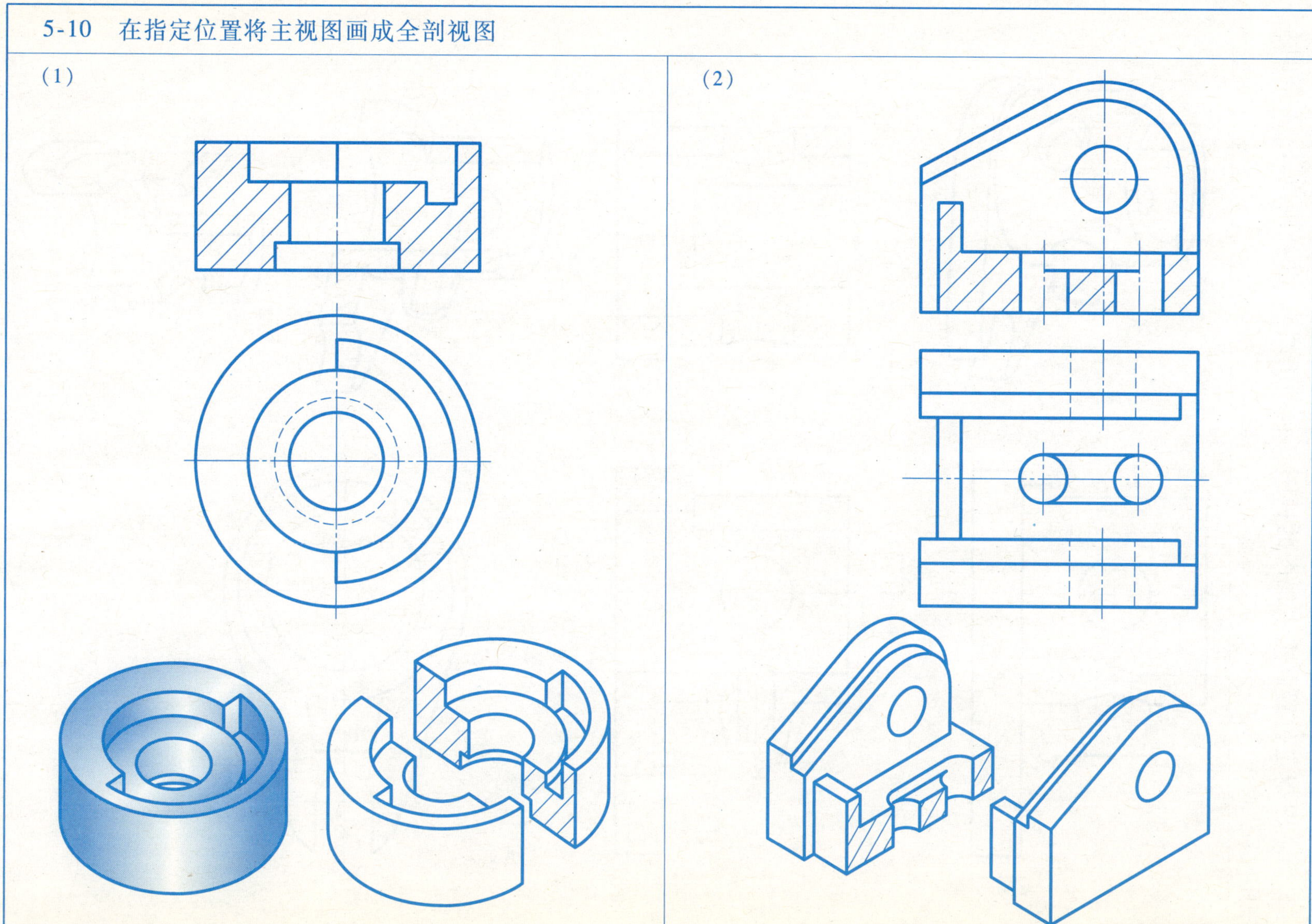

5-11　在指定位置画出主视图的视图（包括虚线），并补画出 *A—A* 全剖左视图

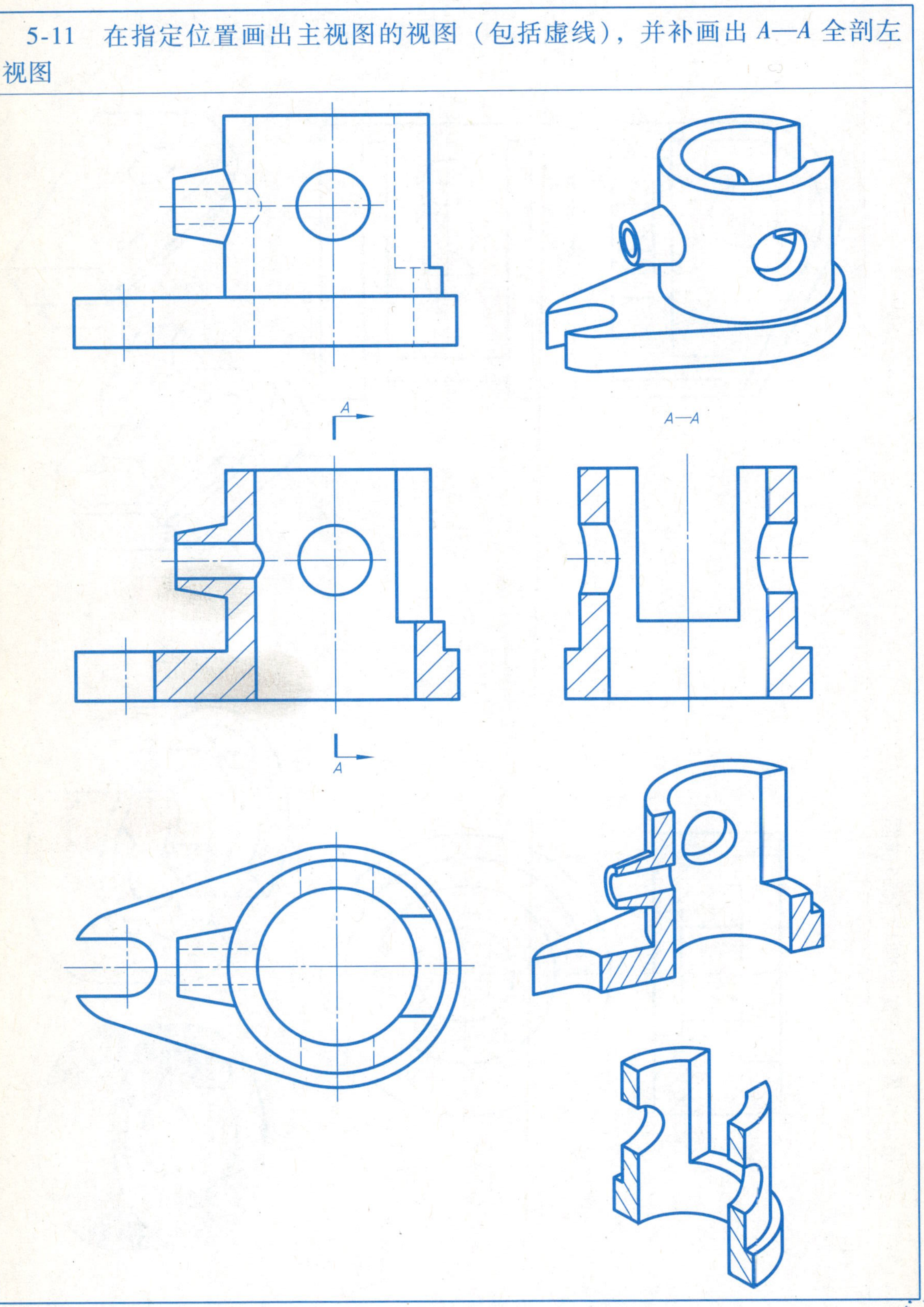

班级　　　　姓名　　　　学号

5-12 看懂机件形状，补画出 C—C 全剖视图

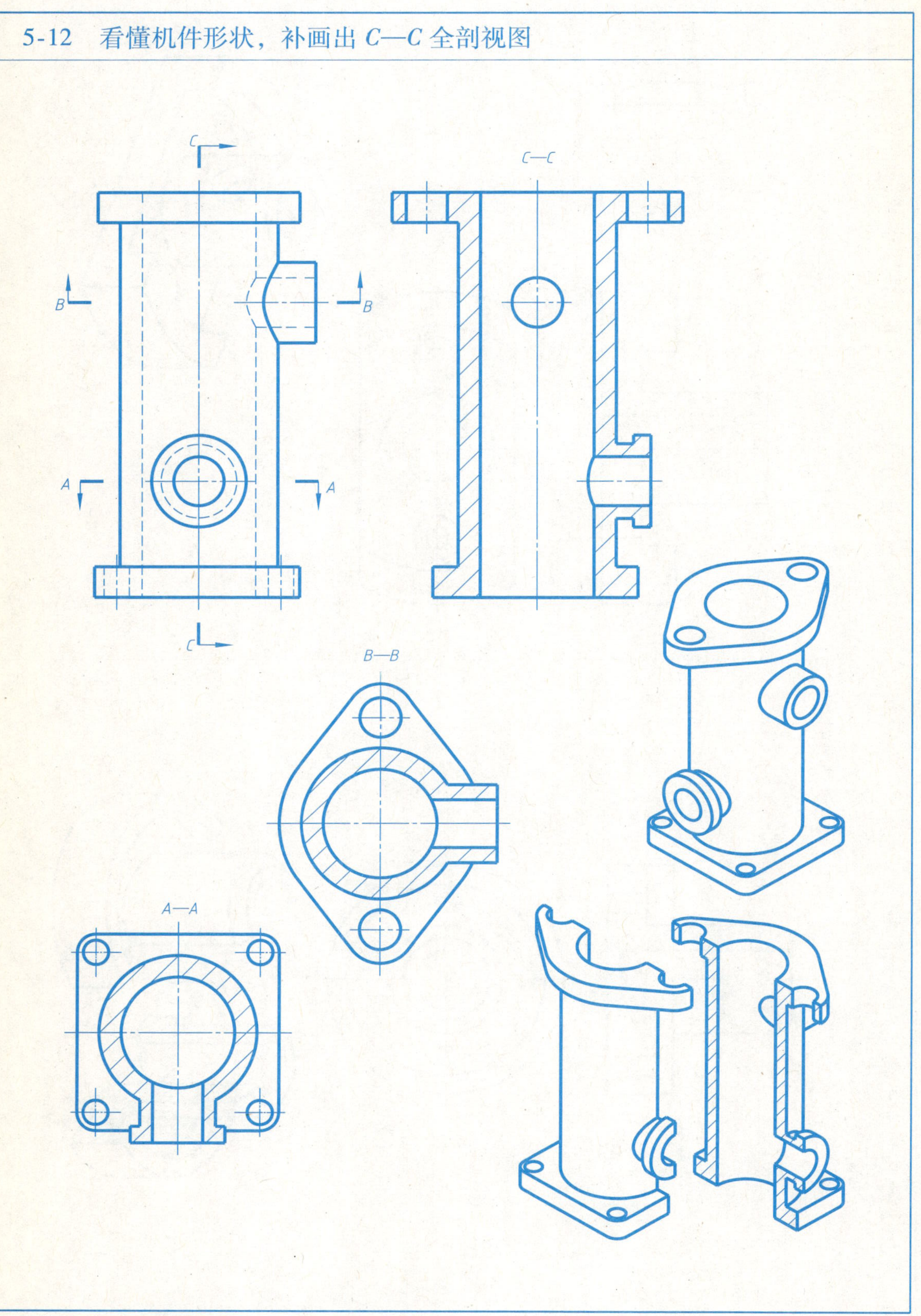

5-13　补画半剖主视图中缺漏的图线

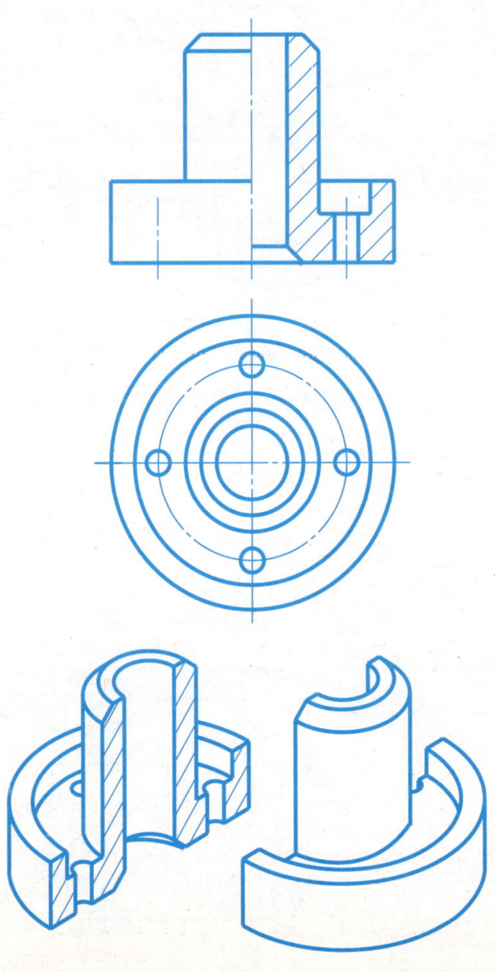

5-14　补画半剖的主视图和左视图中缺漏的图线

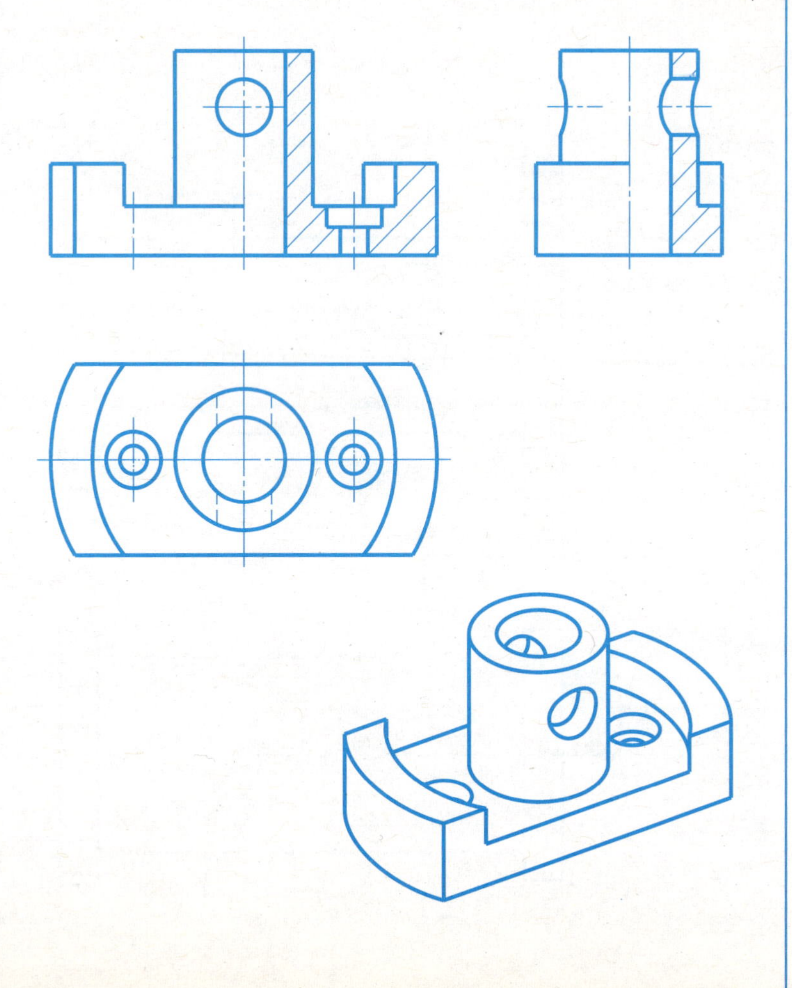

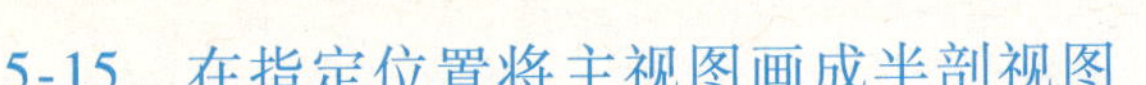

5-15　在指定位置将主视图画成半剖视图

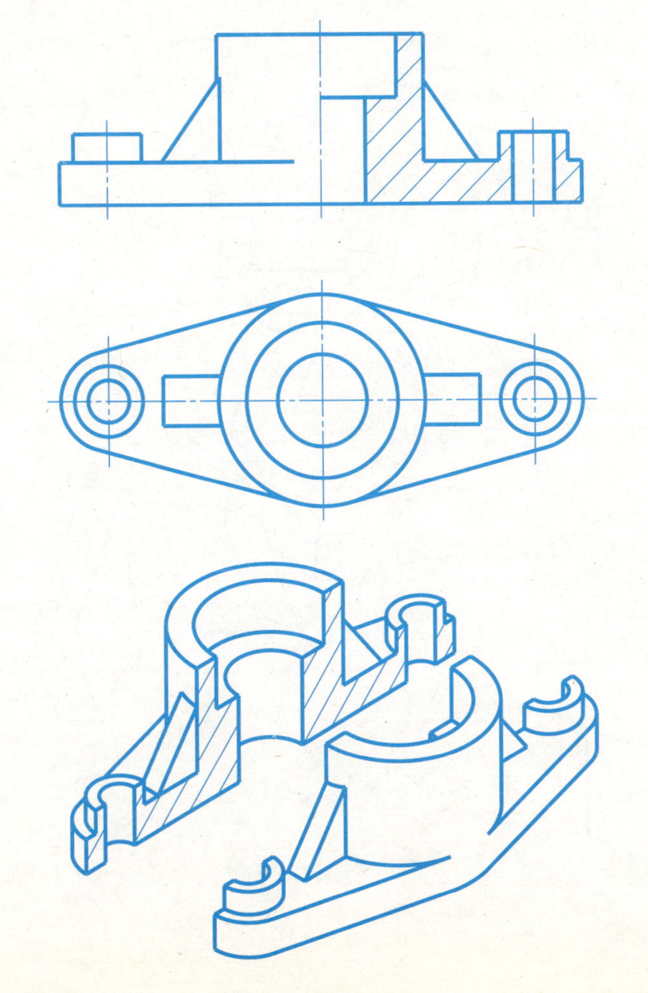

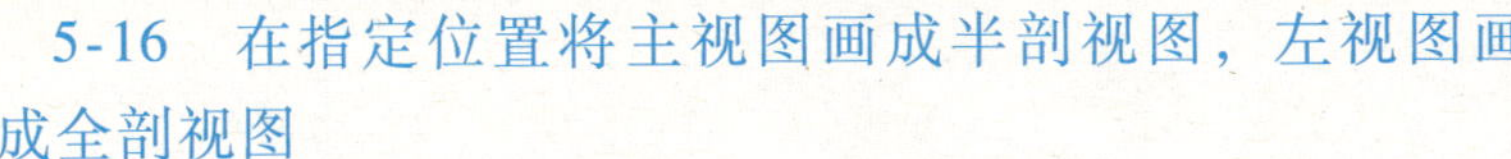

5-16　在指定位置将主视图画成半剖视图，左视图画成全剖视图

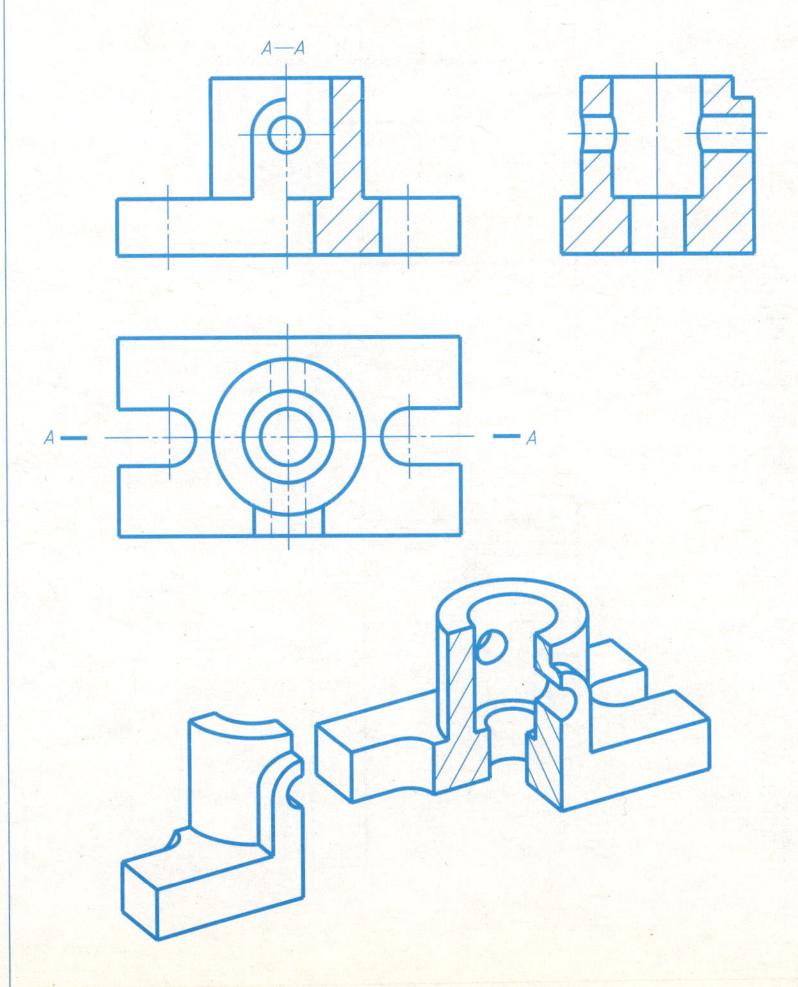

5-17 在指定位置将主视图及左视图画成半剖视图

5-18　在指定位置将主视图画成全剖视图，左视图画成半剖视图

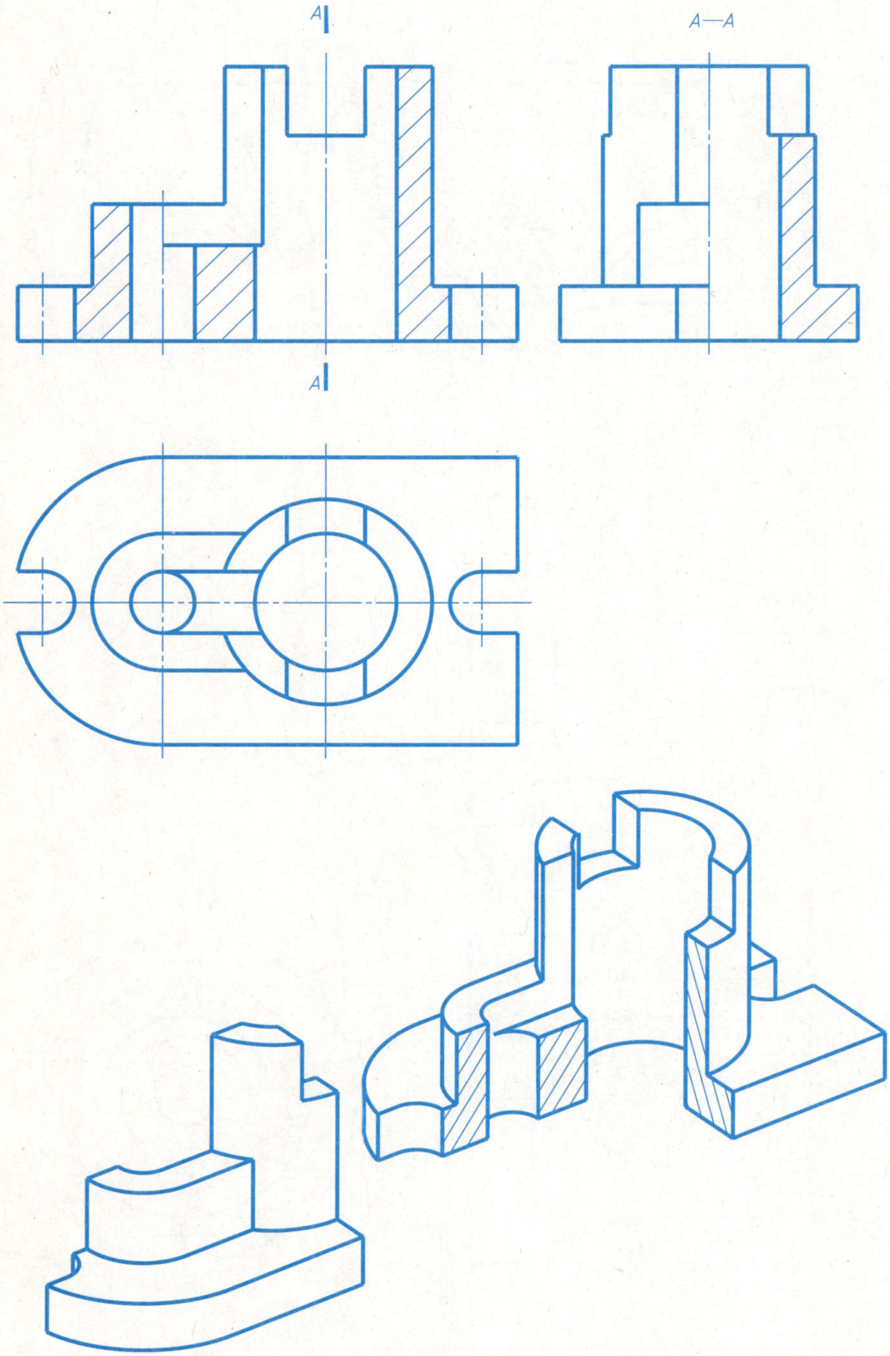

5-19　在指定位置将主视图、俯视图画成半剖视图，左视图画成全剖视图

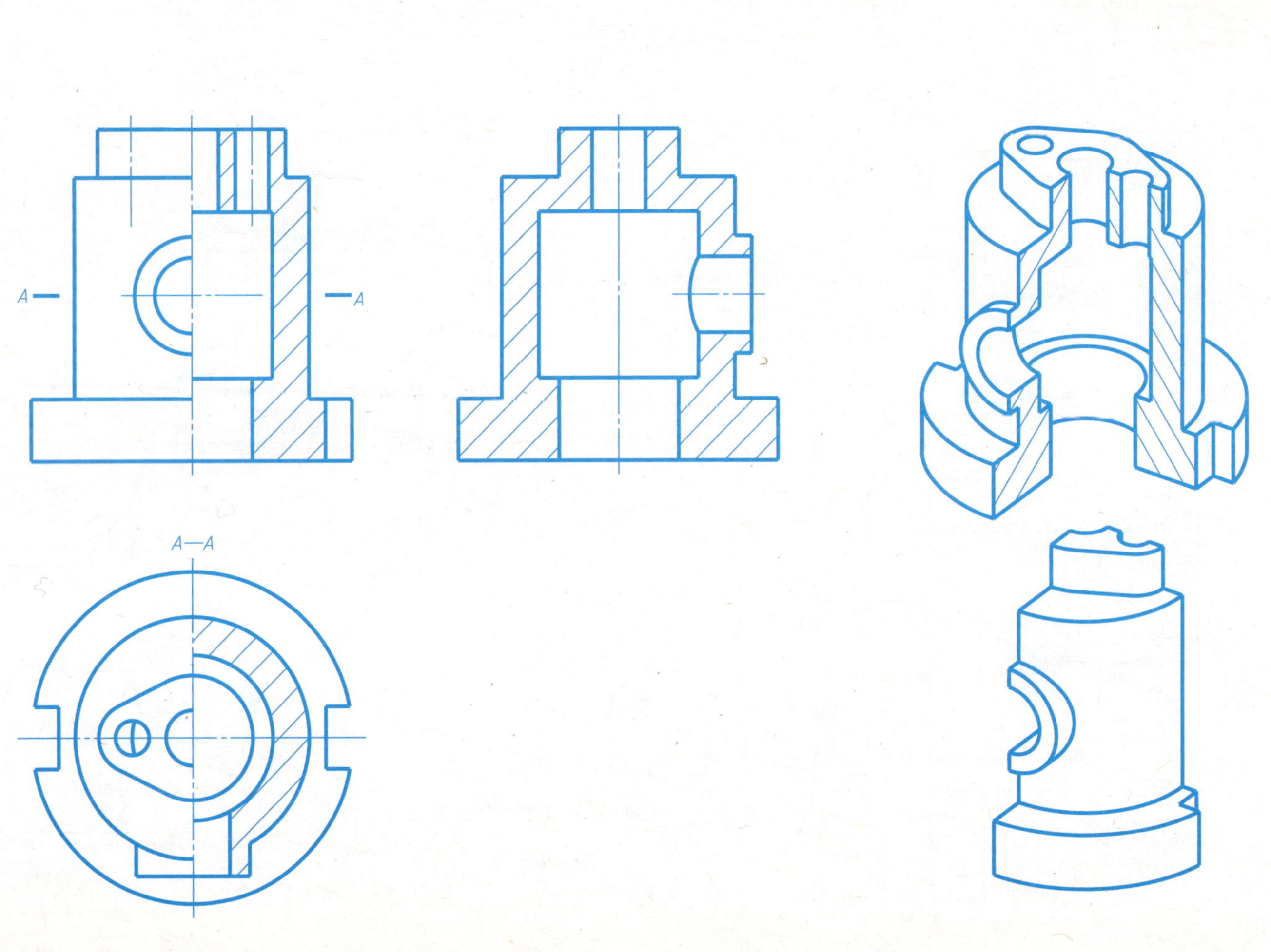

5-20　改正局部剖视图中的错误，不要的图线打“×”	5-21　在指定位置将机件的主视图及俯视图画成局部剖视图
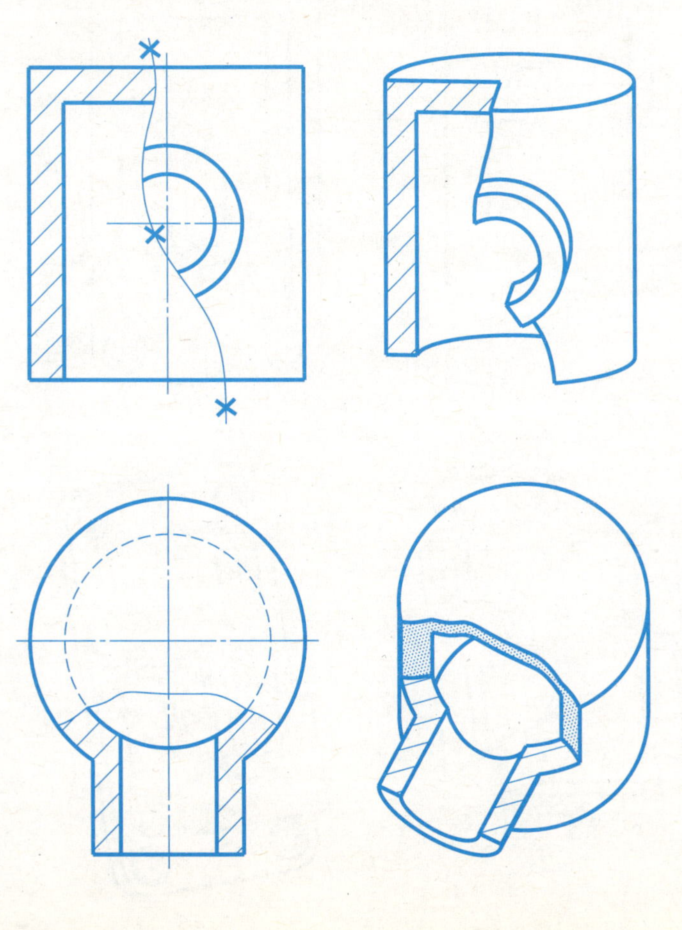	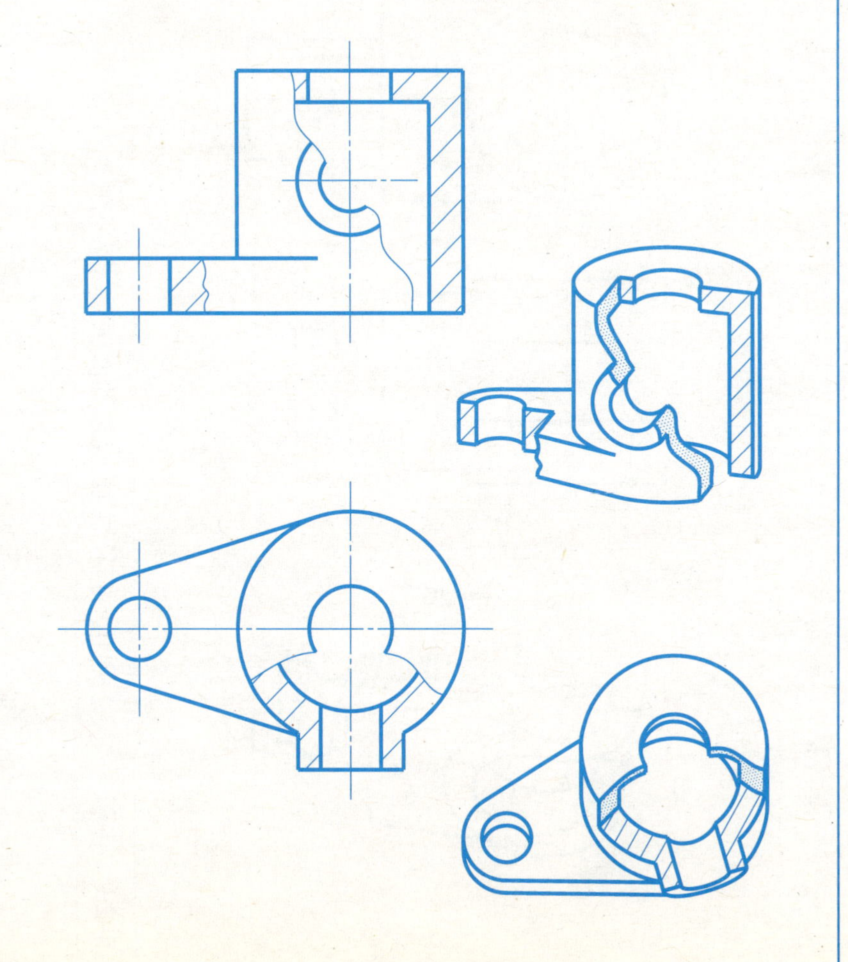

5-22　在指定的位置，将俯视图中的三个孔画成局部剖视图

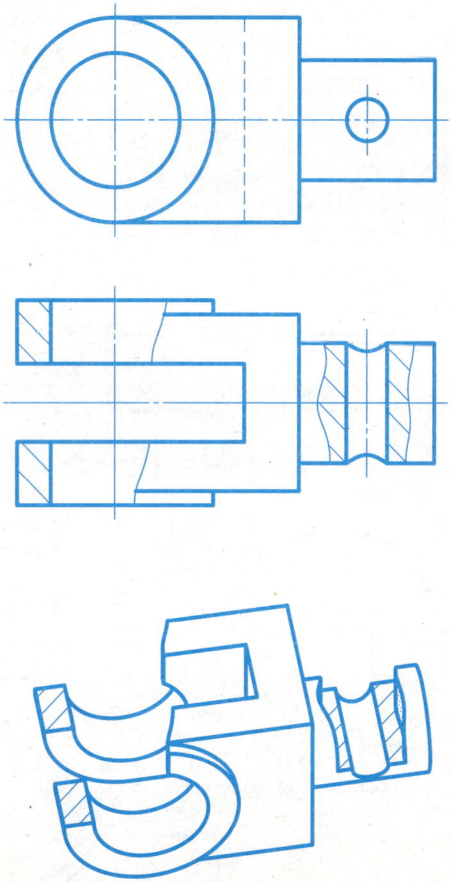

5-23　将机件的主视图、俯视图画成适当的局部剖视图

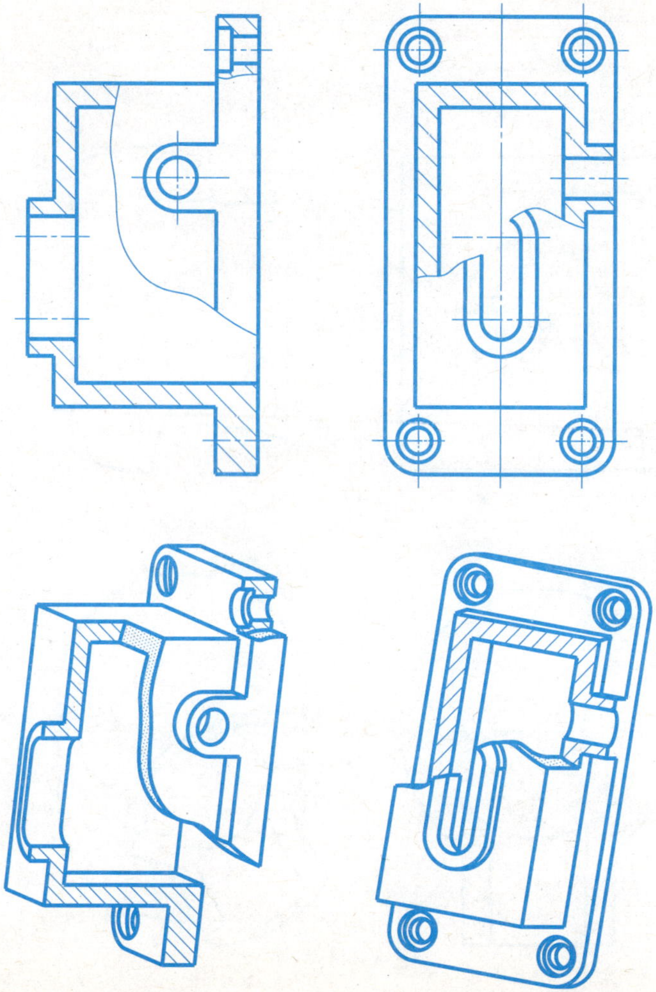

5-24　在指定位置，将主视图画成用两个相交剖切平面（旋转剖）剖开后的全剖视图

（1）

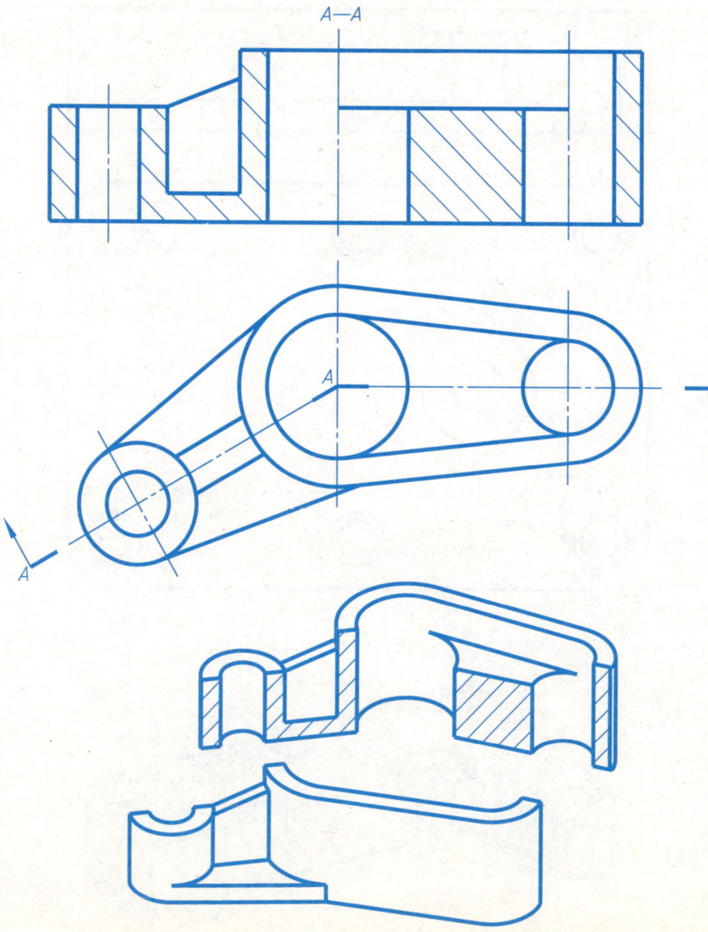

A—A

A

A

（2）

A—A

A

A

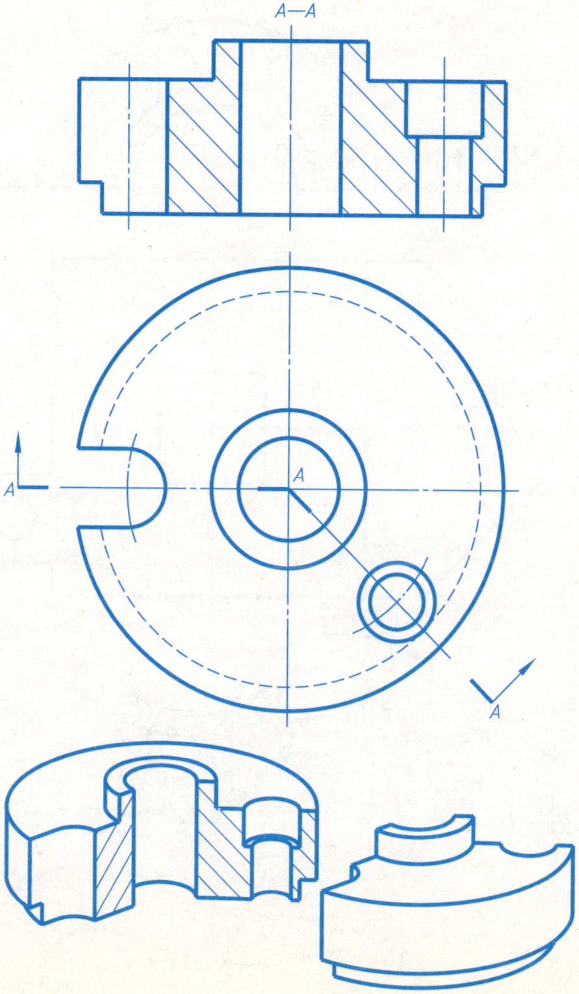

5-25 在指定位置，将机件的主视图画成用两个平行剖切平面（阶梯剖）剖开后的全剖视图

5-26　在指定位置，将主视图画成用两个相交剖切平面（旋转剖）剖开后的局部剖视图

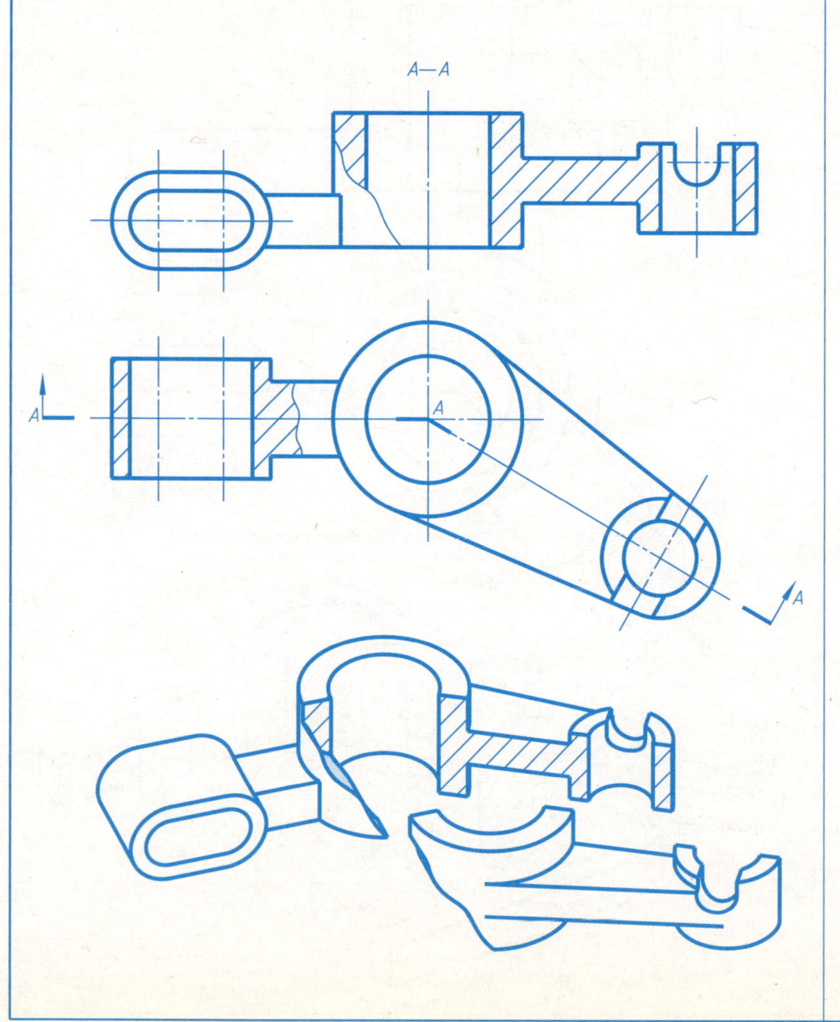

5-27　在指定位置将俯视图画成用两个平行剖切平面（阶梯剖）剖开后的半剖视图

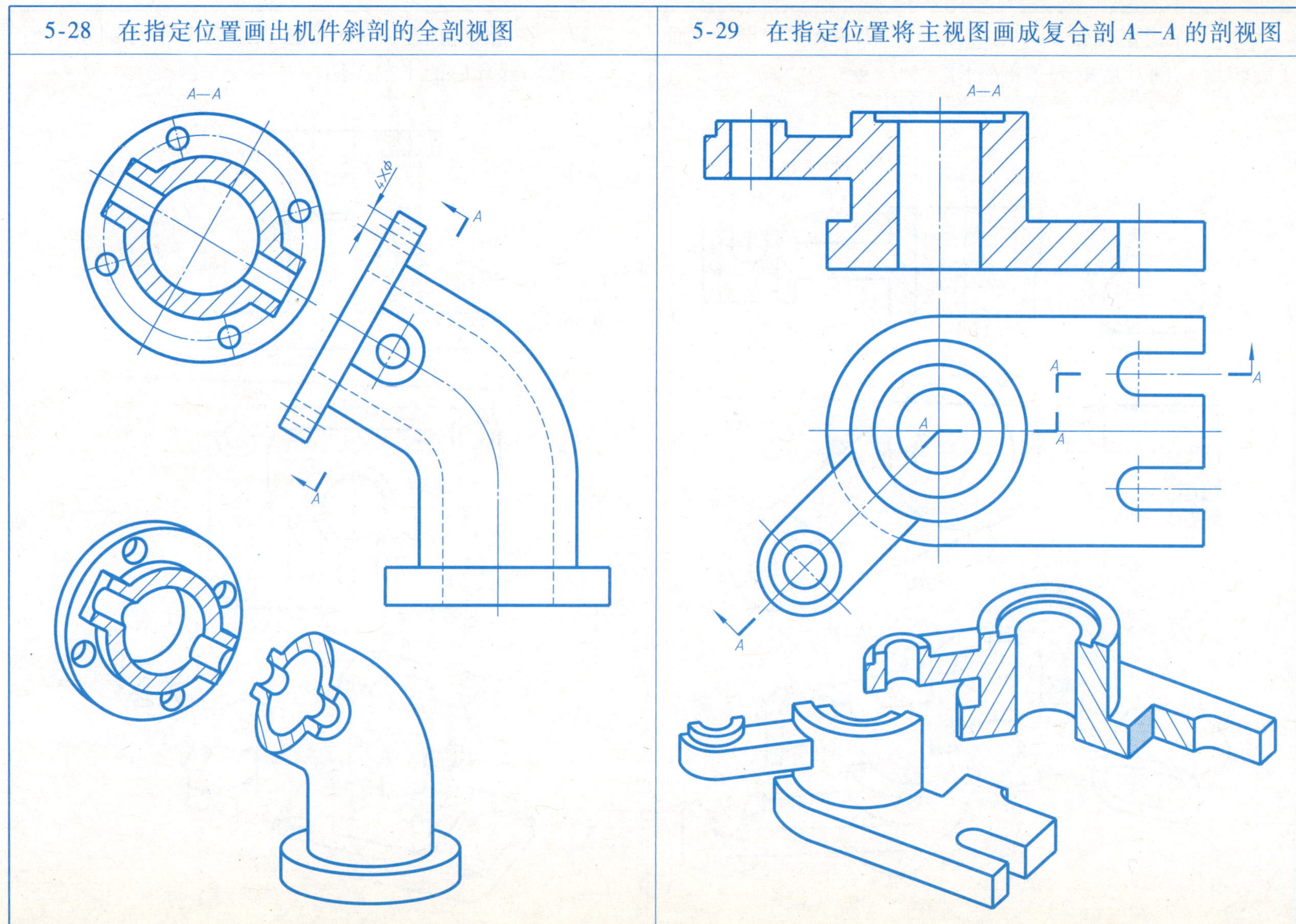
5-28　在指定位置画出机件斜剖的全剖视图
5-29　在指定位置将主视图画成复合剖 A—A 的剖视图
A—A
4×φ
A
A—A
A
A
A
A

5-30　将主视图改画为使用两个平行的剖切平面（阶梯剖）剖开后的全剖视图，并作出 *A—A* 半剖左视图

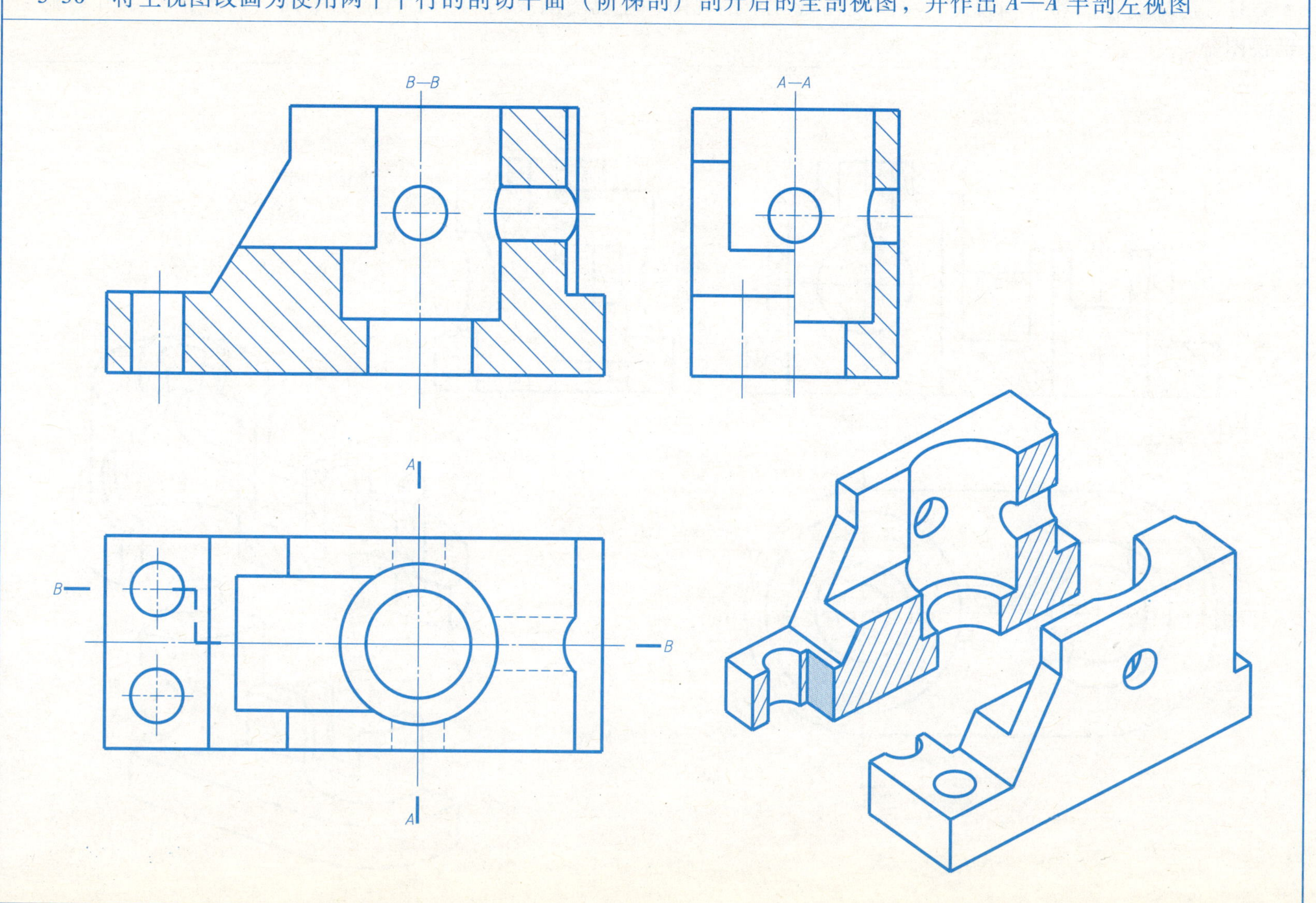

5-31　已知俯视图和 A 向视图，将主视图画成全剖视图，左视图画成用两个平行剖切平面（阶梯剖）剖开后的全剖视图

班级　　　　姓名　　　　学号

5-32　标注剖视图的尺寸，数值按 1:1 从图中量取（取整数）

(1)　　　　(2)

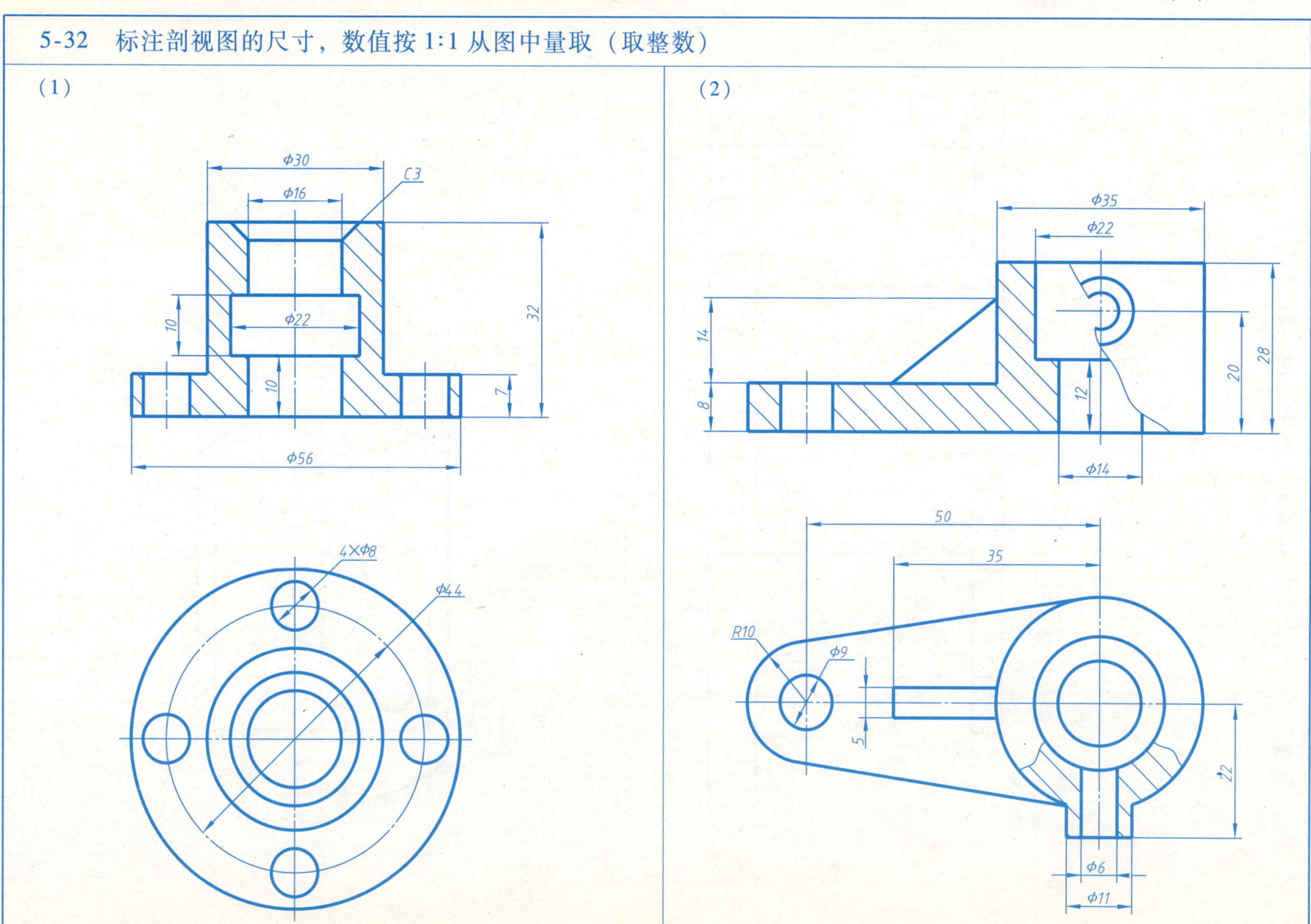

5-33　标注剖视图的尺寸，数值按 1:1 从图中量取（取整数）

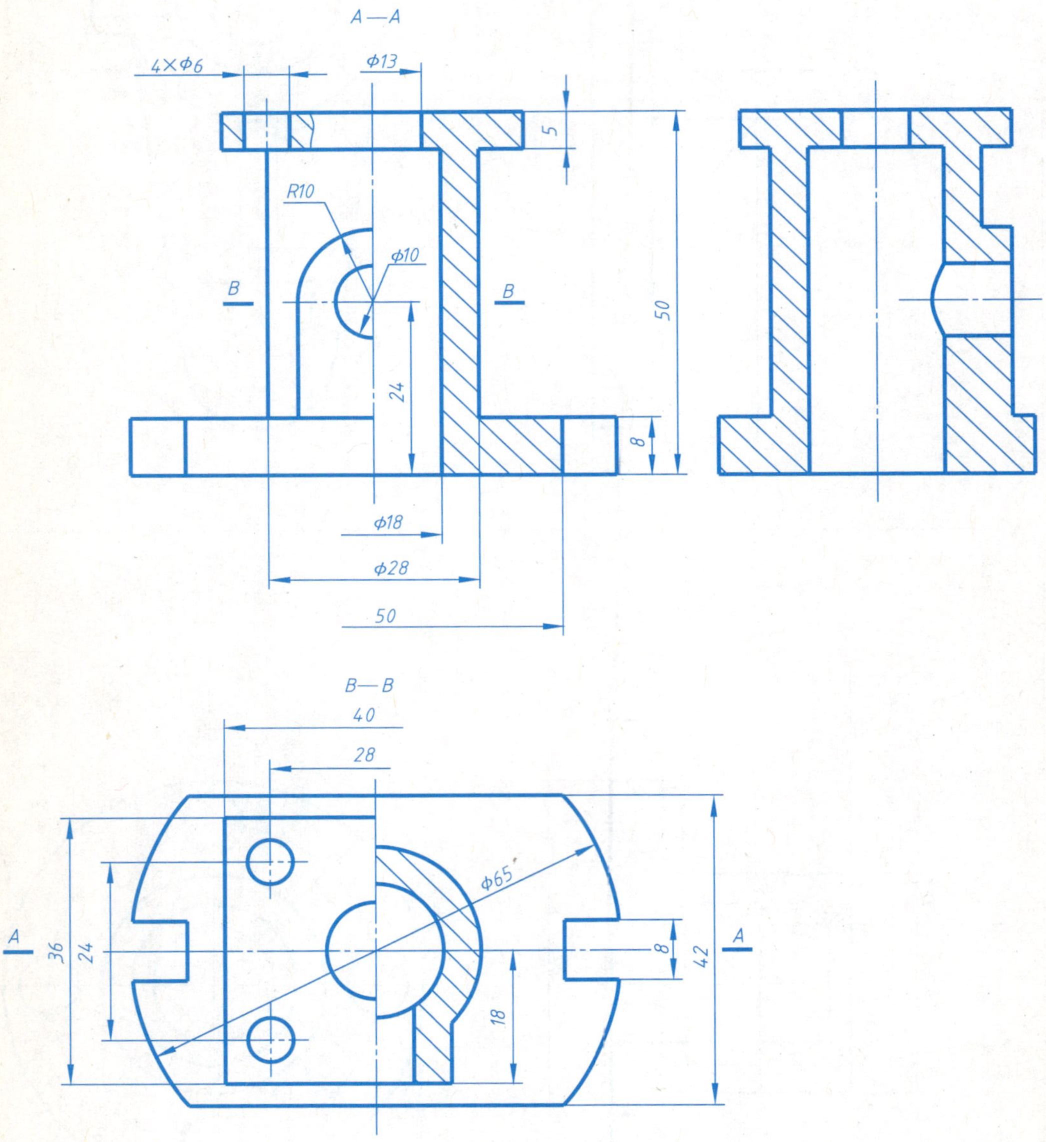

5-34　按指定的剖切位置绘制断面图（注：轴的左方键槽为单键槽，深 4.5mm，90°锥坑深 3mm，右方半圆键键槽宽 6mm，中间圆孔直径为 6mm）

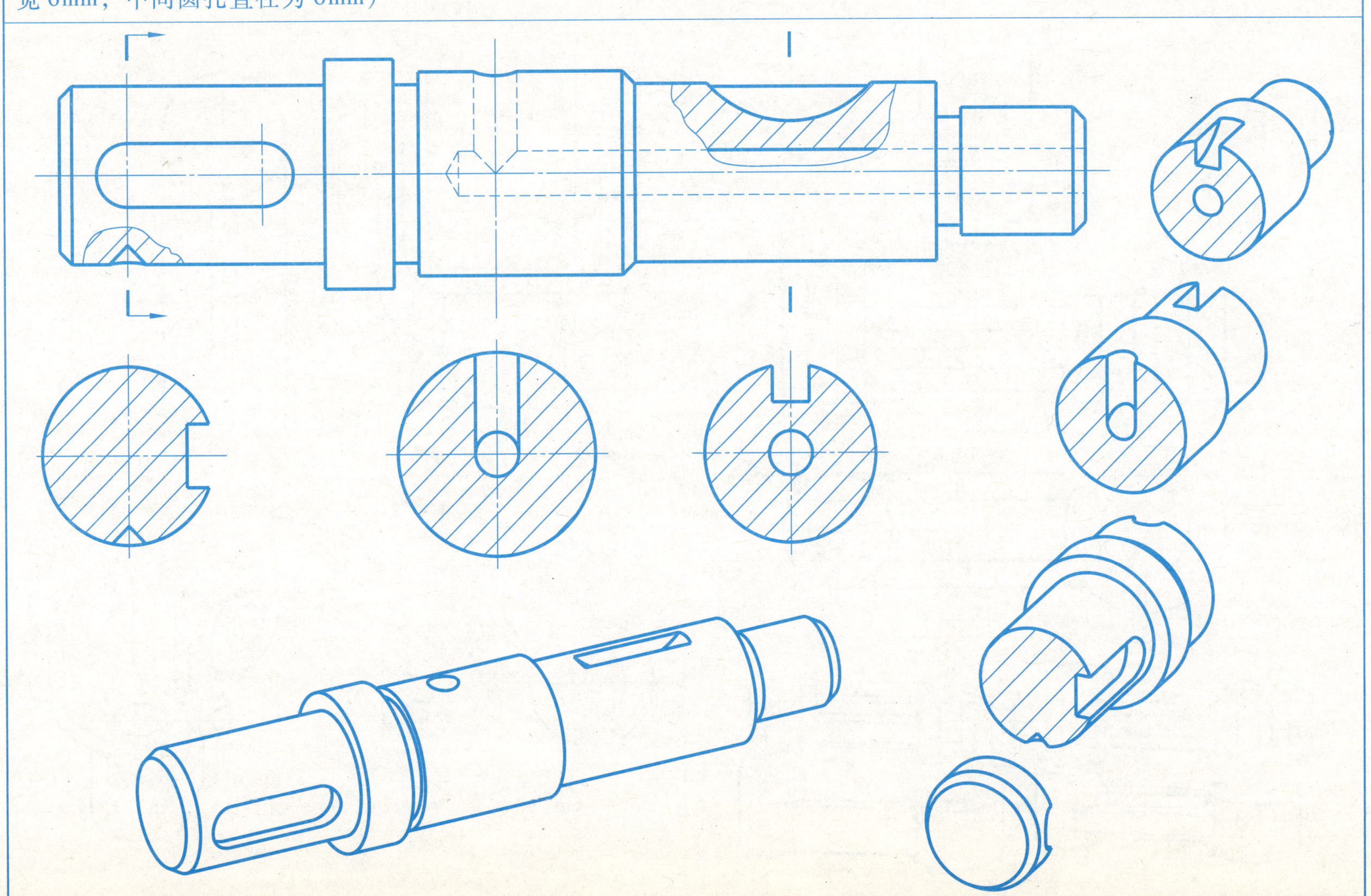

5-35　在指定位置画移出断面图

5-36　在指定位置画出 *B*—*B* 移出断面

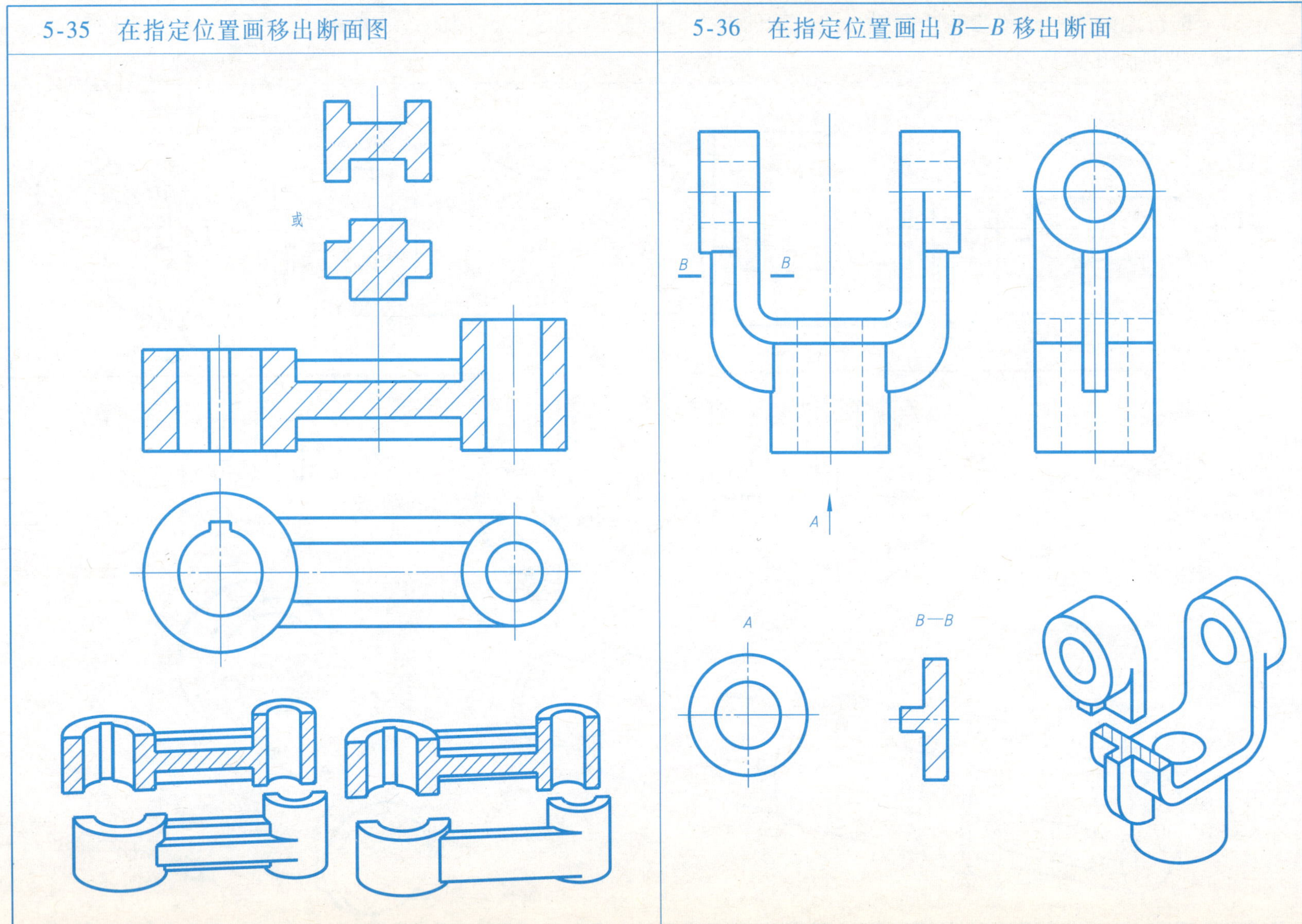

5-37　在指定位置（主视图点画线处）作出连接板的重合断面图

(1)　　(2)

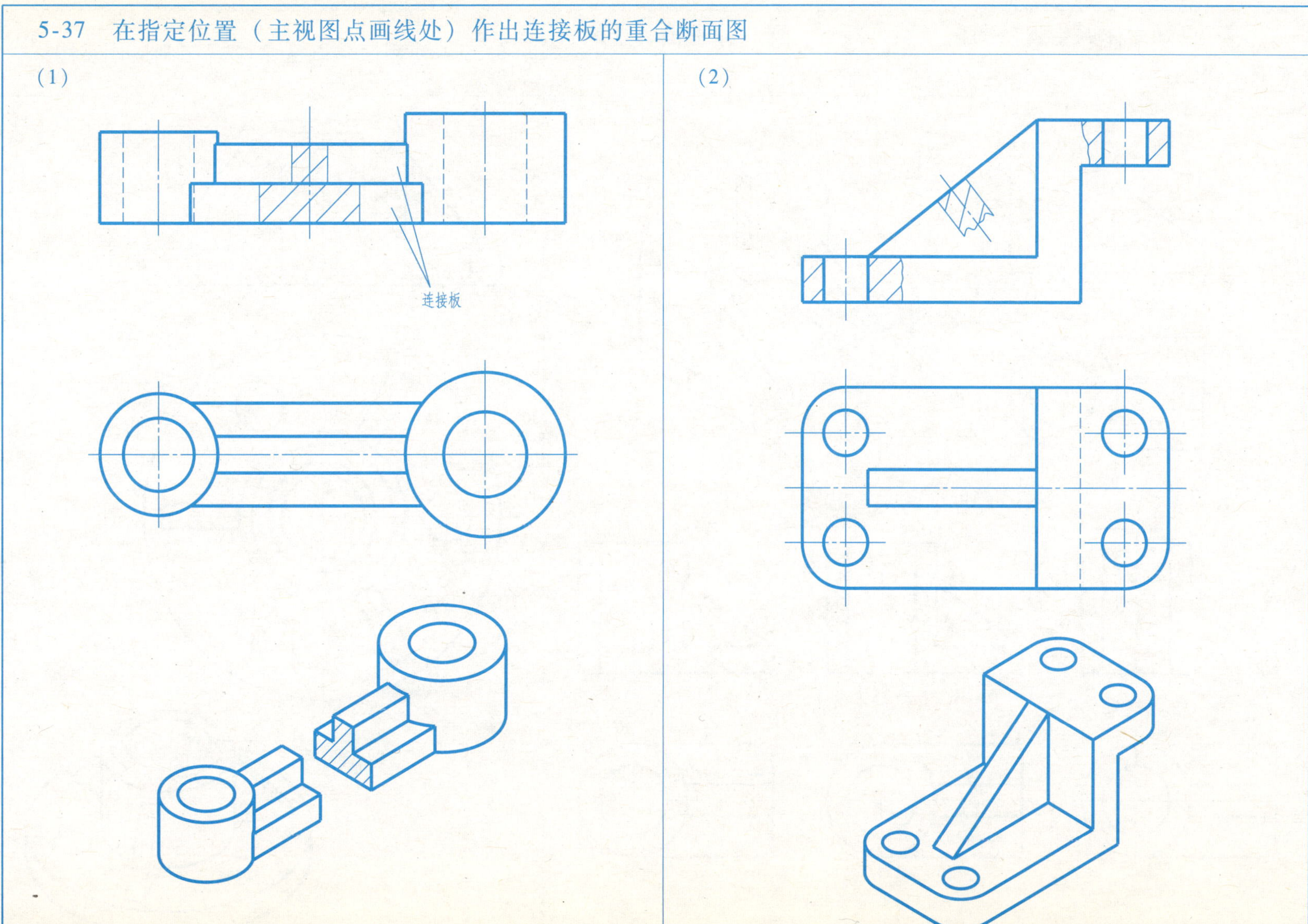

5-38 已知立体的主视图和俯视图，判断下列三种主视图全剖视图的正确性

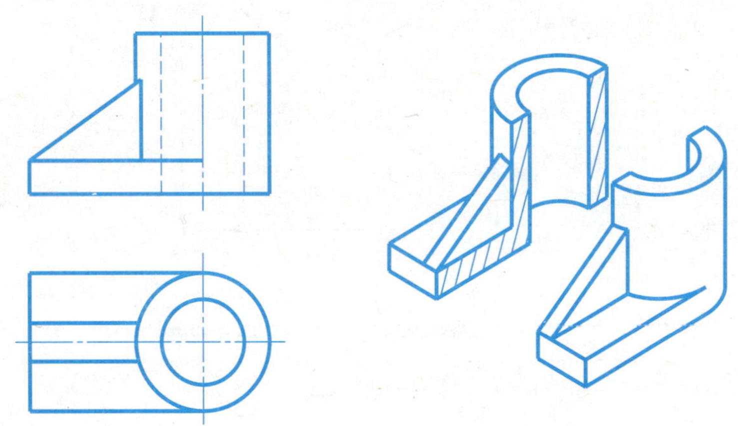

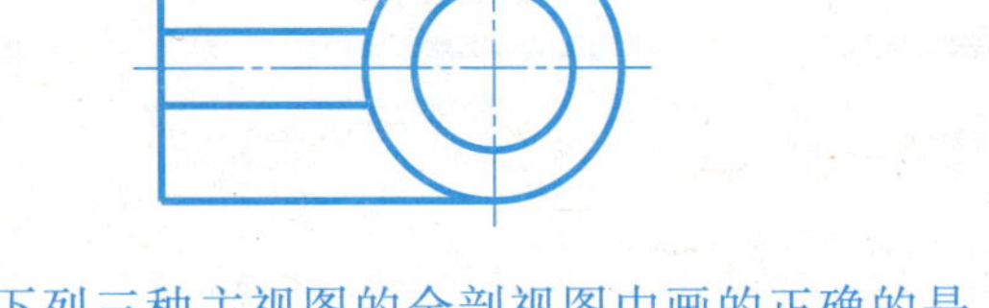

下列三种主视图的全剖视图中画的正确的是（b）。

5-39 使用简化画法将主视图画成剖视图

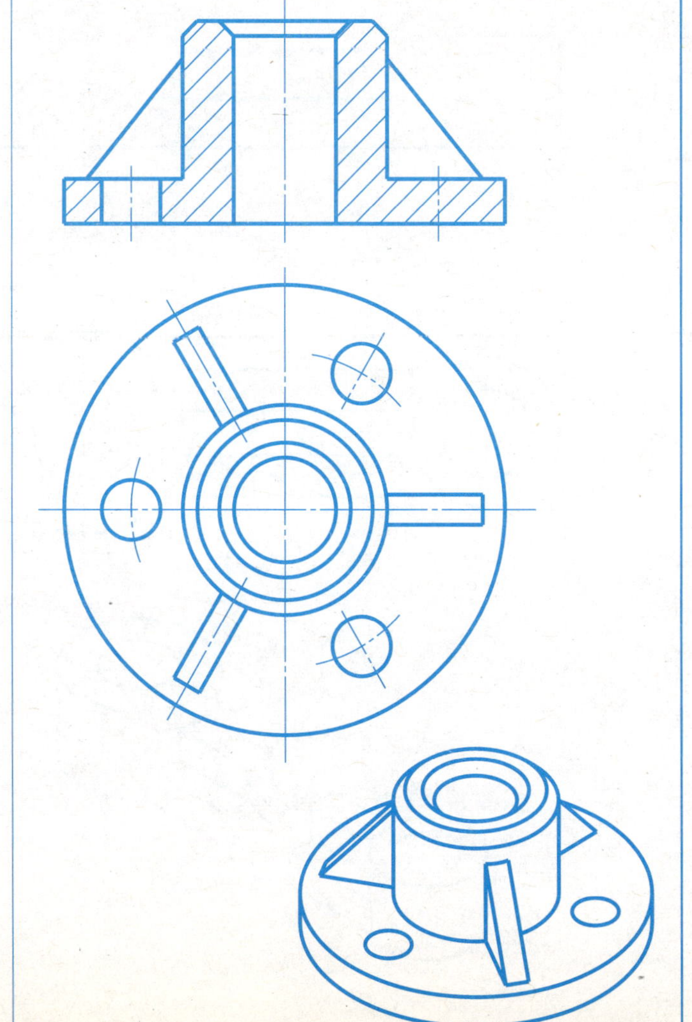

5-40 根据所给视图，在A3图纸上画出机件的主、俯、左视图，并作适当剖视，绘图比例2:1（图名：表达方案选择1），立体图见P224

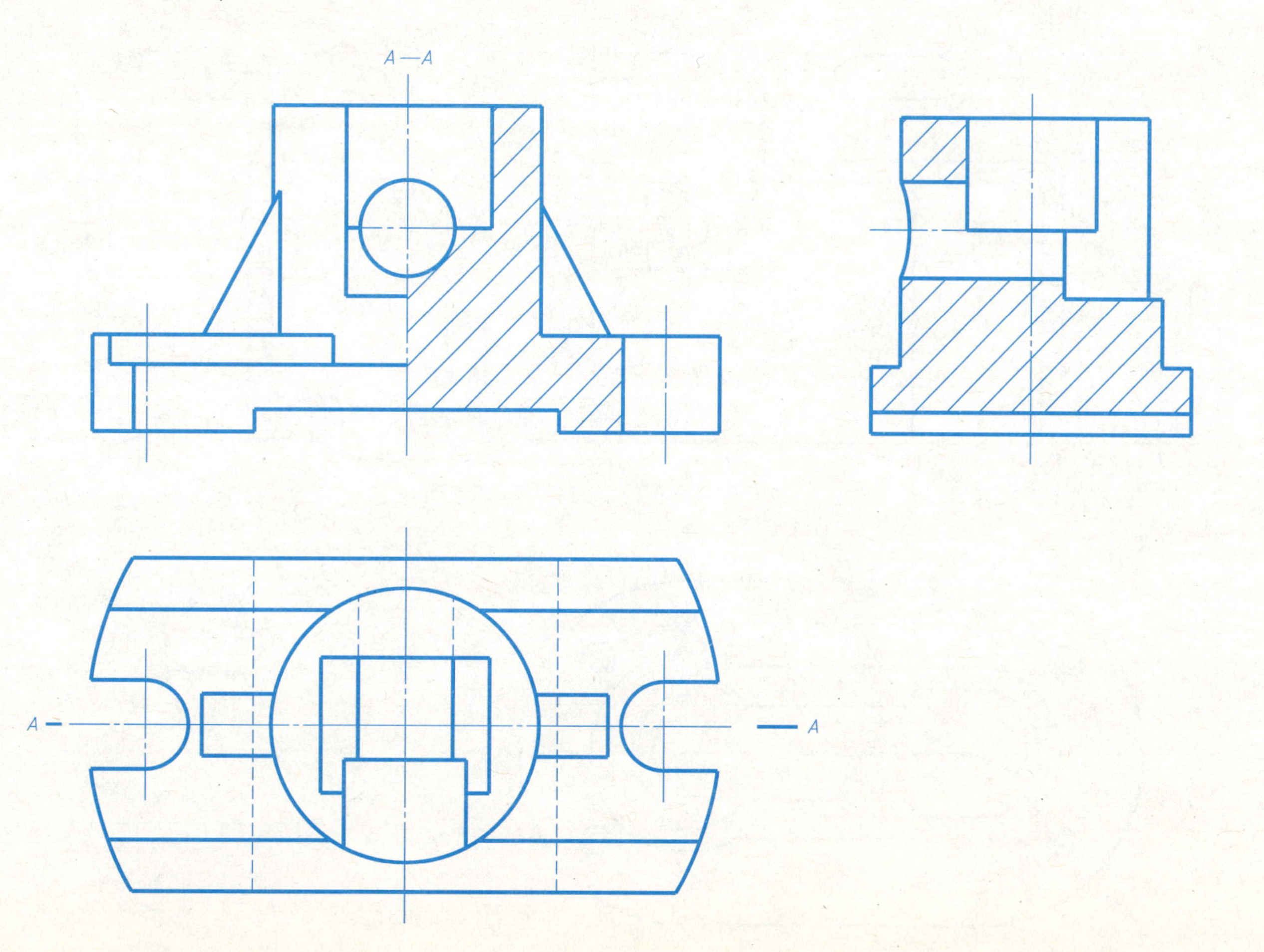

5-41　由机件的两视图，选择合适的表达方案（剖视、断面图和其他视图），画在 A3 图纸上，绘图比例 1:2，并标注尺寸（图名：表达方案选择 2），立体图见 P224

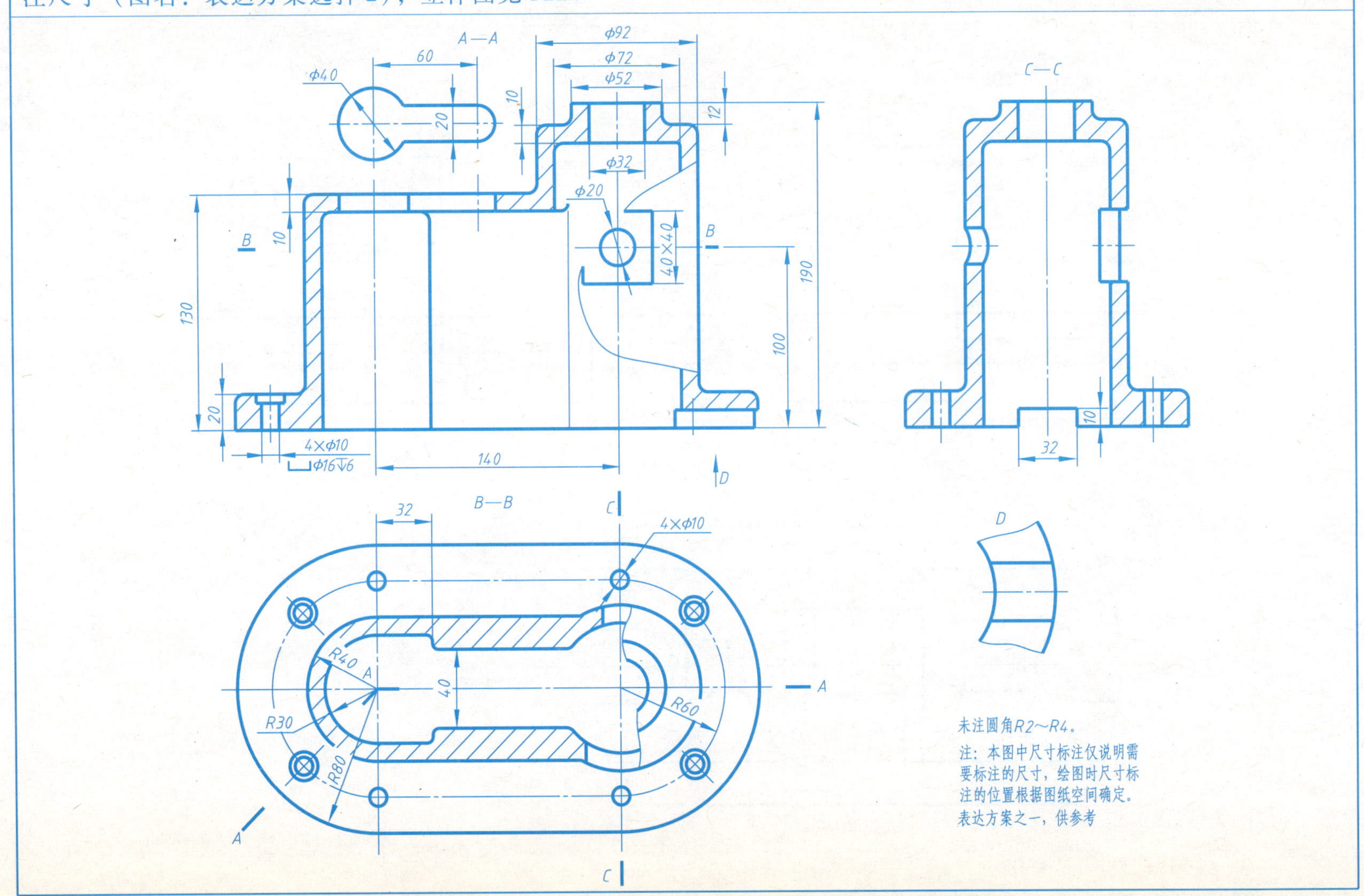

5-42 选择适当的表达方案，将图示机件的内外部形状结构表达清楚，并标注尺寸。用 A3 图纸，比例为 1:1（图名：表达方案选择 3），立体图见 P225

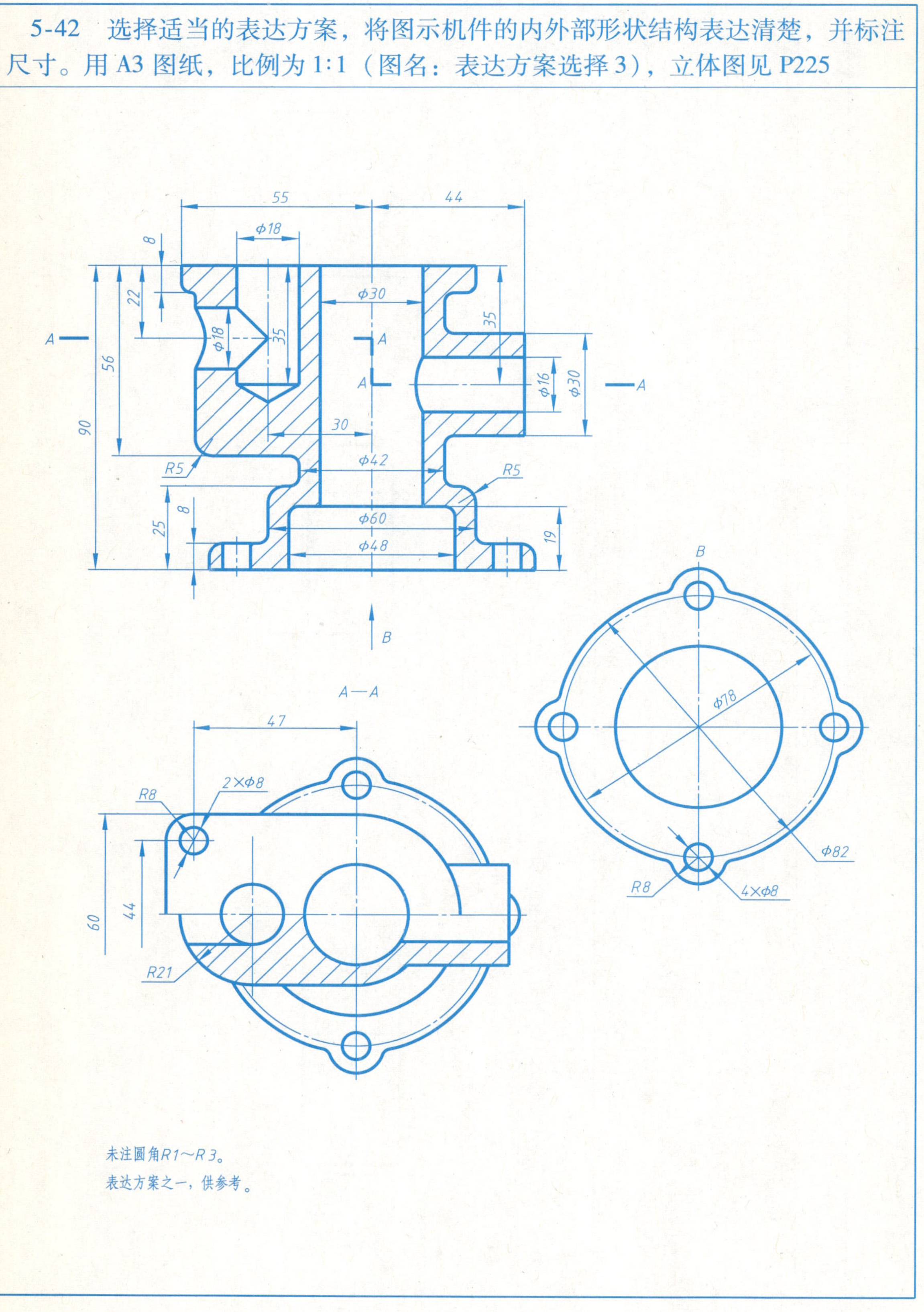

6-1　识别下列螺纹标记中各代号的意义，并填表

螺纹标记	螺纹种类	螺纹大径	导程	螺距	线数	公差带代号	旋向
M20-6H-LH	普通螺纹（粗牙、内螺纹）	20	2.5	2.5	单线	6H	左旋
M20×1.5-7g6g-L	普通螺纹（细牙、外螺纹）	20	1.5	1.5	单线	6g、7g	右旋
Tr40×14(P7)-8e-L	梯形螺纹（外螺纹）	40	14	7	双线	8e	右旋
G3/4	55°非密封管螺纹（内螺纹）	26.441	1.814	1.814	单线		右旋

6-2　分析螺纹画法中的错误，将正确画法画在下面指定处

(1)

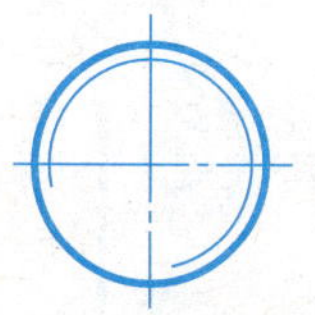

(2)

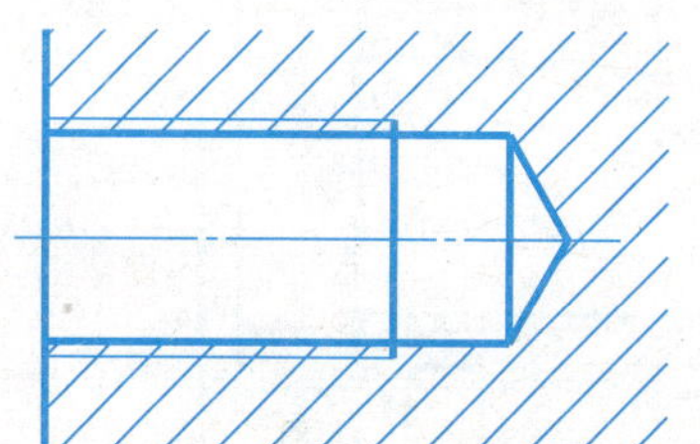

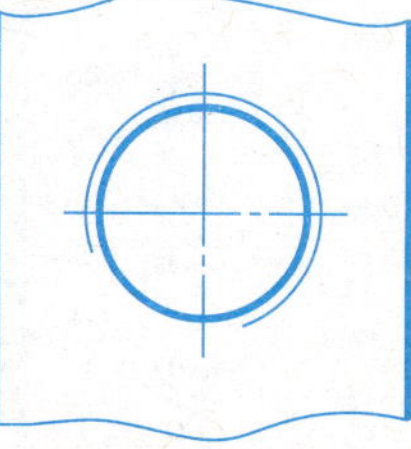

6-3 标注螺纹代号

6-4 分析图中内、外螺纹连接画法的错误，将正确图画在下面指定位置

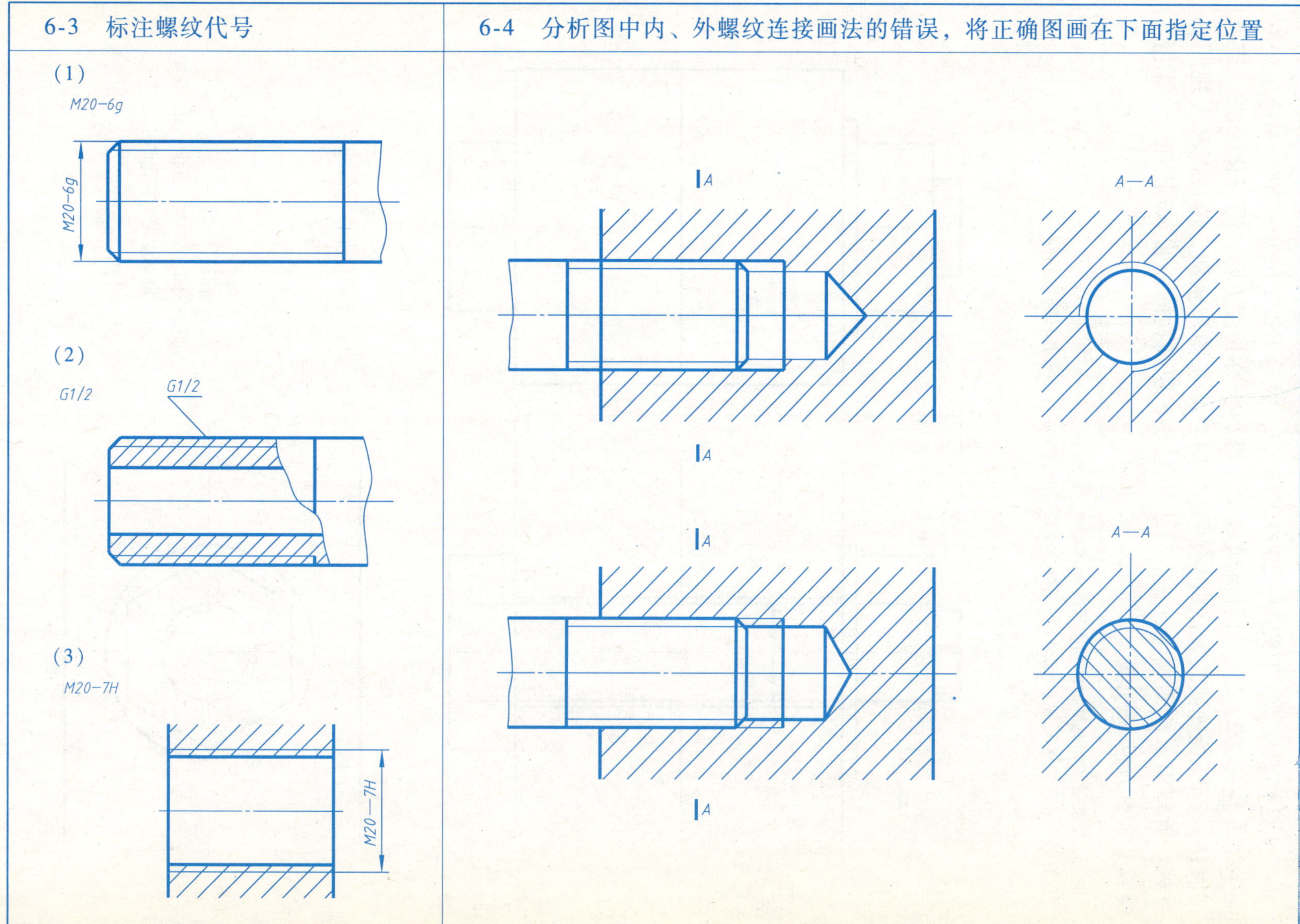

6-5 已知螺栓 GB/T 5780—2000 M16 × l，螺母 GB/T 6170—2000 M16，垫圈 GB/T 97.1—2002 16，计算并查表确定螺栓公称长度 l 后，用简化画法（或近似画法）画螺栓连接装配图（比例为 1:1）。主视图作全剖，俯视图和左视图画外形。并写出螺栓的规定标记。注：可与 6-6 题画在同一张 A3 图纸上（图名：螺纹紧固件连接装配图）

说明：应先计算得到螺栓的画图长度 $l = 76$mm，再画图

计算并查表确定注写规定标记时的螺栓公称长度 $l = 80$mm（参考教材例 6-1）

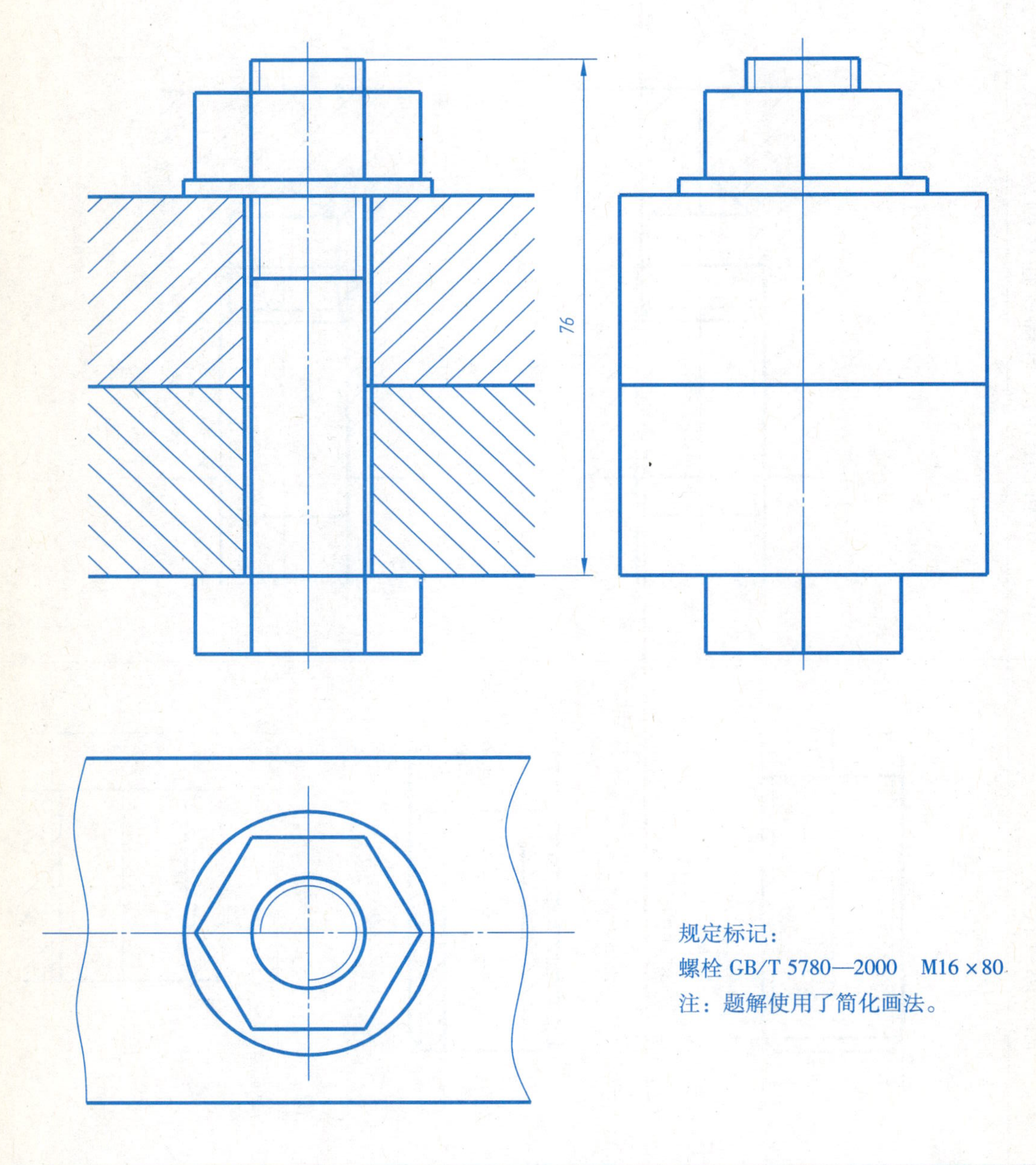

规定标记：

螺栓 GB/T 5780—2000 M16 × 80

注：题解使用了简化画法。

6-6　已知双头螺柱 GB/T 899—1988 M16 × l，螺母 GB/T 6170—2000 M16，垫圈 GB/T 93—1987—16，计算并查表确定螺柱的公称长度 l 后，用简化画法（或比例画法）画双头螺柱连接装配图（比例 1∶1）。主视图作全剖，俯视图画外形。并写出双头螺柱的规定标记。注：可与 6-5 题画在同一张 A3 图纸上（图名：螺纹紧固件连接装配图）

说明：可先计算得到螺柱的画图长度 $l=39$mm（参考教材 6.2.3 节），再画图。
计算并查表确定注写规定标记时的螺柱公称长度 $l=45$mm（参考教材例 6-2）

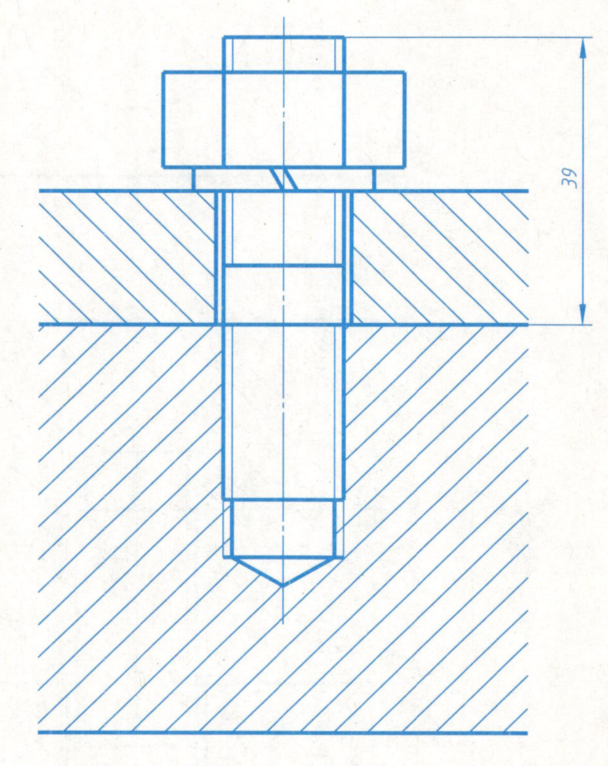

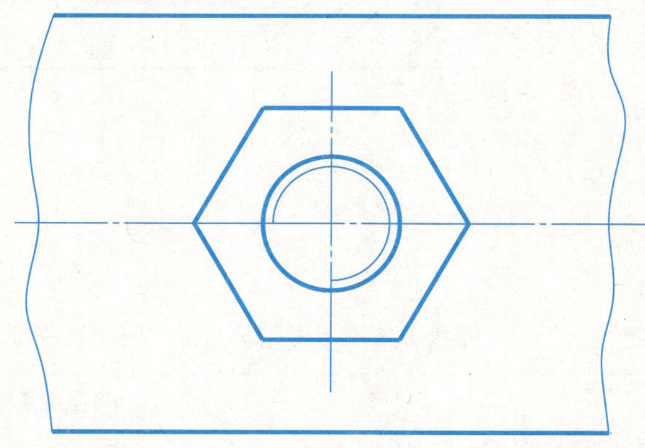

规定标记：
螺柱 GB/T 899—1988　M16 × 45
注：题解使用了简化画法。

6-7　已知螺钉 GB/T 68—2000 M8 ×25，用简化画法画出螺钉连接装配图（比例 2:1）。主视图作全剖，俯视图画外形

解：本题是按螺钉的螺杆上部分制出螺纹画的，即将螺纹终止线画在螺孔口之上。也可按全部制出螺纹画（参考教材图 6-20b）

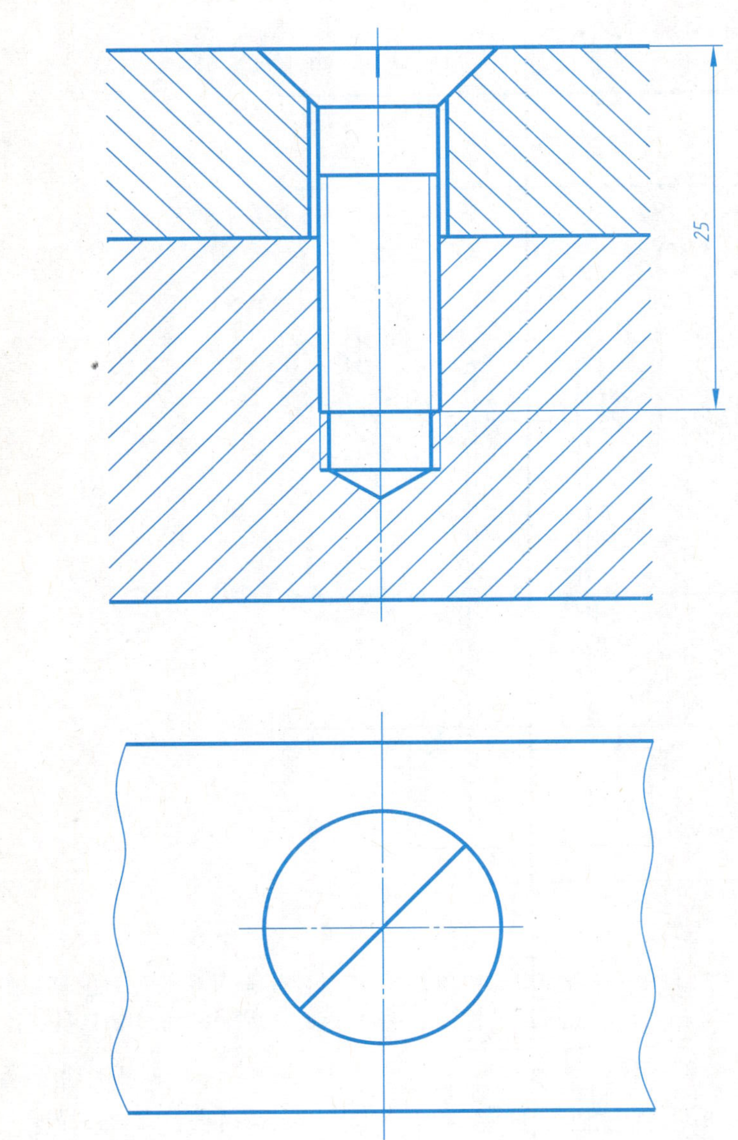

6-8 （1）查表注出轴和齿轮上的键槽尺寸； （2）画出用普通平键（GB/T 1096—2003 键 12×8×28）联结轴和齿轮的装配图（比例 1:2）。	6-9 图（1）为轴、齿轮和销，在图（2）中画出用销（GB/T 119.1—2000 5m6×30）连接轴和齿轮的装配图（比例 1:1）
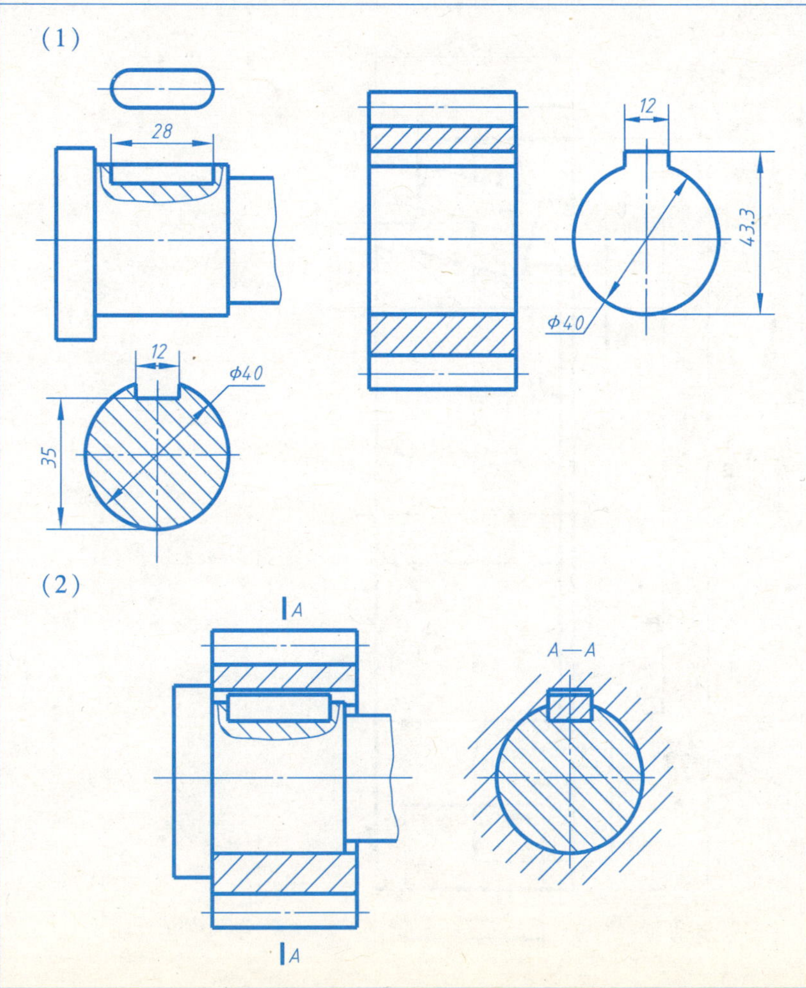	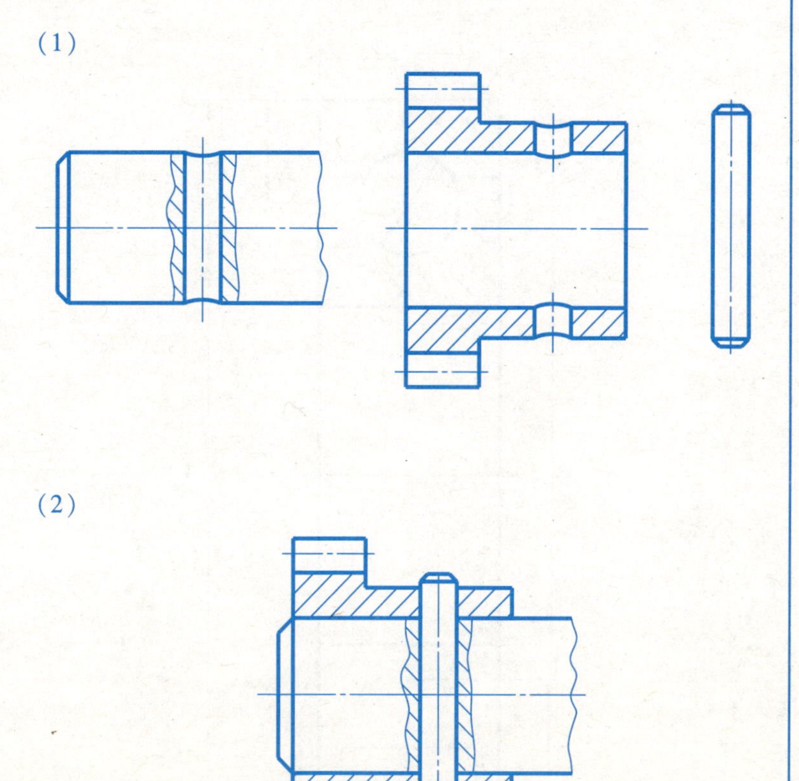

6-10　按规定画法绘制轴承 6309（比例 1:1，不注尺寸），并填写以下参数：d = 45，D = 100，B = 25

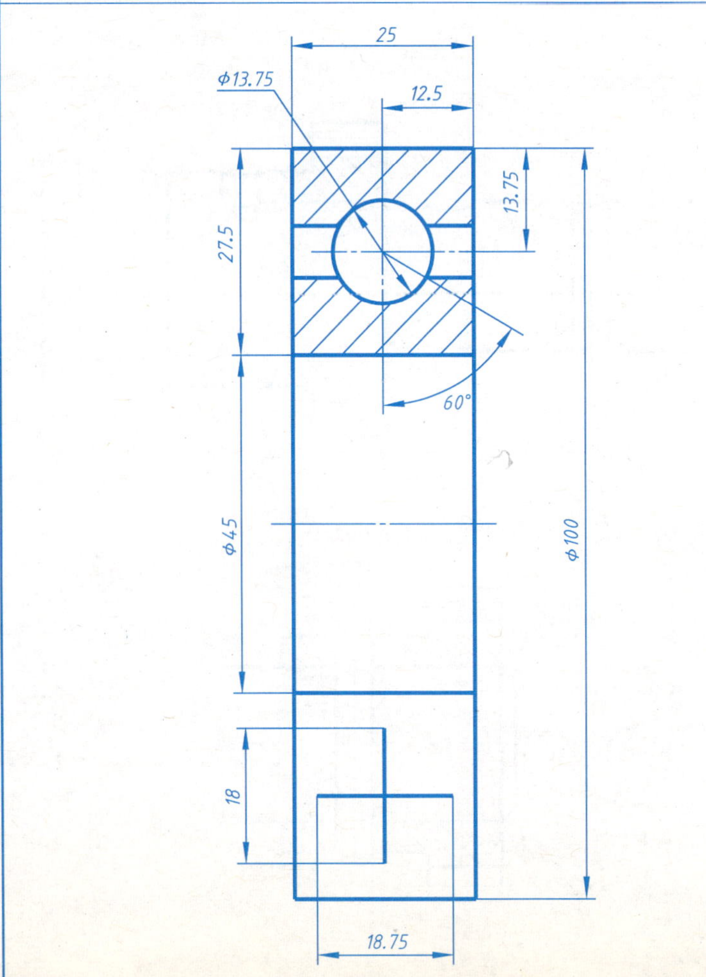

6-11　按规定画法绘制轴承 32211（比例 1:1，不注尺寸），并填写以下参数：d = 55，D = 100，T = 26.75，B = 25，C = 21

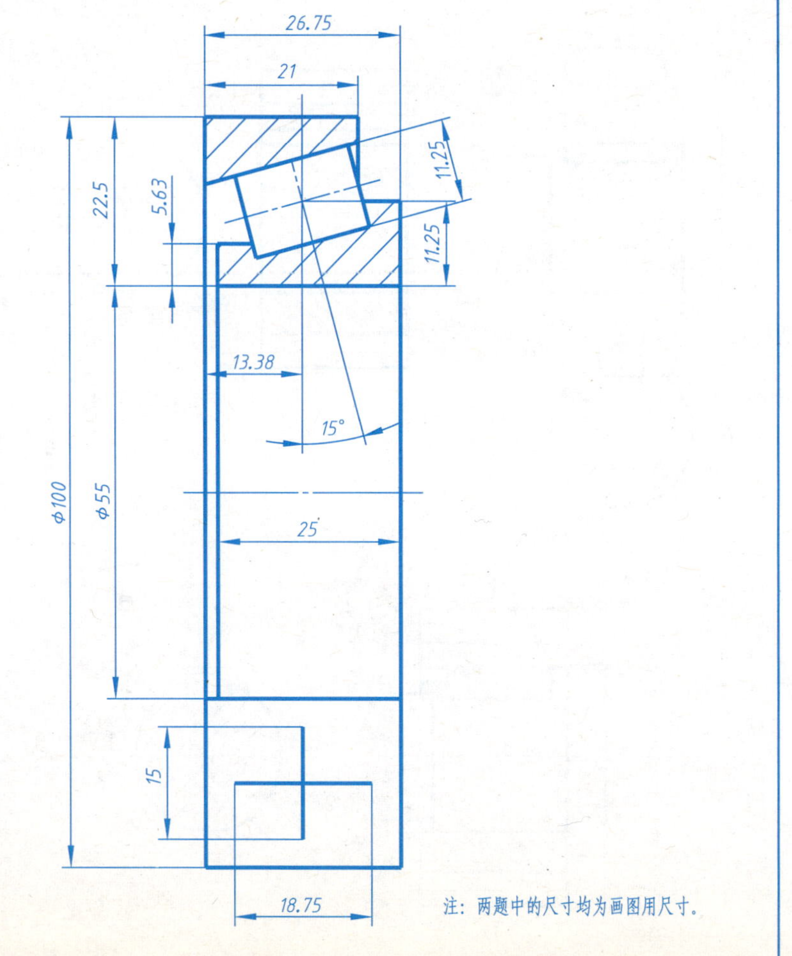

注：两题中的尺寸均为画图用尺寸。

6-12　圆柱螺旋弹簧的外径 $D_2=80\text{mm}$，节距 $t=16\text{mm}$，簧丝直径 $d=10\text{mm}$，有效圈数 $n=10$，支承圈数 $n_2=2.5$，右旋。计算出弹簧的中径 D、自由高度 H_0，并用 1:1 的比例画出弹簧的全剖主视图。标注尺寸：中径 D，节距 t，簧丝直径 d，弹簧自由高度 H_0。

弹簧自由高度 $H_0=nt+(n_2-0.5)d=10\times16+(2.5-0.5)\times10\text{mm}=180\text{mm}$

弹簧中径 $D=D_2-d=(80-10)\text{mm}=70\text{mm}$

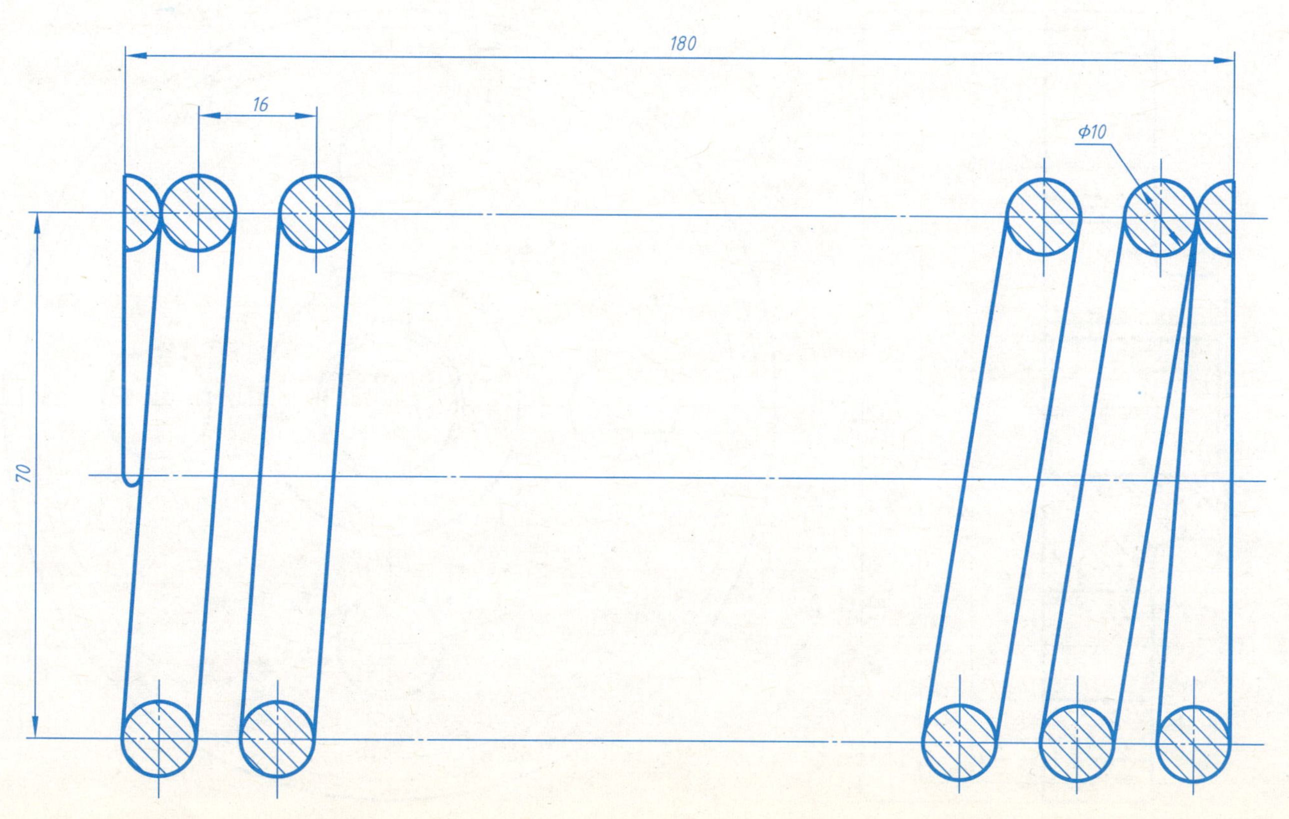

6-13　已知：标准直齿圆柱齿轮的齿数 $z=40$，模数 $m=5$mm，试求出分度圆直径 d、齿根圆直径 d_a、和齿根圆直径 d_f。用 1:2 的比例完成其两视图（主视图全剖，左视图画外形），并在图中标注分度圆直径 d、齿顶圆直径 d_a 和齿根圆直径 d_f

d =200mm

d_a=210mm

d_f=187. 5mm

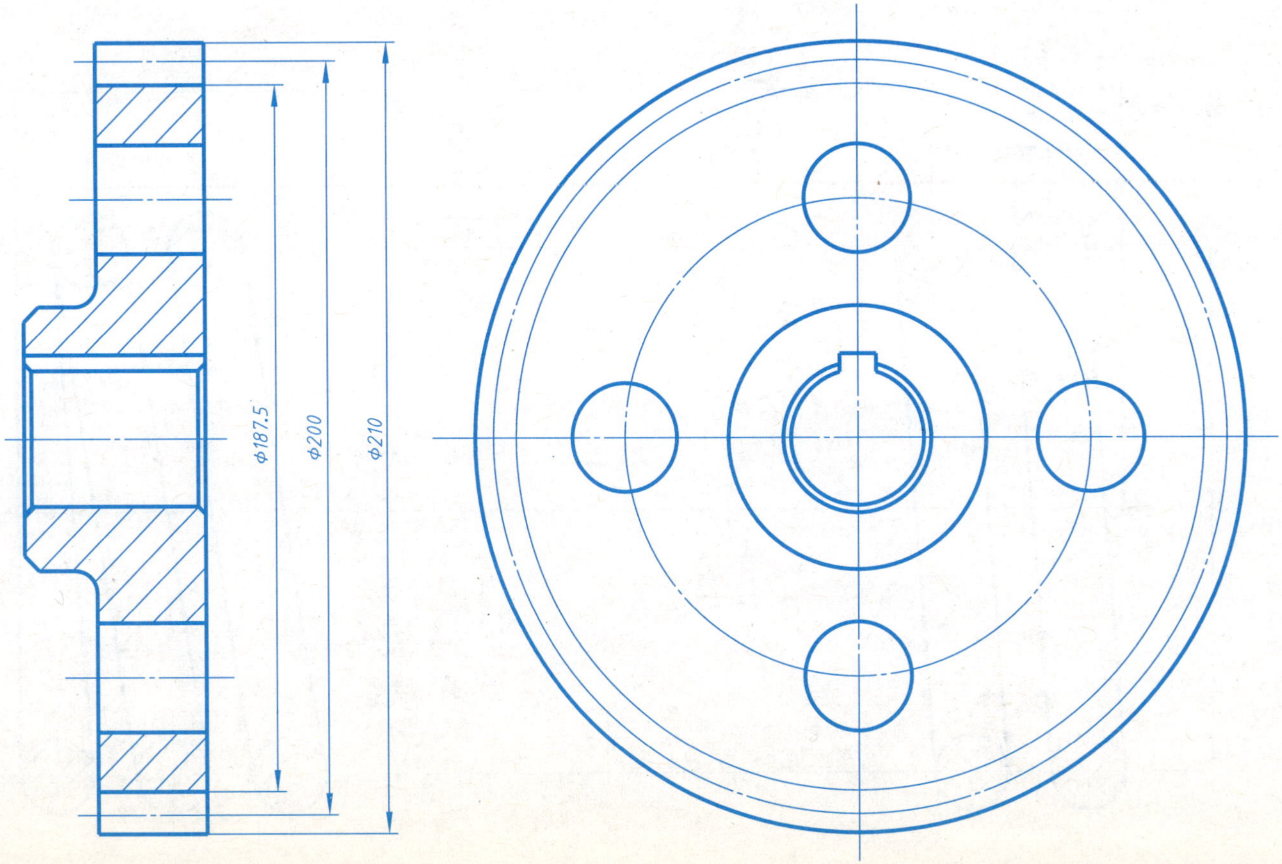

6-14　已知两直齿圆柱齿轮相啮合，模数 $m=3\text{mm}$，齿数 $z_1=16$、$z_2=24$，用 1:1 的比例完成其两视图（主视图全剖，左视图画外形），并计算出以下尺寸，并在图中注出中心距 a

7-1　在六棱柱外表面上标注表面粗糙度代号，表面粗糙度值 *Ra* 为 6.3μm

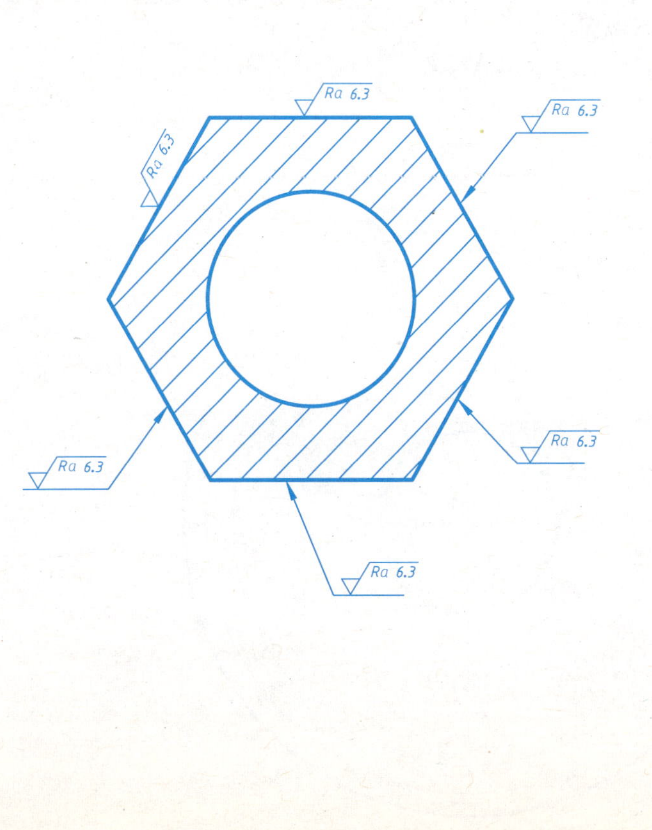

7-2　零件各表面的粗糙度如上图所示，将各表面粗糙度标注在下图上

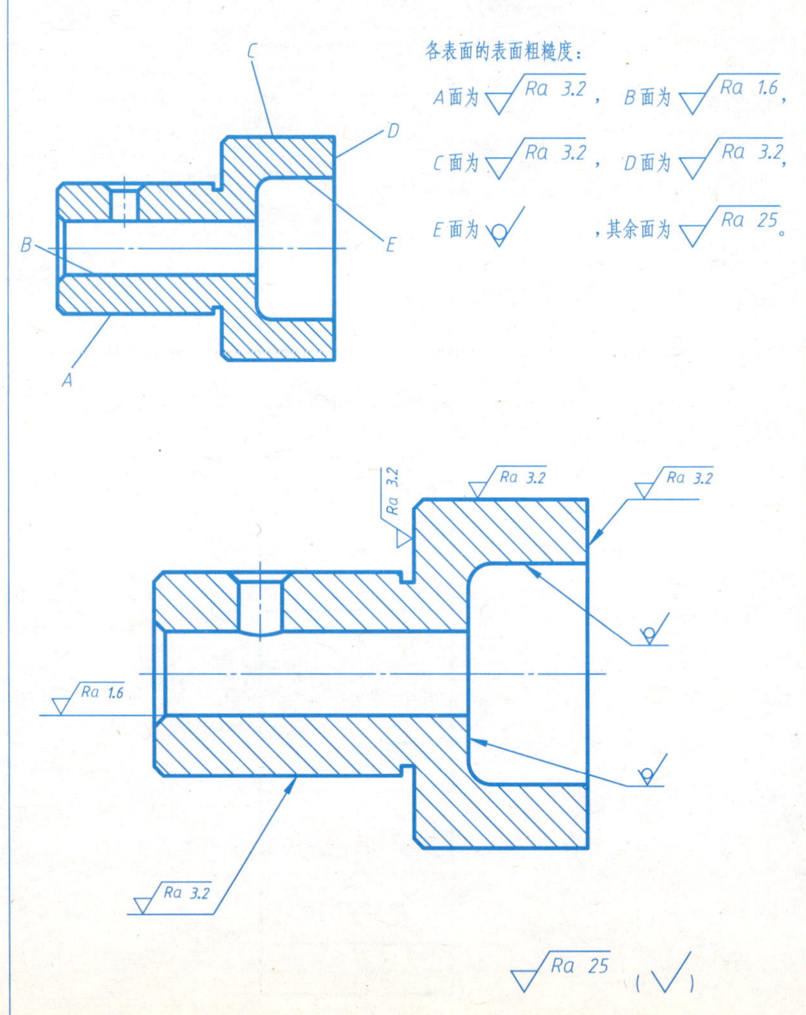

7-3　某仪器中轴和孔的配合尺寸为 $\phi30S7/h6$

（1）此配合是＿基轴＿制＿过盈＿配合。

（2）从表中查出孔和轴的上、下极限偏差，在下面的零件图中分别注出轴和孔的公称尺寸和上、下极限偏差值。

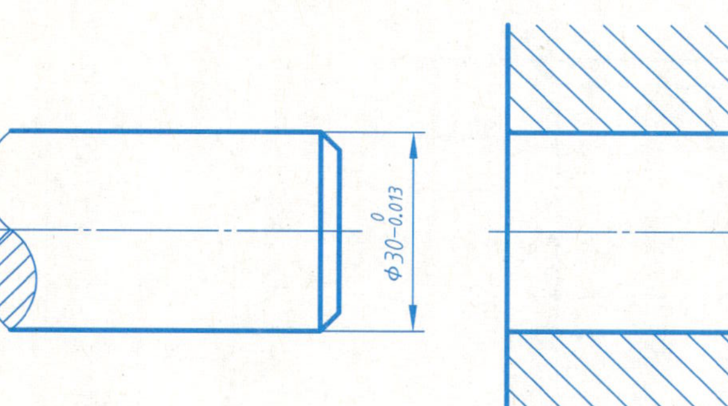

（3）画出孔轴装配图，并注出公称尺寸和配合代号。

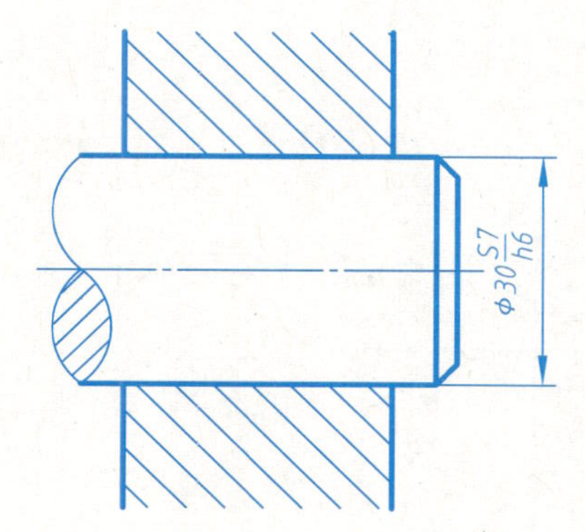

（4）画出轴和孔的公差带图。

7-4　已知与轴承外圈配合的机座孔公称尺寸为 $\phi52$，公差带代号为 J7；与轴承内圈配合的轴颈公称尺寸为 $\phi30$，公差带代号为 k6，在装配图（图 a）中标注公称尺寸和配合代号，并在零件图（图 b、c）中标注机座和轴相应结构的公称尺寸、公差带代号与极限偏差值

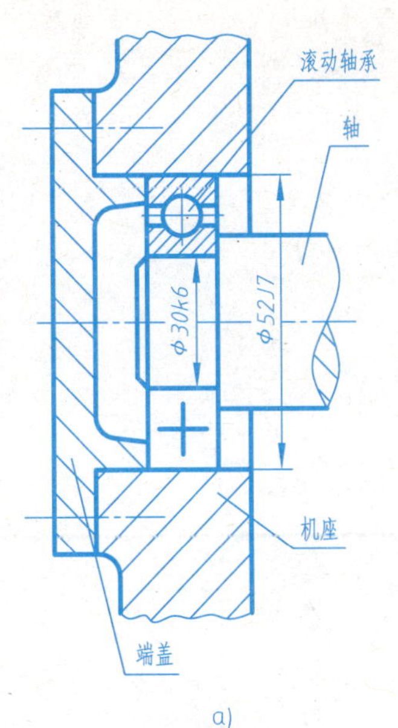

a)

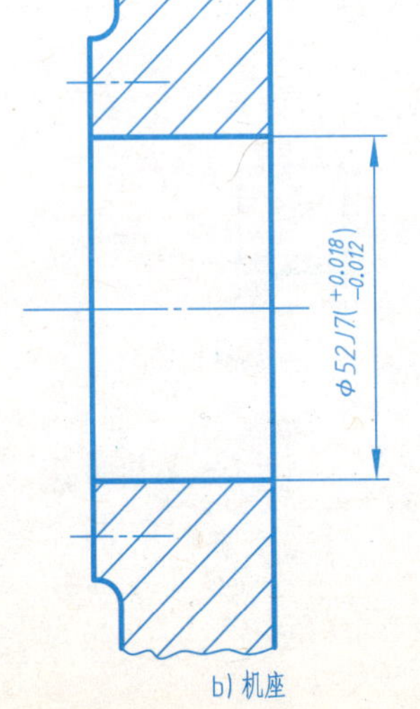

b) 机座

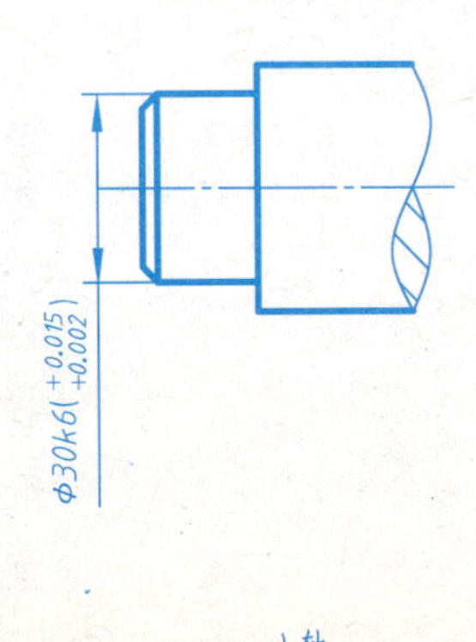

c) 轴

7-5　解释图中标注的形位公差的含义

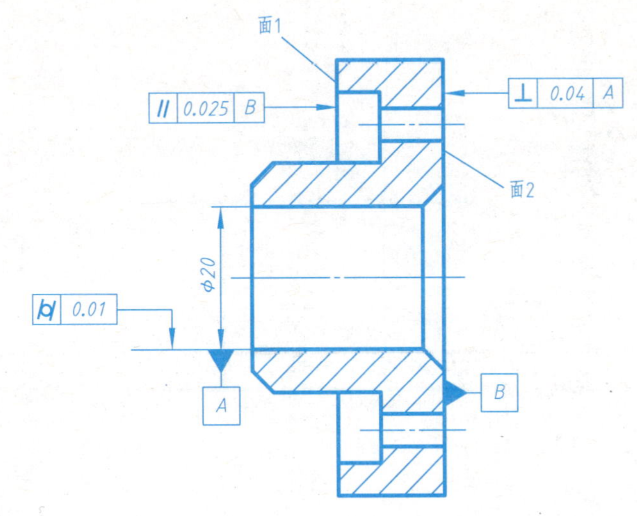

// 0.025 B　零件上面 1 对面2的平行度公差为0.025

⊥ 0.04 A　零件上面2对φ20圆柱孔轴线的垂直度公差为0.04

⌭ 0.01　零件上φ20圆柱孔的圆柱度公差为0.01

班级　　　姓名　　　学号

7-6　读懂主轴零件图，并完成题目要求，立体图见 P225

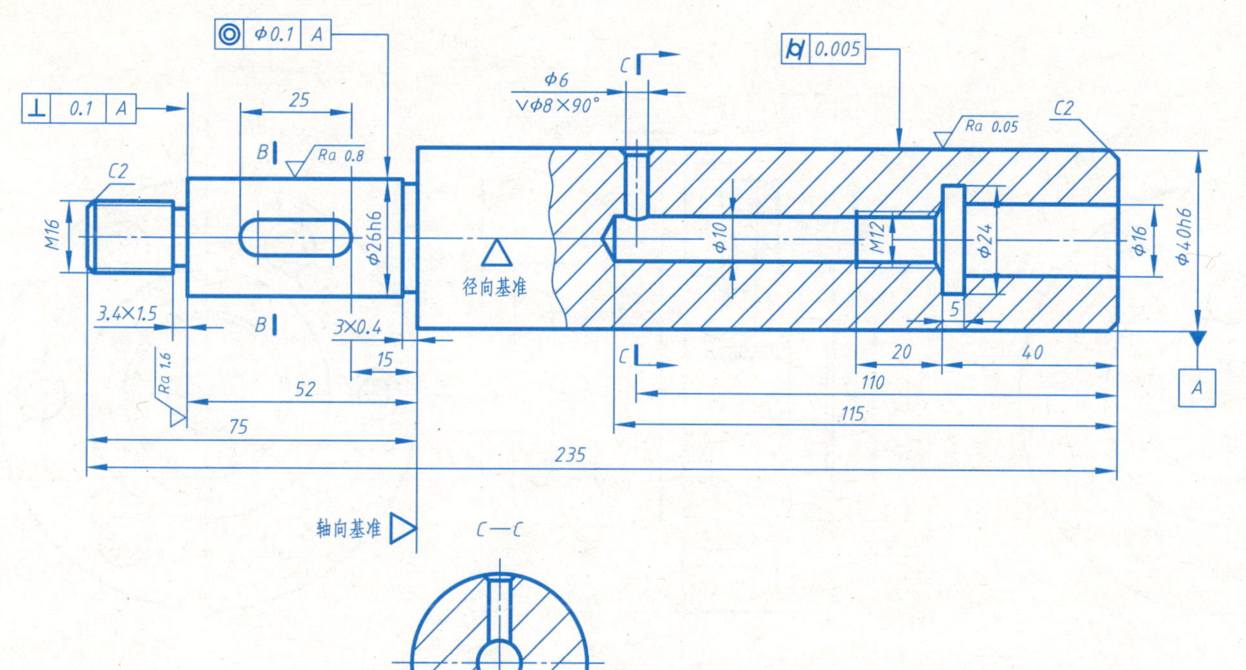

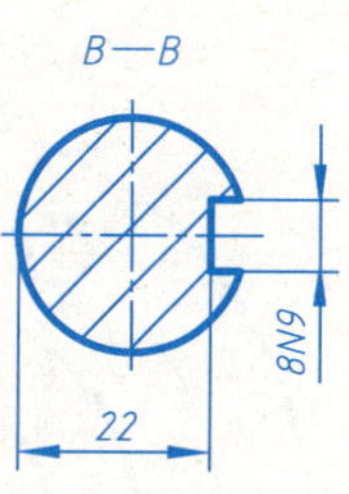

技术要求

1. 调质处理26～31HRC。
2. 去除毛刺。

Ra 12.5 (√)

读图要求:

1. 看懂主轴零件图，补画C—C 断面图。
2. 用符号"△"和文字标出轴向和径向的主要尺寸基准。
3. 直径为φ40h6的圆柱面，其表面粗糙度值Ra=0.05μm。

制图			45			××××大学
						主轴
校对			比例		重量	
审核			共　张　第　张			图号

7-7　读零件图，并完成题目要求

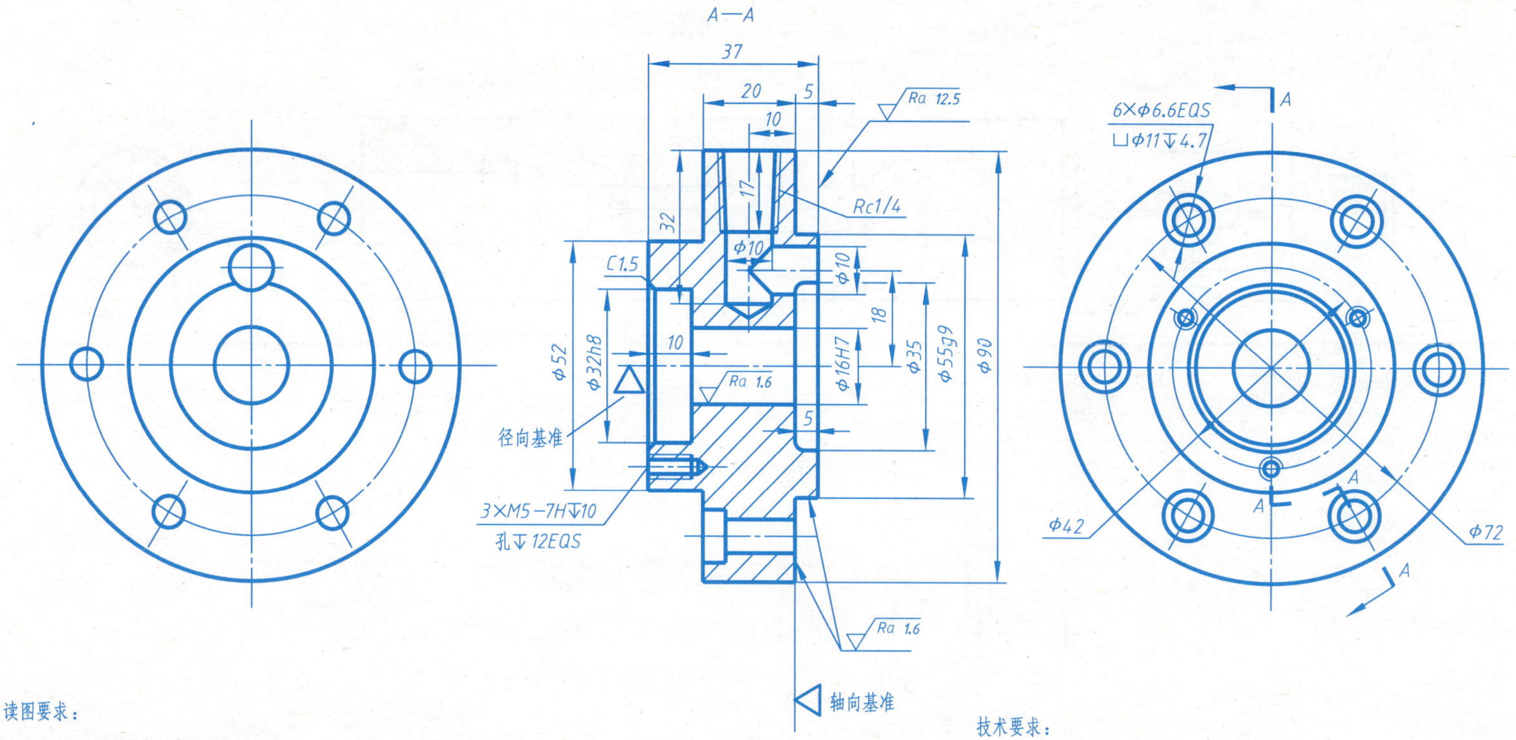

A—A

径向基准

轴向基准

读图要求：

1. 在指定位置画出右视外形图（不画虚线）。
2. 主视图采用了＿全＿剖视图。
3. 用“△”和文字在图中注明轴向和径向的主要尺寸基准。
4. 右端面上φ10圆柱孔的径向定位尺寸为＿18＿。
5. Rc1/4是＿55°密封圆锥内管＿螺纹，大径尺寸为＿13.157＿。
6. φ16H7是基＿孔＿制的＿基准＿孔，公差等级为＿7＿。

技术要求：

1. 未注铸造圆角R1～R2。
2. 未注倒角C1。

$\sqrt{Ra\ 6.3}$ ($\sqrt{}$)

制图			HT150				××××大学
							油压缸端盖
校对			比例		重量		
审核			共　张　第　张				图号

7-8　读零件图，并完成题目要求

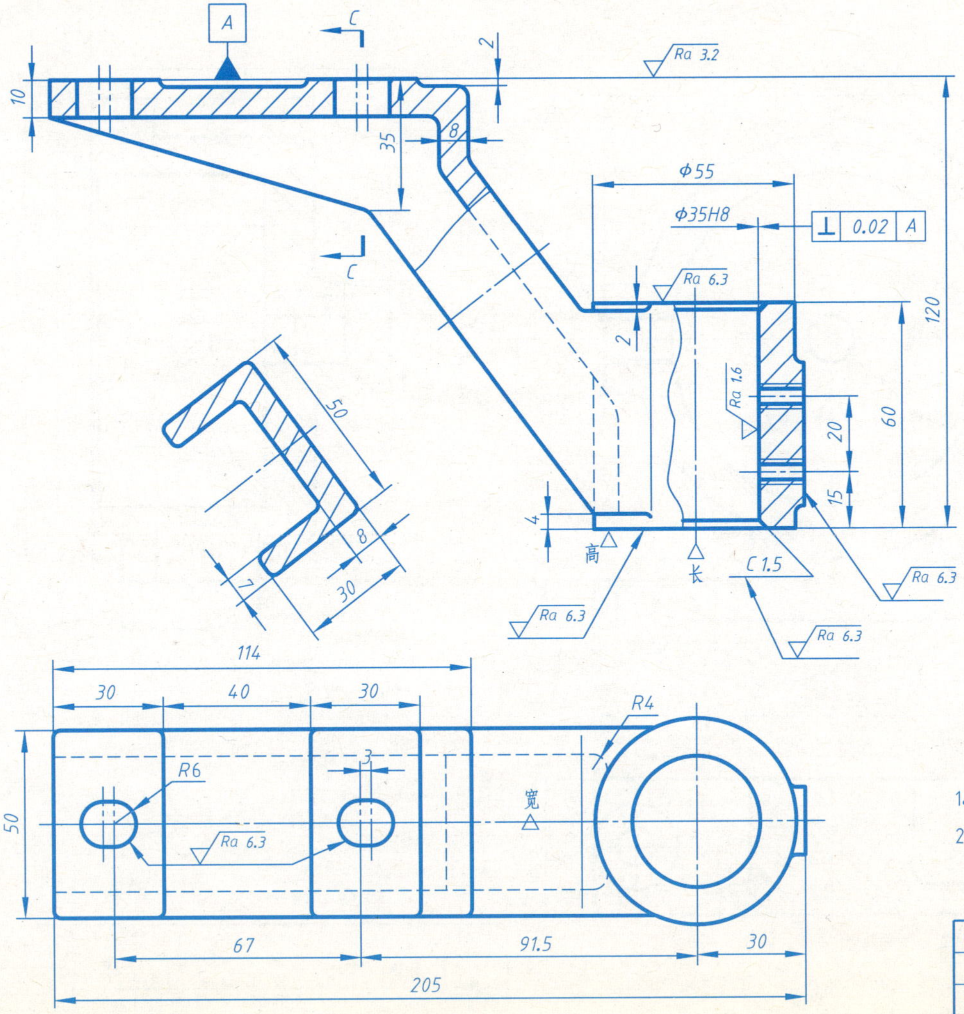

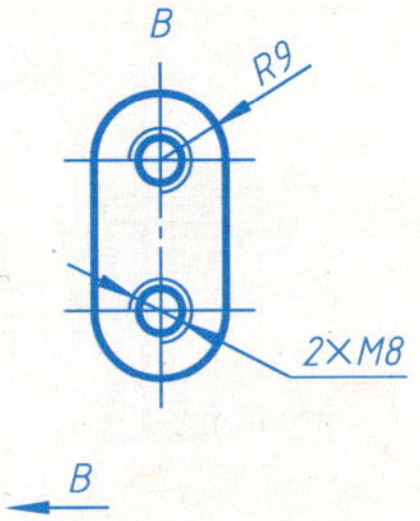

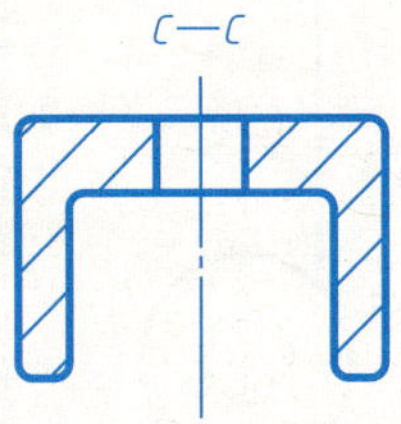

读图要求:

1. 在指定位置，补画C—C剖视图。
2. 用“△”和文字标出长、宽、高三个方向的主要尺寸基准。
3. 在标题栏上方补注其余表面（均为不加工）的表面粗糙度代号。

技术要求

1. 未注圆角R1～R3。
2. 铸件不得有砂眼、裂纹。

制图			HT150				××××大学
							托架
校对			比例		重量		
审核			共　张　第　张				图号

班级　　　　姓名　　　　学号

7-9 读零件图，并完成题目要求，立体图见 P226

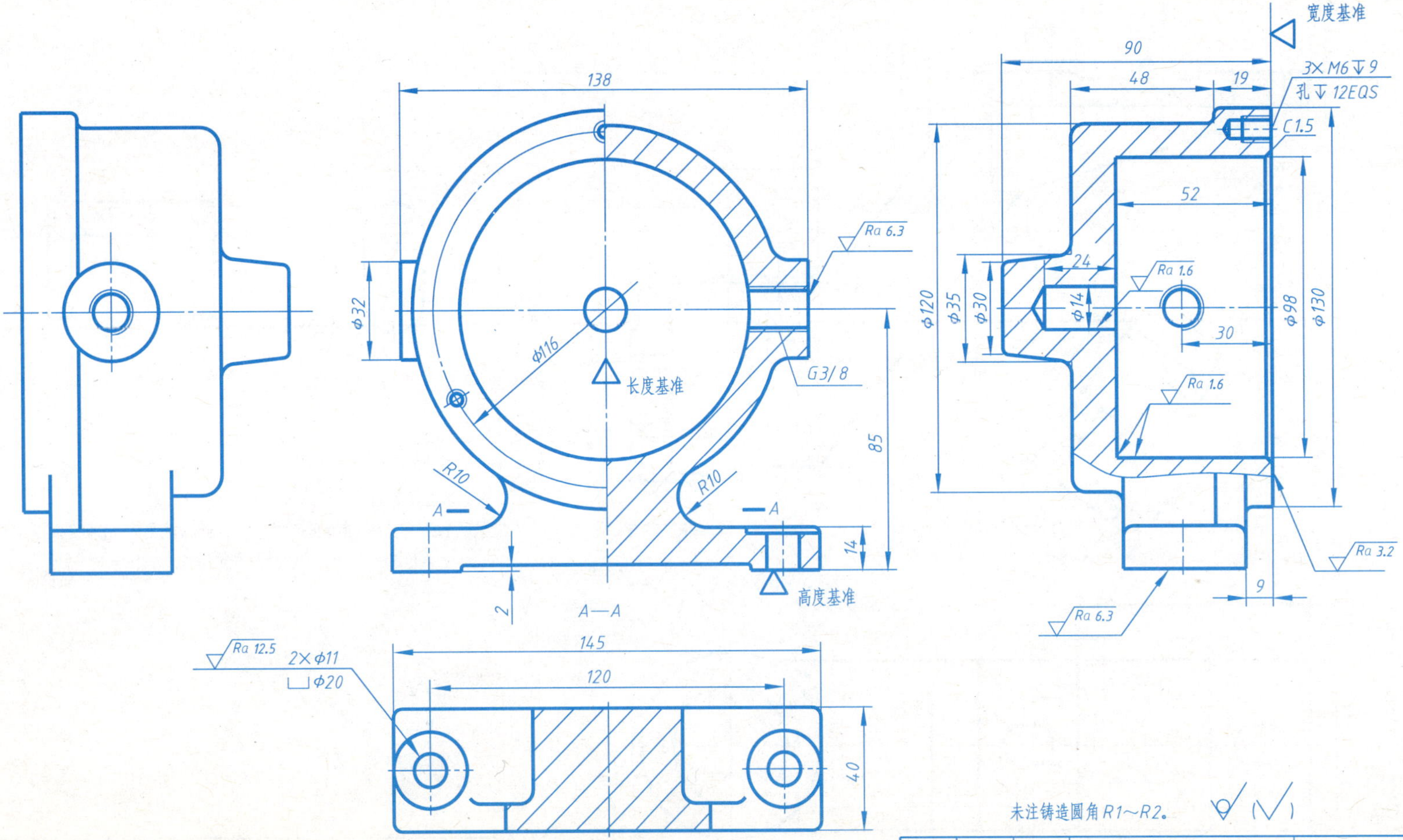

138

90　48　19

宽度基准

3×M6↧9
孔↧12EQS

C1.5

52

Ra 6.3

φ32

φ116

长度基准

G3/8

85

R10　R10

A—　—A

14

2

A—A

高度基准

24　Ra 1.6　φ120　φ35　φ30　φ14　30　φ98　φ130

Ra 1.6

Ra 3.2

9

Ra 6.3

Ra 12.5　2×φ11
⌴φ20

145

120

40

未注铸造圆角R1～R2。

制图			HT200				××××大学
							泵体
校对			比例		重量		
审核			共　张　第　张				图号

读图要求:
1. 标出长、宽、高三个方向的尺寸基准。
2. 在指定位置补画零件右视外形图。

7-10　根据轴测图，画拨叉零件的零件图（材料：HT200），使用 A3 图纸，比例 1:1（图名：拨叉）

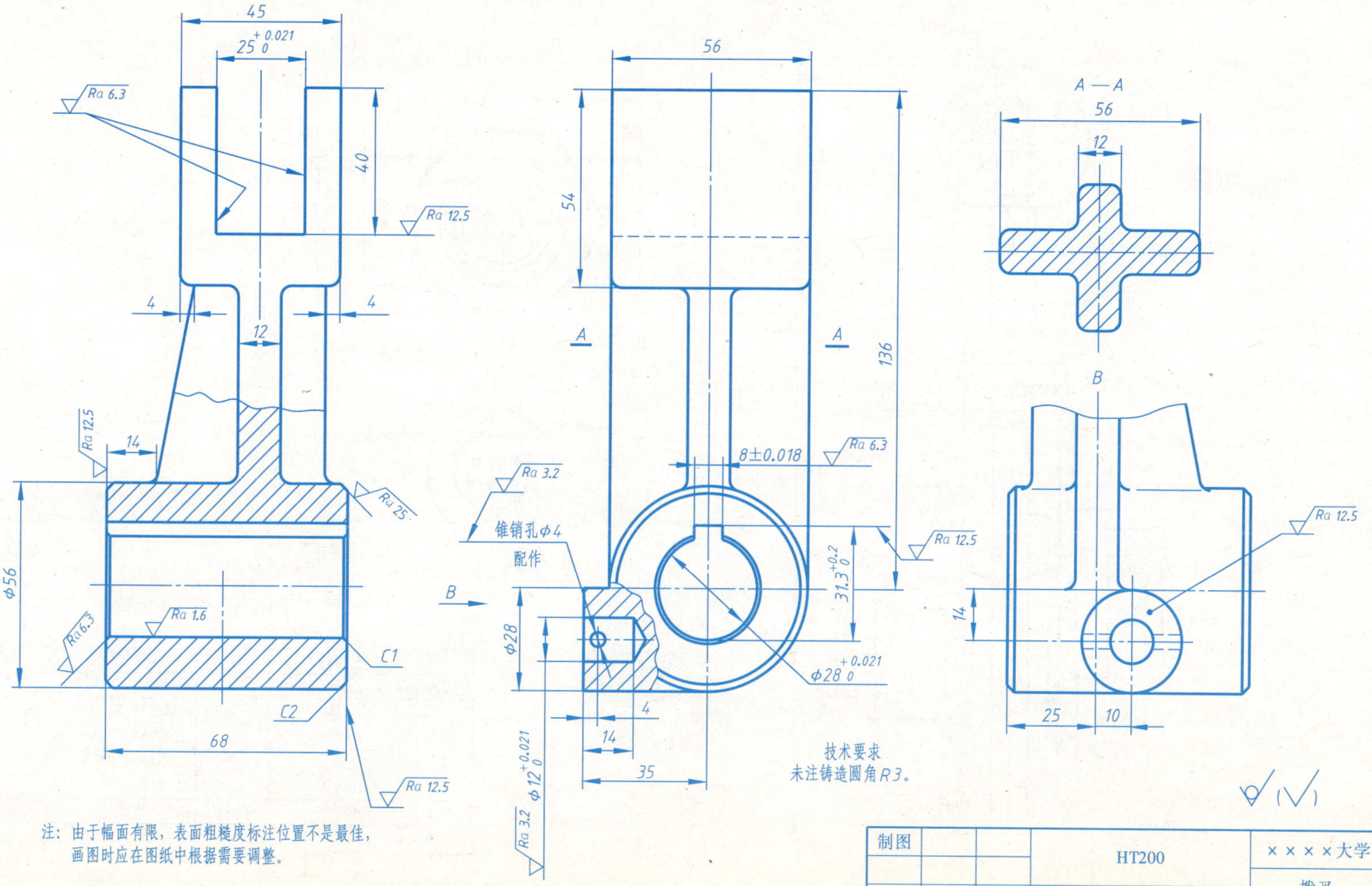

A—A

B

技术要求
未注铸造圆角 R3。

注：由于幅面有限，表面粗糙度标注位置不是最佳，
画图时应在图纸中根据需要调整。

制图			HT200		××××大学	
					拨叉	
校对			比例	重量		
审核			共　张　第　张		图号	

8-1　由零件图拼画装配图，立体图见 P226

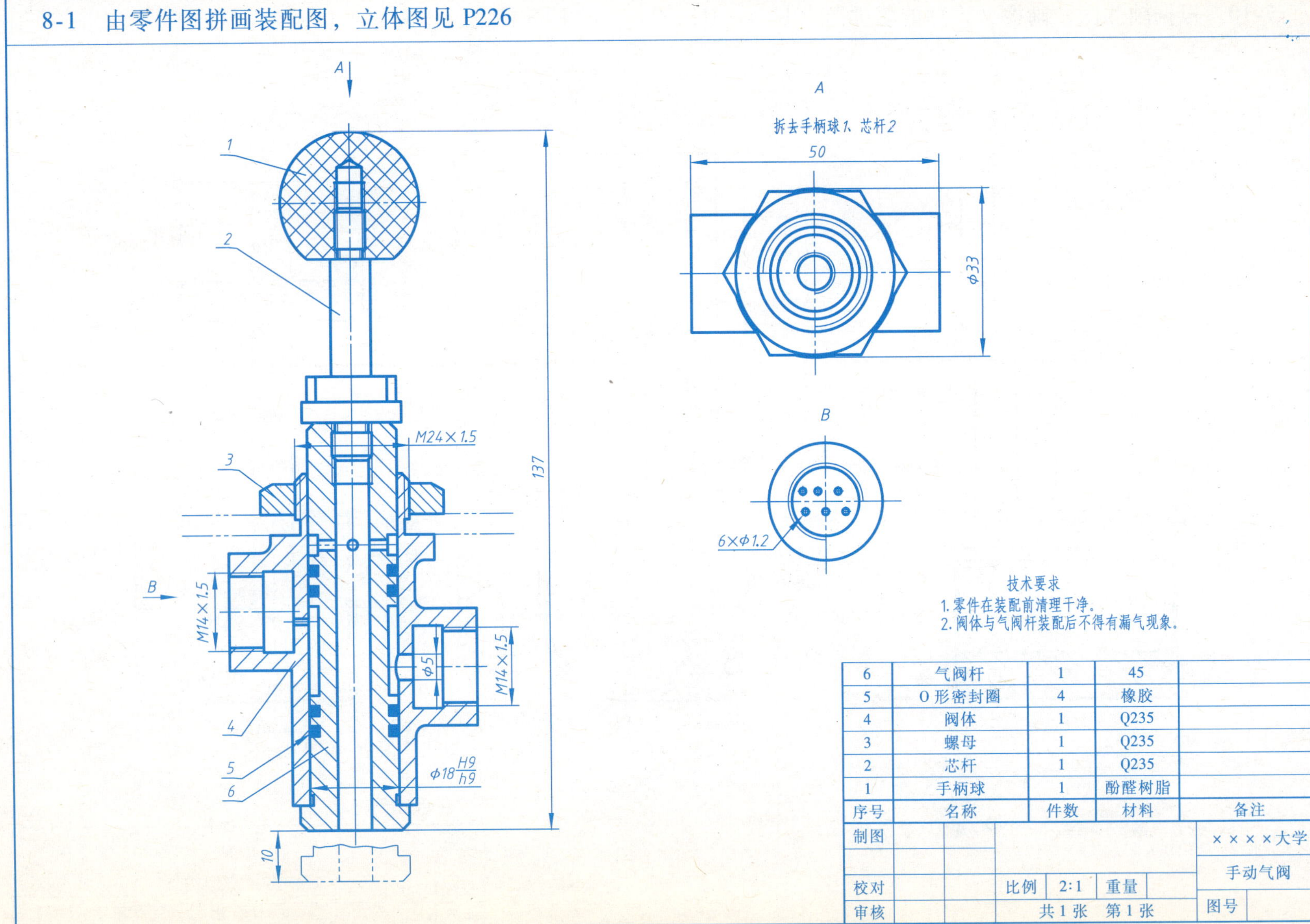

6	气阀杆	1	45	
5	O 形密封圈	4	橡胶	
4	阀体	1	Q235	
3	螺母	1	Q235	
2	芯杆	1	Q235	
1	手柄球	1	酚醛树脂	
序号	名称	件数	材料	备注

制图					××××大学
					手动气阀
校对		比例	2:1	重量	
审核		共 1 张	第 1 张		图号

班级　姓名　学号

8-2　读夹线体装配图并拆画零件（按装配图中零件图形大小拆画）夹套2和衬套3，并将装配图中与该零件相关的尺寸移到零件图中，立体图见P227

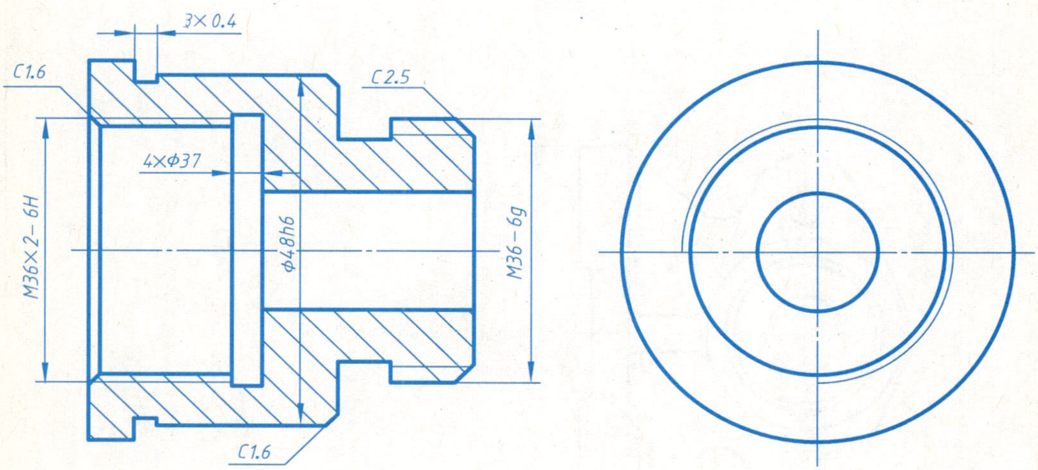

3×0.4
C1.6
C2.5
4×φ37
M36×2-6H
φ48h6
M36-6g
C1.6

注：零件图中增加了装配图中省略的工艺结构及相关尺寸。

序号	名称	数量	材料	比例
2	夹套	1	Q235	1:1

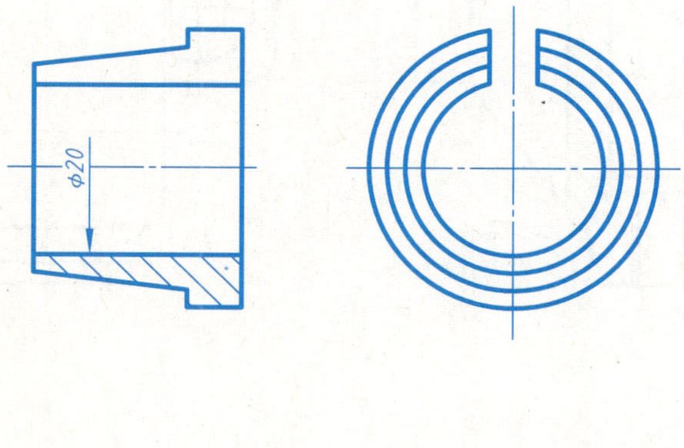

φ20

序号	名称	数量	材料	比例
3	衬套	1	Q235	1:1

班级　　　　姓名　　　　学号

8-3　读柱塞泵装配图并拆画零件（按装配图中零件图形大小拆画）泵体 1、螺塞 11 和管接头 13，并将装配图中与该零件相关的尺寸移到零件图中，立体图见 P227

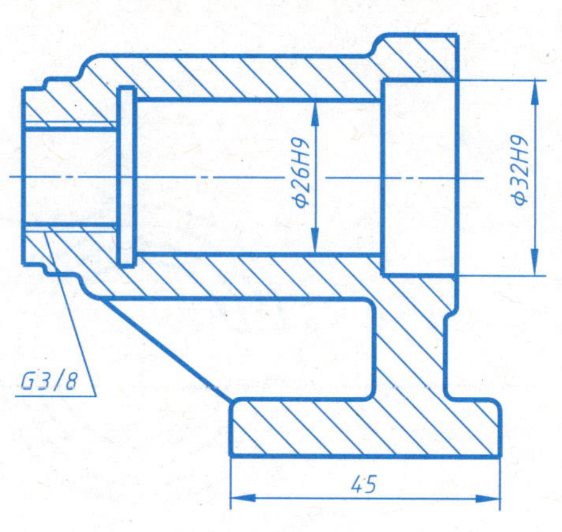

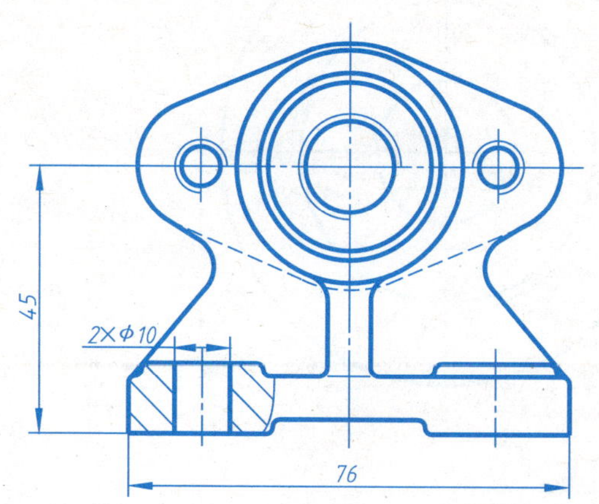

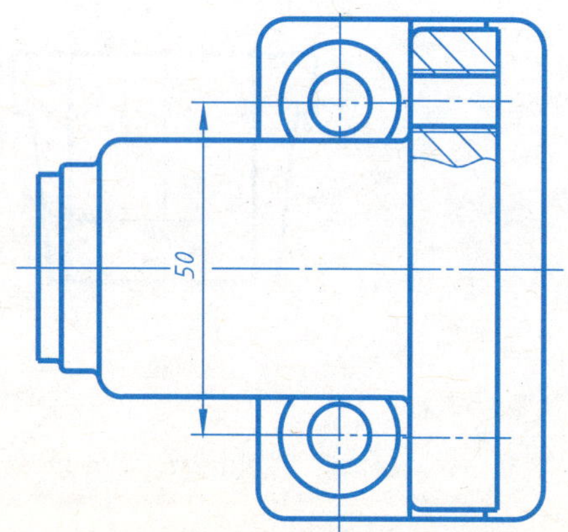

序号	名称	数量	材料	比例
1	泵体	1	HT150	1:1.5

（续）8-3　读柱塞泵装配图并拆画零件（按装配图中零件图形大小拆画）泵体 1、螺塞 11 和管接头 13，并将装配图中与该零件相关的尺寸移到零件图中，立体图见 P227

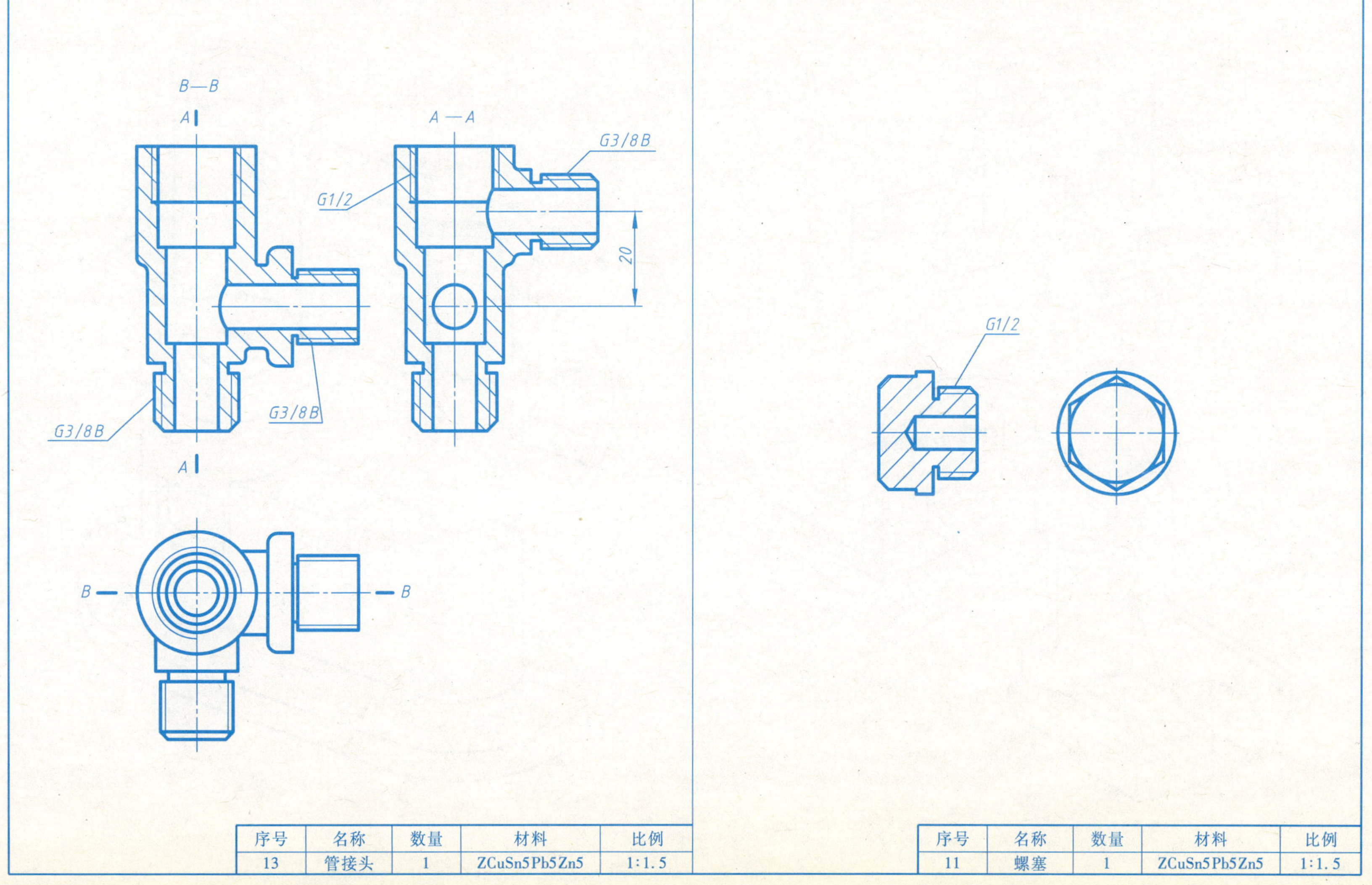

序号	名称	数量	材料	比例
13	管接头	1	ZCuSn5Pb5Zn5	1:1.5

序号	名称	数量	材料	比例
11	螺塞	1	ZCuSn5Pb5Zn5	1:1.5

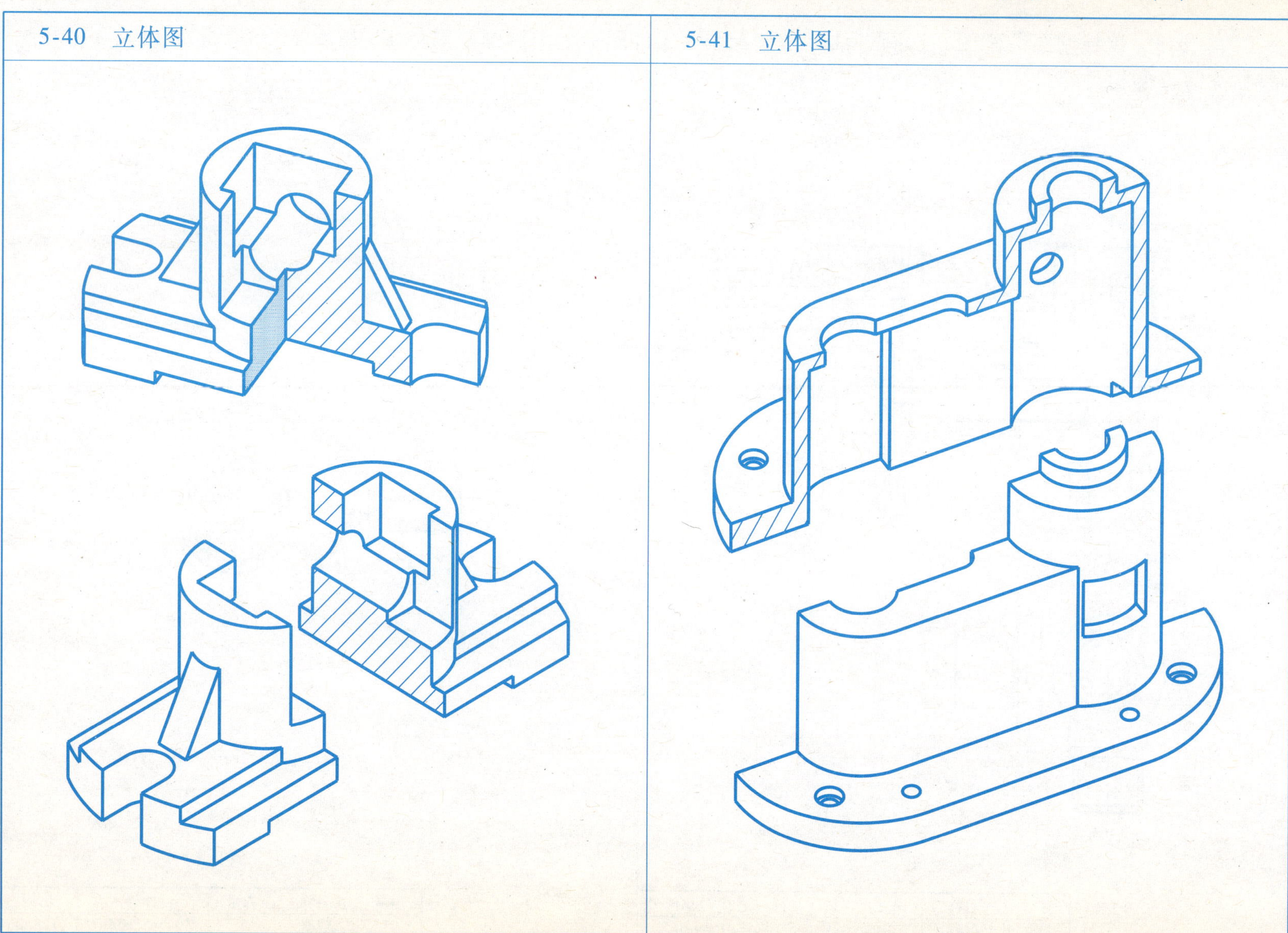
5-40　立体图
5-41　立体图

5-42　立体图

7-6　立体图

7-7　立体图

7-8　立体图

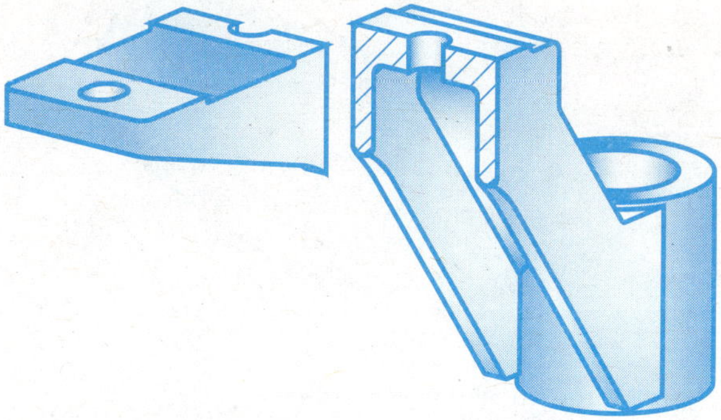

7-9　立体图

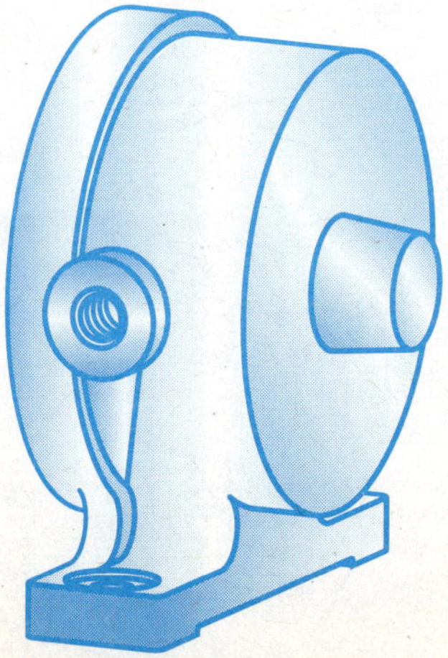

8-1　立体图

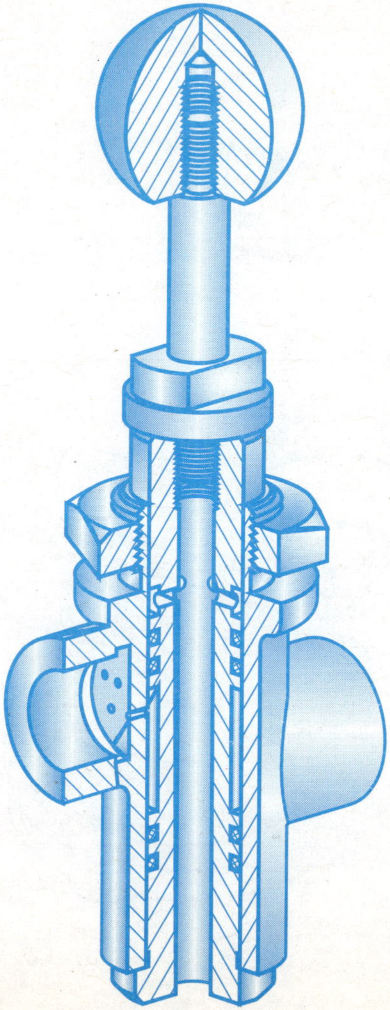

班级　　　　姓名　　　　学号

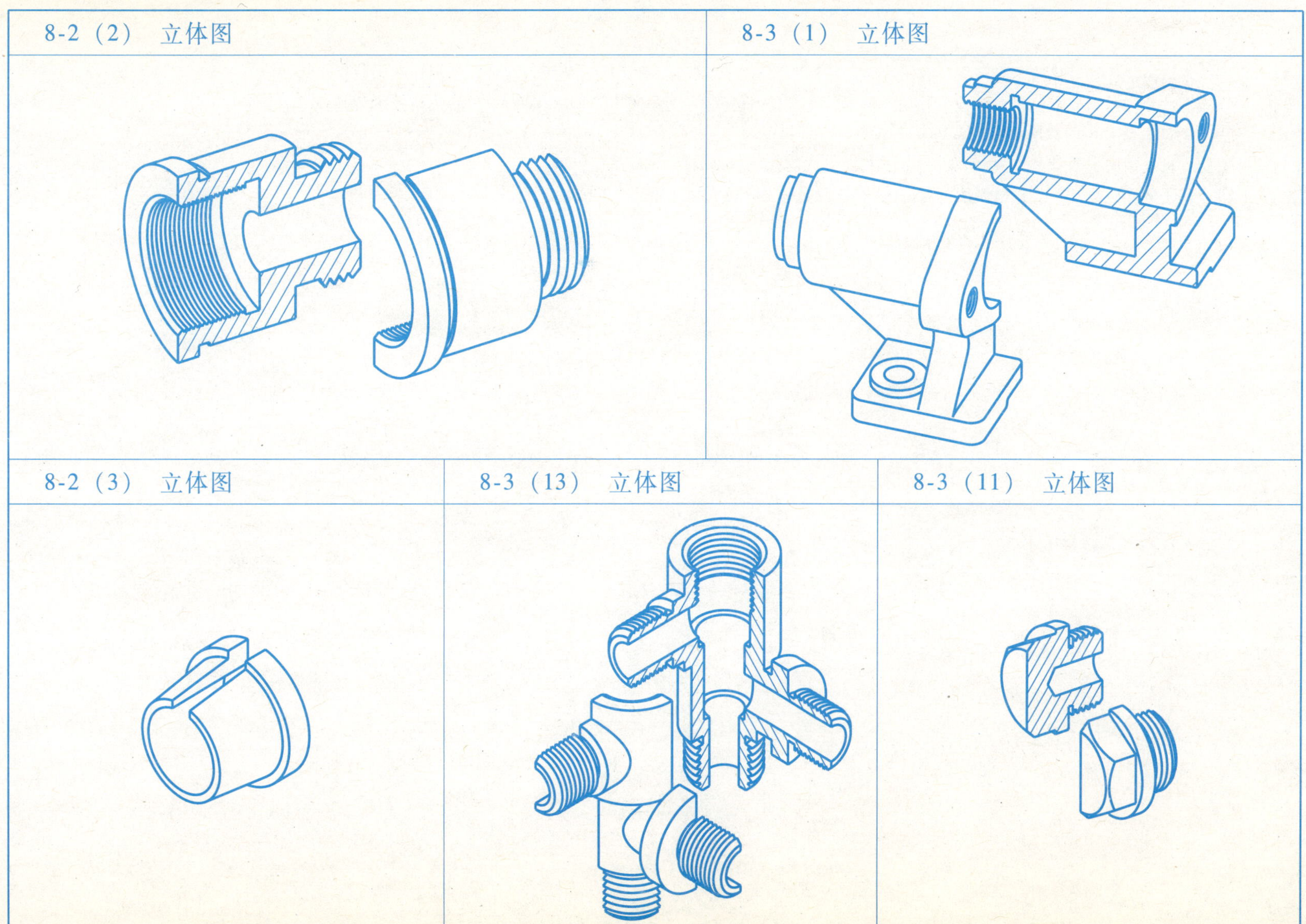

参考文献

[1] 全国技术产品文件标准化技术委员会. 技术产品文件标准汇编 机械制图卷 [M]. 2 版. 北京：中国标准出版社，2009.

[2] 中华人民共和国国家质量监督检验检疫总局，中国国家标准化管理委员会. GB/T 131—2006 产品几何技术规范（GPS）技术产品文件中表面结构的表示法 [S]. 北京：中国标准出版社，2007.

[3] 叶玉驹. 机械制图手册 [M]. 4 版. 北京：机械工业出版社，2008.

[4] 叶琳，邱龙辉. 画法几何与机械制图 [M]. 西安：西安电子科技大学出版社，2008.

《工程图学基础教程习题集（第3版）》

邱龙辉　主编

信息反馈表

尊敬的老师：

您好！感谢您多年来对机械工业出版社的支持和厚爱！为了进一步提高我社教材的出版质量，更好地为我国高等教育发展服务，欢迎您对我社的教材多提宝贵意见和建议。另外，如果您在教学中选用了本书，欢迎您对本书提出修改建议和意见。

一、基本信息

姓名：________　性别：______　职称：________　职务：____________________　任教课程：__________________________

工作单位：________________校/院________________系　邮编：__________　地址：____________________________________

学生层次、人数/年：________________电话：______—__________（H）__________（O）

电子邮件：____　手机：______________________________

二、您对本书的意见和建议

（欢迎您指出本书的疏误之处）

三、您对我们的其他意见和建议

请与我们联系：

100037　北京百万庄大街22号·机械工业出版社·高等教育分社　舒恬　收

Tel：010—8837 9217（O）　　Fax：010—68997455

E-mail：shutiancmp@ gmail. com